U0135179

ReNew

新視野・新觀點・新活力

ReNew

新視野・新觀點・新活力

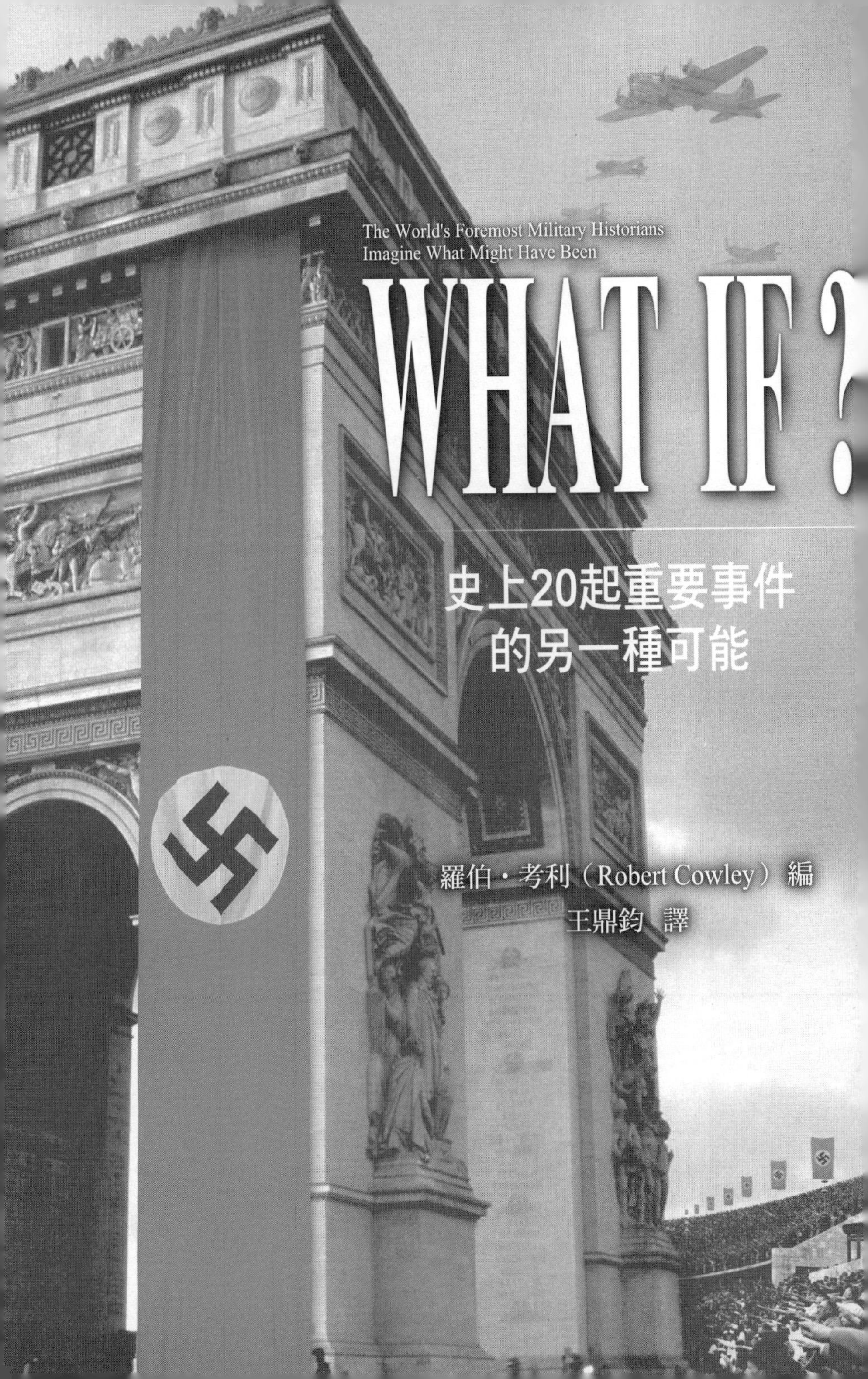

The World's Foremost Military Historians
Imagine What Might Have Been

WHAT IF？

史上20起重要事件的另一種可能

羅伯・考利（Robert Cowley）編
王鼎鈞 譯

推薦序

假如蔣經國不是說「你等會」……

卜大中

歷史可以「假如」嗎？假如我爸爸沒有碰到我媽媽，假如他們碰到但沒結婚，會有今天的我嗎？腦筋常常急轉彎的小朋友問我：「怪叔叔，假如國父的媽媽沒生國父，中國會怎樣？」我正忙著想會不會有十次革命、肇建民國這些機車事，他卻格格笑了，說：「中國會少一個人啦！」

「假如」真的很有趣，從個人人生到一個國家的歷史，再到全人類，上帝只要「假如」一下，立即完全改觀。不過，已經發生的事，正是上帝「假如」之下的產物，所以，上帝有最多製造「假如」的材料。人嘛，權力越大的傢伙可以「假如」的選項就越多；小人物嘛，就只有「被假如」的份。所以，「假如」並非偶然，乃是必然的另一種面目。

假如袁世凱一念之間決定勤王，不派兵包圍光緒而是包圍慈禧，中國會怎樣？假如一八九五年中日海戰勝方是中國而不是日本，台灣沒有被「馬關條約」掉，台灣會怎樣？假如李鴻章聽得懂孫中山的廣東番話，沒把他趕出去，而讓他做個「弼馬瘟」之類的官，中國會怎樣？假如太平天國不要胡搞亂搞，而把滿清推翻，中國會怎樣？假如，好吧！更早一點，陳圓圓長得很醜，中國會怎樣？

扯太遠啦，說近一點的事。假如日本只打中國，不惹美國、英國，現在會怎樣？假如胡宗南攻進延安剿滅了毛澤東和中國共產黨（只差一點），中國會怎樣？假如老毛在建國後不久就蒙馬克思寵召，由劉少奇、周恩來主政，中國會怎樣？假如金日成沒發神經發動韓戰，台灣會怎樣？假如陳啟禮一行買的腳踏車沒被美國警察發現，台灣現在會怎樣？假如蔣經國那天肚子痛去大便時，門外沒有人聲聲催促他說出副總統人選，台灣會怎樣？假如天安門學運沒被屠殺鎮壓，而成功促成中共政變或崩潰，中國會怎樣？最後，假如針孔攝影機沒被發明出來，台灣社會會怎樣？

以上所有人物，假如都沒被他們的老母生出來，又會怎樣？當然，這樣問很無聊，他們的父母若沒被他們父母的父母生出來……陷入無聊循環，沒完沒了。看官不免也要問，假如沒你這個無聊的卜大中，我們會怎樣？然後自問自答說：「我們會耳根清靜得多，幸福快樂得多。」

假如《鐵達尼號》電影裡的女主角蘿絲不是肥妹，而是骨頭妹，她的信子（男友）傑克就可以和她一起趴在木板上被救啦！結果呢？過著幸福快樂的日子嗎？非也。蘿絲會生一堆孩子（那年代沒避孕的東西），看他們倆那麼愛嘿咻就知道啦。傑克還是個窮混混，到處用畫畫把妹，蘿絲又胖又嘮叨，家中一堆吵吵鬧鬧的孩子，傑克一定跟別的女人跑掉，蘿絲從此過著貧窮悲慘的生活。回想起來真巴不得當年肥胖，讓木板承受不住兩人重量，而讓傑克淹死凍死，多麼浪漫美好，賺人熱淚，也賺人電影票費。看來，還是不要「假如」的好。

言歸正傳！

假如袁世凱決心勤王，老太后被殺或被關，她不能出馬選立委逃避坐牢，或偷渡到中國去吃香喝辣，光緒正式掌大權，中國今天會是英、日那樣的內閣制；光緒及後代是虛君，天天鬧誹聞，沒正事可幹；也就不會有軍閥割據、國民革命、共黨作亂了吧！只是愛新覺羅王子妃可能撞死在自強隧道裡；王子可能愛上上流美，結婚時，老媽——慈禧的孫女——憤而拒絕參加！

假如沒有馬關條約，台灣沒送給日本，台灣就逃不過日後的軍閥內戰、國民革命、滿清覆亡、中日戰爭、國共內戰、三反五反、鎮反肅反、土改反右、三年大飢荒、文化大革命、反精神污染……至今一窮二白，活像另一個海南島。

假如李鴻章收買了本來想做官的孫中山，國民革命就未必成功，滿清帶病延年，到今天還是大清天下，人人留辮子穿馬褂，自稱「奴才」。什麼都不一樣，只有一件事一樣，就是大陸拍的清初三帝的神話，一定得到清廷欽頒的什麼「金雞獎」、「金馬獎」、「金鼎獎」。

假如太平天國推翻清廷，建立「天國」，今天會是亞洲第一個奉基督教之名的國家，也是最早的中共式朝廷：人民公社、人民食堂、男大營女大營……只准官吏貪腐姦淫，不准百姓點燈。中國就成為一個官吏樂園，毛、鄧、江、胡等高幹就是近五十年「天國」的繼承人。共產黨也早就有了前身，不必辛苦革命啦。

假如陳圓圓是個恐龍妹，吳三桂是個禿頭佬，就不會「衝冠一怒為紅顏」啦！那他就死守山海關，不讓清兵越雷池一步。如果後來清兵真的進不來，今天仍是大明天下，我們看到有權勢的大傢伙就是太監宦官啦！引刀割雞雞，唬爛又臭屁。

假如中共被國民黨剿滅（機會很多次喔！），今天中國就是國民黨天下，二蔣在南京關起門來當皇帝，不會勵精圖治。然後中國就貪官遍地、飢民遍野、貧富兩極、極權獨裁，和今天的大陸很像。

假如老毛在建立政權後不久就嗝斃了，就變成中國的列寧。中國在右派劉少奇、周恩來統治下，老早就改革開放、吸進外資，中國也早就富裕起來，當然也早就和美國友好、建交啦；台灣說不定早就被賣給中國了，現在就不會有李登輝、陳水扁、民進黨、台聯啦。看吧，藍軍要怪就怪毛澤東活太久了吧！

假如金日成沒有打韓戰，美國也沒介入，台灣恐怕是另一番景象呢！美國曾遊說孫立人推翻老蔣，為孫所拒。等孫有意時（見《中國時報》訪問美國前國務卿魯斯克〔Dean Rusk〕），剛好發生韓戰，美國決定支持老蔣維持現狀。如果沒韓戰，在美、孫合作下推翻老蔣不是不可能，然後由孫組成臨時政府；大局底定後，交由民間政黨競選形成民主體制。其結果是台灣早在一九五〇年代中末期就正式變成一個獨立的民主國家，也是聯合國會員國，受美國庇護。當時，中國正在關門互咬，沒力氣對付美、台，台灣早就獨立了，沒有現在的統獨爭議。當然，若老蔣後來不退出聯合國，接受美國建議留在聯合國會員國內，而只退出安理會，由美國背書的「兩個中國」也就變成既定事實，當時的中國也無力反對。兩次良機錯失，台灣就有了今天的困境與窘境。

假如陳啟禮一行人的腳踏車沒被美國警察發現，電話沒被美方竊聽到，暗殺江南的事就不會被發現，美國就無法向小蔣施壓，小蔣就不會外放蔣孝武，培養蔣孝武接班的事就不會中斷，後來就又是一個「蔣總統」——蔣孝武總統。那台灣今天的台獨勢力就不會這麼大，就沒有李登輝總統、陳水扁總統，局面全然不同，統派心情會比較high，獨派則比較解high。

有笑話說蔣經國在一九八四年的中常會上肚子痛，去廁所棒塞，秘書長在外催促他要提的副總統人選。小蔣說：「你等會！」秘書長聽成「李登輝」，就到會上宣布李登輝了。

假如蔣當時提的不是李，而是其他任何重量級人選，如林洋港等，現在就不會台獨聲浪四起；又如果是外省大老，如俞國華、王昇、李煥、李國鼎、孫運璿（假如沒生病），都不會把台灣帶向主體認同之路，今天和中國統一就容易許多，也不會有這十年來的兩岸緊張和軍事演習，也不需要連、宋去訪問北京，兩岸早就官方互訪了。自然也就沒有杜正勝爭議，也沒有新黨、親民黨的誕生，連戰也不需要自稱為「純種中國人」了。（有雜種中國人嗎？誰？）

不過，兩岸關係那麼好，台灣大老婆更緊張，包大陸二奶也更容易了嘛。三通可能早就通了，包括通姦、通敵、通婚。

假如天安門學運成功，中國有兩個可能：一是民主化，變成跟台灣一樣，政客多如狗，天天吵吵鬧鬧、荒腔走板，但是會多元化與重視人權，政治參與爆炸，很熱鬧；另一是中共崩潰，亂成一團，暴民四起，社會解體，最後是大軍閥出而一統天下，重行獨裁政體專制。無論哪一項，對台灣都影響深遠。

最後，假如沒發明針孔攝影機，台灣人民會很悶。你能想像沒有璩美鳳情慾光碟、陳勝鴻誹聞的日子嗎？還有其他那麼多名人的情慾表演，如果沒有變成八卦，大家怎麼活？活不下去呀！

「假如」是個有趣的心智遊戲。假如古早人類是把內褲穿在頭上，今天羞於見人的器官，就不是私處，而是鼻子（男）和嘴巴（女）啦！

What If?

史上20起重要事件的另一種可能

前言

羅伯・考利

有人說「如果」（或是學術圈模稜兩可的說法：「反事實歷史」）是歷史學者最喜歡偷偷提出的問題，除了「客廳內的無聊遊戲」（史學家卡耳〔E. H. Carr〕的說法）之外，它們還可以成為提升我們認識歷史、讓歷史更加生動的工具，它們可以驚人地呈現對峙的重要性和可能的後果。如果波斯軍隊於西元前四八〇年在薩拉米斯（Salamis）擊敗雅典——這或許是西方歷史上最重要的一天——或是西班牙無敵艦隊贏得勝利，讓帕瑪公爵（Duke of Parma）的部隊進佔倫敦，那會有什麼後果？一五八八年八月七日至八日的夜晚，只要風向有所不同，就會改變史上最著名海上對決的結果。或者，如果德國人擊敗D日登陸呢？如果一九四四年六月五日——諾曼第登陸的前一天——席捲歐陸的風暴沒有出人意料地停歇呢？天氣在這裡又一次改變歷史。史帝芬・安布羅斯討論了D日失敗的後果，沒有一個後果會讓人感到高興——包括向德國投下原子彈。

歷史敘述的是真正發生的事情，但是這不應該減少假想歷史的重要性。「如果」可以讓我們質疑被長久相信的假定，並且界定真正的轉捩點。它們可以證明小事情或轉瞬間的決定，也可以和重大事件一樣帶來深遠的影響（所謂「最上乘」的反事實歷史）。例子之一就是一七七六年夏天長島會戰後的那個夜晚，東河上突然起霧，讓華盛頓的軍隊逃至曼哈頓。大衛・麥庫洛指出，如果沒有這場霧，被圍困在布魯克林高地上的華盛頓或許只有投降一途。如果真是這樣，今日還會有美利堅合眾國嗎？另一個例子是一年後的布蘭迪溫會戰，一位英軍上尉瞄準了華盛頓，卻沒有扣下扳機，這一槍或許會帶來同樣的後果。少有歷史事件像美國獨立革命這樣仰賴「如果」，或許我們都是不該如此的未來之下的產物。

「如果」還有另一個重要的功能：可以消除所謂的「後見之明的偏見」。在不列顛空戰失敗之後，希特勒還有贏得第二次世界大戰的方法嗎？過去五十多年間，歷史學者一直將一九四〇年夏天視為他的顛峰，但是當今最著名的軍事史家之一約翰・基根卻指出，如果希特勒決定不進攻蘇聯，一切都會大不相同。如果希特勒在一九四一年春天贏得希臘戰役之後，決定進攻近東的土耳其，他將會獲得大量亟需的石油，而且日後對俄作戰的贏面會更大。儘管我們不願這樣想，「結果」在歷史上並不比在我們生活中更加確定。不說別的，這麼多歷史可能走上的方向，讓我們曉得人類有無限的可能；那些沒有走上的方向，只能在地圖上討論。

本書的目的是以全新眼光審視軍事史上的重要事件：如果某些結果不同，會帶來什麼影響？在《軍事史季刊》的十週年特刊中，我們向歷史學者提出以下問題：你認為軍事史上最重要的「如果」是什麼？我們收到的答案同時讓人感到吃驚、有趣，有的非常嚇人——但是全都能夠讓人信服（各位可以在本書中讀到部分答案）。輕率的反事實歷史會讓這個問題蒙羞，所以我們避免不切實際的空想，像是如果漢尼拔擁有氫彈，或是拿破崙擁有隱形轟炸機會如何，最重要是能夠讓人信服。正如同喬治・威爾（George Will）所說：「《軍事史季刊》的『如果』任務讓我們更清楚知道『選擇』與『偶然』對國運的重大影響。」

本書二十篇文章是原先概念的擴充，各篇作者包括史帝芬・安布羅斯、西奧多・拉布、亞歷斯泰・霍恩、喬佛瑞・帕克、約翰・基根、史帝芬・西爾斯、湯馬士・佛萊明、大衛・麥庫洛和詹姆士・麥佛森等等。書內各篇按年代編排，跨越年代長達兩千五百年。沒有比軍事史更適合探討「如果」這個問題，因為機會與意外、人類的缺點與力量都可以造成一切不同。

如果西元前七一〇年一場神秘的瘟疫沒有毀滅圍攻耶路撒冷的亞述大軍呢？世上還會有猶太教、甚至基督教嗎？談到轉瞬之間的事件：如果沒有人阻止一把戰斧劈下，使得亞歷山大在成為「大帝」之前身亡呢？或者，如果柯提斯（Hernán Cortés）在圍攻提諾齊提特蘭（Tenochtitlán，今墨西哥市）時被俘呢（他差點就真的被俘）？年輕的美國很可能必須面對南邊的美洲原住民帝國。如果美國內戰中著名的「遺失命令」沒有遺失，詹姆士・麥佛森認為邦聯或許會贏得獨立。事實上，相似的遺失命令在一九一四年九月也影響了馬恩河（Marne）會戰的結果，從而改變了第一次世界大戰的歷史。

如同那句老話：對歷史學者而言，骨牌是向後倒下的。在本書中，我們將試圖讓骨牌向前倒下。

1 傳染病改變了歷史方向
拯救耶路撒冷的一場瘟疫，西元前七〇一年

威廉・麥克尼爾

即便看起來毫不起眼，在當時乃至於數世紀後都不受人關注的軍事事件，也會產生意想不到的結果。西元前七〇一年，亞述人將當時弱小的猶大王國首都耶路撒冷團團圍住，以這個歷史時刻做為本書的開場似乎是再適合也不過的事了。這場由亞述王西拿基立（Sennacherib）發動的圍城戰，最後因為致命傳染病在軍中肆虐而告終。不過，亞述人還是繼續前進：對亞述這個當時最強大的帝國來說，少攻下一座城池並沒有什麼大不了的；然而，對於準備在城內打持久戰的人來說，解圍等於是上天所給的徵象（雖然真正的原因可能來自於環境）。不用說，這個想法影響深遠。不過，要是疾病沒有介入將會如何？如果城牆真的倒了，戰亂中常見的掠奪、強暴、屠殺以及人口的強迫流亡是否將成為耶路撒冷的命運呢？二千七百年後，我們的生活和精神支柱又會是什麼樣子？

無論這場瘟疫是什麼，它平衡了耶路撒冷的劣勢。疾病這張牌打亂了歷史牌局，這是一種不

可預見的因素，足以改變原本確定無疑的結果或反轉必勝的局面。歷史多的是這種例子。西元前四〇四年，一場瘟疫襲擊了雅典，持續了一年以上，造成雅典的淪陷與帝國的瓦解。西元一七九二年，痢疾的爆發減弱了攻法的普魯士軍力，普魯士國王於是在瓦爾米（Valmy）戰役戰敗後撤軍返國，法國大革命因此得以獲得保全。至於拿破崙在俄國的慘敗，背後隱藏的兇手則是斑疹傷寒與痢疾。一九一八年，因戰爭所引發的流行性感冒雖然沒有立即改變大戰的結果，但是我們是否沒有對它做出恰當的評價——對於曾經染上流行性感冒的那個世代的人來說，難道一點差別也沒有？因此，細菌與病毒可以更改人類社會的大方向，使人類社會朝著它們要的方向走去。

威廉·麥克尼爾（William H. McNeill）是芝加哥大學名譽教授，曾以《西方的興起》（*Rise of the West*）一書贏得國家圖書獎。他的其他二十六部著作則幾乎是軍事史大觀，例如《競逐富強》（*The Pursuit of Power*）、《瘟疫與人》（*Plagues and Peoples*），以及《兩種旋律的合奏：論人類史上的舞蹈與操練》（*Keeping Together in Time: An Essay on Dance and Drill in Human History*）。一九九七年，他獲得了國際最具聲望的終身成就獎「伊拉斯謨斯獎」（Erasmus Award）。

西元前七〇一年，當亞述王西拿基立率領他的帝國大軍與埃及、腓尼基、非利士及猶大敵軍結成的聯盟對抗時，如果能順利征服耶路撒冷，結果將會如何？對我來說，這似乎是軍事史上的一個大「如果」。說明一件從未發生過的事情是很奇怪的；然而，耶路撒冷在西拿基立大軍的攻擊下能保存下來，這對後世歷史的影響要遠大於我所知的其他軍事行動。

從西拿基立的觀點來看，決定不繼續圍攻耶路撒冷其實並不是一件那麼重要的事。猶大王國只是近東權力平衡下的邊緣人，較西拿基立其他對手都來得貧窮且孱弱。而猶人王也已因反抗西拿基立受到應有的懲罰，因為西拿基立曾在他的尼尼微（Nineveh）宮殿牆上刻下文字，記載整個戰爭的勝利。他的軍隊所征服的猶大王國城市不下四十六座，並且將猶大王希西家（Hezekiah）困在耶路撒冷，宛若「籠中鳥」。

與這個地區其他背叛的君主不同的是，希西家仍舊保有他的王位，而所羅門神廟中的耶和華崇拜也持續不輟。因此，西拿基立在猶大王國的勝利並不完全，而其產生的影響遠超過西拿基立和當時人的想像。

希西家（統治時期約在西元前七一五到六八七年間）在高度不穩定的時期登上王位。在他登基成為耶路撒冷第十三任大衛王族的君主前七年，繼承大衛王國較大且較富庶部分的以色列王國遭受到難以恢復的災難，撒珥根二世（Sargon II）的亞述軍隊攻下了首都撒瑪利亞，並且將成千的殘餘人口帶到遙遠的美索不達米亞。亞述人另外找來了外邦人開墾當地空出來的田野，卻任由撒瑪利亞成為一座廢墟。

這是否意謂著摩西與大衛的神——這個神至今仍在耶路撒冷由所羅門為祂所建的殿中受到供奉——無法保護祂的子民呢？或者說，神是因為以色列人及其統治者不遵守祂在聖經——持續不斷地由先知的啟示話語加以闡明引述——立下的意旨而懲罰他們呢？

這個問題既急迫又不祥，因為當我們再度檢視時，將會發現摩西與大衛的神以當時最強的君王為工具來懲罰祂的子民，即便亞述人敬拜的是其他的神祇而且不遵循十誡。這違反了常識，各民族自己信奉的神明應該會極力保護自己的子民才是，因此勝敗標示的不僅是人類軍隊的強度，還有敵對神祇的力量。當亞述人開始進行帝國擴張時，每一場新的勝利都攪亂了被征服民族舊宗教的忠誠度與觀念，在上古近東創造出一塊宗教真空，而這塊真空最終將由猶大民族做出的獨特回應來填補。

這個回應成形於希西家王接受一群宗教改革者的建議，將耶和華崇拜集中在廟中進行，並且拆毀鄉間的「丘壇」（high places），這些地方盛行著外邦的儀式。這是受到天啟的先知們的意見，當中最有名的就是亞摩斯的兒子以賽亞。

不過，希西家王並不完全仰賴超自然的幫助，他加強了耶路撒冷的城牆，並且在參與反西拿基立的聯盟之前就開始逐步對外擴張。而當入侵的亞述人打敗了埃及人時，他趕緊投靠到勝方並且為了自己的王位付出高昂的代價，交出珍貴的物品，其中包括數百塔倫（talent）的銀子與三十塔倫的金子，其中有一些（或者是絕大部分）來自於耶路撒冷的神廟。他的確保住了王位，而他的後代與繼任人則藉著向亞述繳納貢金，繼續維持著這小小的猶大王國達一百多年，並且謹慎克制著不進行任何反抗。然而，埃及與美索不達米亞的權力均衡並沒有維持太久。西元前五八六年，王國的自主終於瓦解，巴比倫王尼布甲尼撒（Nebuchadnezzar）確實實現了西拿基立的威脅，在長期的圍城之後攻下了耶路撒冷，終結大衛王朝，並且摧毀神殿，然後將絕大部分殘存的居民帶到巴比倫去。

我們都知道這並不是猶太史的終結，因為流亡的猶太民族並沒有枯萎；相反地，他們因為巴比倫的水而壯大，並且重新整理他們的聖經，創造出明確的、一神論的、聚會式的宗教，獨立於場所並且從耶路撒冷被摧毀的所羅門神殿中解放。除此之外，在流亡中經過鍛鍊、修正的猶太信仰，之後產生了基督教與伊斯蘭教兩個現代最具影響力的宗教，至於猶太教也在猶太人流亡於全世界的過程中保留下來，現在主要集中在以色列。

如果猶大王國在西元前七〇一年消失，如同二十一年之前以色列王國於七二二年被滅一樣，這一切都不會發生。在這種情況下，以色列的流亡者很快就會失去他們的自我認同。依照當時通行的觀念，他們會認為他們信奉的神祇力量是有限的，他們會放棄崇拜耶和華，因為祂無法保護他們，而他們因此將成為聖經歷史中「十個消失的支派」。如果亞述軍隊於西元前七〇一年攻下耶路撒冷，並且以對待撒瑪利亞及其他被征服地區居民的方式對待猶大王國的居民，他們很可能也會走上相同的命運。如果真是如此，猶太教將會從地球上消失，而基督教與伊斯蘭教這兩個子嗣也不能存在；簡而言之，我們的世界將會以我們完全想像不到的不同方式出現。

然而，要想像遙遠過去的耶路撒冷城牆發生了什麼事，是完全不可能的。西拿基立在他的尼尼微宮殿牆上刻下的誇耀之語，只是一種帝國的宣傳，而非審慎的歷史；至於那三段聖經上的敘述所說的故事，認為是上帝的奇蹟介入了公共事務，使得亞述人無法拿下這座聖城，這種想法今天已經沒有史家採信。

雖然聖經故事既不精確或過於誇張，但並非與事實毫無關係。在往後的世代中，聖經故事形塑了猶太人的歷史記憶，使人相信摩西和大衛的上帝是萬能的，可以保護祂的信仰者不受當時最強大的君主之侵擾。這段插曲經由耶路撒冷虔誠信徒的詮釋，使一神論達到前所未有的興盛，而這個明顯不接受妥協的一神論則讓猶太教得以在亞述人征服下的世界主義世紀中存活及發展。畢竟，在上古近東地區完全由遙遠的統治者、外邦的敵人和其他外邦團體來決定的時代裡，只信仰當地神祇是很困難的事，只有上帝的普世力量可以圓滿解釋公共事件。於是乎，猶太一神論開始繁榮且得以擴展它的影響力，特別是藉由它的兩個子宗教流傳到我們這個時代。

一個只和單一聖地連結的宗教儀式是無法在這樣的世界中生存的，然而放棄地方性的、祖先傳下來的宗教，接受外邦帝國統治者的神祇（以戰爭的勝利證明了祂強大的力量），乃是一種懦弱而令人無法釋懷的做法。奇特的是，弱小而無法自主的猶大王國居民卻大膽地相信他們的神耶和華乃是唯一真神，祂的權力遍及整個世界，因此每件事的發生無不應和著祂的意志。西元前七〇一年亞述人從耶路撒冷撤退的事實，使這種想法更加合理，也使得虔誠而熱切的信眾較以前更加堅定地相信上帝普世的力量。於是，這場戰役便成為歷史文獻中一個註定要發生的「如果」。

聖經對於這場戰役的描述總共出現過三次，分別是《列王記下》第十八和十九章、《歷代志下》第三十二章，以及《以賽亞書》第三十六、三十七章，這三段敘述的中心內容和一些例子的字句都完全一樣。讓我援引《以賽亞書》的說法：

於是拉伯沙基（攻擊耶路撒冷的亞述軍統帥）站著，用猶大言語大聲喊著說，你們當聽亞述大王的話……你們要謹防，恐怕希西家勸導你們說：耶和華必拯救我們。列國的神有哪一個救他本國脫離亞述王的手呢？哈馬和亞珥拔的神在哪裡呢？……他們曾救撒瑪利亞脫離我的手嗎？（《以賽亞書》第三十六章第十三、十八—十九節）

對於這種對神力的直接挑戰，希西家的回應就是祈禱：

坐在二基路伯上萬軍之耶和華以色列的神啊，你，惟有你，是天下萬國的神；你曾創造天地。耶和華啊，求你側耳而聽；耶和華啊……要聽西拿基立的一切話，他是打發使者來辱罵永生神的……耶和華我們的神啊，現在求你救我們脫離亞述王的手，使天下萬國都知道唯有你是耶和華。

亞摩斯的兒子以賽亞就打發人去見希西家說……所以耶和華論亞述王如此說，他必不得來到這城，也不在這裡射箭，不得拿盾牌到城前，也不築壘攻城……因為我自己的緣故，又為我僕人大衛的緣故，必保護拯救這城。

耶和華的使者出去，在亞述營中殺了十八萬五千人；清早有人起來一看，都是死屍了。亞述王西拿基立就拔營回去，住在尼尼微。他兒子……用刀殺了他……他兒子以撒哈頓接續他做王。（《以賽亞書》第三十七章十六——十七節、二十——二十一節、三十三節、三十五——三十八節）

因此，根據聖經的記載，耶和華拯救了他的人民，並且在亞述軍中散布致命的傳染病，因而摧毀了對祂不敬的亞述軍隊。這場奇蹟般的拯救顯示出希西家王以及先知以賽亞仰賴耶和華的力量與保護是正確的。除此之外，它證明了耶和華的力量大於當時最強大的君主。當時有誰會懷疑猶大的先知與祭司——他們大膽宣稱耶和華有普世的權柄——所說的話呢？到底有誰？

不過，的確有人懷疑聖經記載在希西家的兒子及繼任者瑪拿西（Manasseh，約西元前六八六至六四二年在位）在位期間曾有這樣的事情發生。瑪拿西王統治時期仍臣屬於亞述，他認為供奉外邦的神祇也無不可，因此「在神殿內立雕刻的偶像」。根據《歷代志》的記載，他允許異教的祭祀方式，「行耶和華眼中看為惡的事」（《歷代志下》第三十三章第二、七節）。

除此之外，對於我們這些不相信奇蹟的人來說，聖經記載希西家如何準備面對亞述人的攻擊，其中含有一些令人著急的線索，顯示出現實的因素造成圍城的亞述人染上疫病。我們也可以輕易猜想到有其他急迫的原因，使得西拿基立除了考慮到瘟疫對軍隊造成的損失之外，還想到要避免直接攻擊堅城（附帶一提，十八萬五千人這個數字絕對是誇大的數目，上古時代沒有一支軍隊有這樣的規模，耶路撒冷外面貧瘠的環境駐紮的軍隊絕對遠少於此數）。

因此，實際上發生了什麼事，沒有人能夠確定；不過，思索一下這種歷史曲解對於往後世界史的影響，倒頗有一番趣味。舉例來說：希西家王是否早已看出亞述軍如果要對耶路撒冷進行長期圍城，水會是個問題？《歷代志》告訴我們：「希西家見西拿基立來，定意要攻打耶路撒冷，就與首領與勇士商議，塞住城外的泉源，他們就都幫助他。於是有許多人聚集，塞了一切泉源，並通流國中的小河，說，亞述王來，為何讓他得著許多水呢？」（《歷代志下》第三十二章二－四節）

一些現代考古學家相信，希西家下令建造了長六百英呎的水道，將水從基訓（Gihon）泉引到西羅亞（Siloam）池，後者就在耶路撒冷古城牆外。這樣一個困難的計畫一定要耗費很長的時間，不可能像《歷代志》所說的，是為了阻止亞述人接近水源臨時完成的。這個水道是為了防衛而設，興建時間若不是在西元前七〇一年的戰役之前，就是在戰役之後。

無論如果，人們應該會想到，希西家努力地在耶路撒冷周圍「塞了一切泉源」，用意是為了迫使亞述士兵飲用髒水並使其暴露在傳染病當中。如果真是如此，希西家和他的王子與大臣預見在耶路撒冷周圍乾旱的環境中難以找到飲用水，才是亞述人撤軍的真正原因，而非聖經中記載的奇蹟。

到了約西亞王（King Josiah，於西元前六四〇至六一二年在位）統治時期，認為是耶和華拯救了耶路撒冷並且行神蹟使得西拿基立撤退的這種虔誠解釋，才與一般觀點取得了抗衡的地位，後者充分顯現在瑪拿西王的政策上，他將異教崇拜引進耶路撒冷，想以其他更有力量的神祇來補充耶和華力量的不足。

幾個世紀以來，希伯來的先知責難這樣的政策，並且宣稱耶和華是個會嫉妒的神，需要人們完全致力並遵守祂的意志，而這個意志則是由先知受到天啟的話語得知。當讀寫能力開始提高時，經由先知散布的神的話語也被寫下（至少有時是如此），先知也開始累積聖經各書，起點約在西元前七五〇年。所羅門神殿的祭司也同樣認為應全心全意崇拜他們信拜的神，祭司們也擔任編輯與編纂，負責收集並保存神聖的文本，並從中編纂出其他部分的猶太教聖經。祭司與先知的意見並不一定相同，卻都同意應只崇拜耶和華，並且反對一般認定的地方性多神傳統，這些神祇往往彼此爭鬥，跟人類沒什麼兩樣。

耶和華決定性的勝利發生於約西亞王統治初期，當時亞述帝國開始瓦解，而虔誠的宗派說服只有八歲的約西亞反對他父親瑪拿西允許進入耶路撒冷的異教儀式。然後，在整修神殿的時候，高級祭司「得了摩西所傳耶和華的律法書」（《歷代志下》第三十四章第十四節）。這本書就是《申命記》，它成了改革宗教儀式的努力基礎，儀式因此以耶和華的意志為準而統一，並且獲得新生。

三十六年後，亞述帝國主要的繼承者尼布甲尼撒王摧毀了猶大王國，將神殿夷為平地，並且將猶太人帶到他位於巴比倫的首都，於是虔誠信奉耶和華的宗派必須思考耶和華為何要讓這樣的災難發生。不過，那時候的猶太人已經牢牢認定耶和華事實上掌管著整個世界，放棄耶和華——

像西元前七二二年後以色列人那樣——是無法想像的事；相反地，先知們持續不斷地譴責猶太人的罪惡，因此巴比倫俘囚顯然是耶和華對於猶大的統治者與人民不守十誡的懲罰。不論多麼努力地進行宗教改革，基本上即便是最虔誠的人對於耶和華誡命的遵守也還是不夠。

進一步修正崇拜的方式，仔細研讀聖經以了解耶和華的意志，乃是唯一適當的回應。基於這一點，當每個星期聚會研讀並思考聖經意義的做法開始在流亡期間成為慣例時，猶太教就取得了永久存續的形式。猶太教成功擺脫了地域色彩而能在普世和都市的環境裡有效指導每天的生活，使得它在接下來的幾個世紀以及不確定的未來中還能生存與發展。

有人認為，西拿基立的撤退使得以賽亞的預言成真，而希西家的宗教政策也因此得以推行，於是便造成猶大小王國中一神論的出現；而從另一方面來看，弔詭的是，後來尼布甲尼撒雖然成功實現了西拿基立的願望，卻沒有因此毀了猶太教，反而促成了它的成長，往後甚至還發展出了基督教與伊斯蘭教。對我來說，往後這段世界宗教史的發展似乎反而形塑了絕大部分史家的想法，使他們無法或不願意看清西元前七〇一年亞述人撤退的真正意義。

然而，至少對我而言，針對耶路撒冷這一小群先知與祭司如何解釋西元前七〇一年發生在城外的事來進行思考，並且考量他們的觀點在往後如何獲得主流地位，也算是一種歷史想像中的反省經驗。這個過程完全仰賴於一小撮人的唯一真神信仰，而這種信仰又完全違背了當時的常識；從歷史上看，真可說是空前絕後。

芭芭拉・波特

一夜好夢可以創造奇蹟

如果里底亞王（King of Lydia）居格斯（Gyges）因為游牧民族西梅里安人（Cimmerian hordes）的入侵而憂慮無法成眠，他將會錯過一場著名的夢境；在夢中，亞述神祇勸他成為亞述的屬國。到了早上，居格斯也將因為沒有睡好而顯得疲憊、沮喪，他將因而無法痛擊西梅里安人，甚至還會戰死沙場，如此將比他原先的死期早了七年。

如果這些事件真的發生了，現代西方文化將會是另一種面目。缺乏夢境——除此之外，再加上死亡——居格斯將不會派出使者前往遙遠的亞述，亞述也就不會以俘獲兩名西梅里安的首領為獻禮，兩國更不會於西元前六五二年建立第一次同盟。沒有這場首度的友善接觸，居格斯存活下來的兒子日後也無法成功說服亞述驅策它在小亞細亞的盟國，幫助居格斯的繼承人穩住里底亞的王位——如此也才能一起將西梅里安人趕出小亞細亞。而他們也永遠無法在小亞細亞建立以黃金、貿易、音樂及藝術聞名的里底亞帝國。

由於大部分人都沒有聽過里底亞帝國，因此有它沒它似乎都不是很重要，但是重點在後面。伴隨著里底亞人的失敗，接下來就沒有人可以阻擋西梅里安人殘忍地往地中海方向掠奪，當然也包括洗劫沿岸的希臘殖民地城市。有了這些城市的船隻以後，西梅里安人就可以輕易渡海攻擊位於西方不遠處的希臘本土；而當時正值西元前五世紀，希臘文明正要開始繁盛並將進而成為我們所知的西方文化誕生地。如此一來，希臘本土將成為騎馬民族西梅里安人的根據地，希羅多德可能寫出關於訓練馬匹的書，而不是創作出西方歷史寫作的形式，至於像尤里披底斯（Euripides）這樣的人可能會花上一整天牧馬，而非創作劇作。

居格斯故事帶來的教訓應該會讓母親們樂於採用：早點上床睡覺，做個好夢，西方文明的命運就靠這個了。

芭芭拉・波特（Barbara N. Porter）是新亞述帝國政治與文化史方面的權威。

2 希臘人未能贏得光榮

假如波斯人在薩拉米斯會戰獲勝，西元前四八〇年

維克多・韓森

在歷史上，少有時刻像西元前四八〇年的薩拉米斯海戰一樣，在如此短的時間之內決定如此重大的後果。薩拉米斯不只是一場戰役而已，這一戰是西方與東方之間的決戰，世界未來的命運全在此役決定。身為阻止雅典個人主義擴散的先鋒，波斯人還得到東地中海其他中央集權政權的支持。正如同韓森所指出，「自由」與「公民」等字眼並不存在於其他地中海文化的字典中。

以軍事作戰的規模、準備時間、計畫複雜程度而論，波斯國王薛西斯（Xerxes）發動的攻勢足以和西班牙無敵艦隊或諾曼第登陸相提並論。這次攻勢的決戰戰場在薩拉米斯，事後證明，這一戰是摧毀不屈不撓的西方文化的最後機會。在艾席魯斯（Aeschylus，這位雅典劇作家據信曾參與薩拉米斯會戰）的劇作《波斯人》（*The Persians*）中，一位信差告訴薛西斯的母親：「如果幸運眷顧人多的一方，我們必定會贏得這天的勝利。結果，神明之手卻把天平壓向反對我們的那一邊，將我軍全部摧毀。」但是，如果天平傾向另一端呢？如果波斯人贏得勝利呢？這樣的情況差點就

發生了。如果雅典政治家兼將領提米士托可斯（Themistocles）指揮的槳手未能獲勝，兩千五百年後的西方文明會是什麼樣子？如果戰敗的提米士托可斯沒有陣亡，並將雅典人民遷徙到義大利，自由與公民的理想會得到第二個春天嗎？

維克多・韓森（Victor Davis Hanson）曾出版九本著作，包括《西方式戰爭》（*The Western Way of War*）、《其他希臘人》（*The Other Greeks*）、《誰殺死荷馬？》（*Who Killed Homer?*，與約翰・希斯〔John Heath〕合著）。其關於家族農場衰亡的著作《失去夢想的田地》（*Fields Without Dreams*）被舊金山書評人協會票選為一九九五年最佳非小說類書籍。韓森目前在加州州立大學佛瑞斯諾分校教授古典文學。

世界的歷史完全維繫在此一戰，一邊是團結在一位君主之下的東方集權主義，另一邊是疆域與資源完全不能相提並論、但是崇尚個人自由的獨立城邦。歷史上從未有這種精神力量超越強大物質、並贏得光榮勝利的例子。

以上是德國史學家與哲學家黑格爾對薩拉米斯會戰的評語，當時的希臘人應該會同意以上看法。《波斯人》是現存唯一根據史實寫成的希臘悲劇，歌詠在「神聖的薩拉米斯」贏得的光榮勝利；諸神在那裡懲罰自大的波斯人，獎賞自由希臘人的勇氣。戰後的詩作記下希臘水手「拯救神聖的希臘」，「防止希臘淪入奴役時代」；傳說在雅典領導的光榮勝利之日，艾席魯斯曾經參戰，索福克里斯（Sophocles）在勝利慶典中跳起舞來，尤里披底斯誕生在世界上。過去兩千五百年內，西方文明認為薩拉米斯會戰的奇蹟拯救了希臘文明，並且讓文學、藝術與哲學在充滿信心的雅典民主體制中蓬勃發展。衛城（Acropolis）的神殿、雅典的喜劇與悲劇、蘇格拉底的哲學，以及史學的誕生，都發生在波斯戰爭之後。薩拉米斯會戰不但拯救了希臘文明，雅典驚人勝利帶來的喜悅與物質收穫更讓以上的文化突破得以實現。

在薩拉米斯會戰之前，大部分希臘城邦的特色是務農、偏遠與孤立，生活在東邊七千萬波斯帝國人民以及近東與埃及數百萬人民的陰影下。但是，從薩拉米斯會戰之後到遭遇羅馬人之前，古希臘人毫不懼怕任何外敵。事實上，波斯國王再也沒有派兵踏上希臘。直到鄂圖曼帝國在十五世紀征服巴爾幹半島為止，兩千年間沒有來自東方的敵人佔領過希臘。

在薩拉米斯會戰之前，雅典不過是個怪異的城邦，激進的民主實驗僅僅進行了二十七年，成敗尚在未定之天。然而，戰後興起的民主文化卻統治了愛琴海，產生艾席魯斯、索福克里斯、帕德嫩神殿、伯里克里斯（Pericles）和修昔的底斯（Thucydides）。在這場海戰之前，沒有人認為希臘軍隊能夠保護並提倡希臘在海外的利益，然而在薩拉米斯會戰之後的三個半世紀之內，說希臘語的軍隊在高明的科技與資本家支持下，已勢如破竹地攻佔從義大利南部到印度河的廣大土地。

如果說波斯戰爭是世界歷史的分水嶺，那麼薩拉米斯會戰就是波斯戰爭的轉捩點；如果說薩拉米斯會戰是希臘對抗波斯戰爭中的一大突破，提米士托可斯與數千名雅典人就是希臘何以能在逆境中贏得勝利的原因。少數人於西元前四八〇年九月底在雅典海岸外的所作所為，決定了今日西方世界視為理所當然的生活方式。

首先我們必須記得，為時約十年的波斯戰爭——其間戰役包括馬拉松（西元前四九〇年）、瑟摩皮萊與亞特米錫安（西元前四八〇年）、薩拉米斯（西元前四八〇年）、普拉太亞（西元前四七九年）和麥開爾（西元前四七九年）——是東方最後一次阻止西方文化擴展的機會。希臘的激進思想包括立憲政府、私有財產、全民皆兵、文人控制軍隊、自由的科學探究、理性主義、政教分離等等，日後擴展到義大利，再經由羅馬帝國傳布至北歐與西地中海地區。事實上，「自由」與「公民」等字眼並不存在於其他地中海文化的字典中，它們不是部落君主制，就是神權政治。我們必須記得，在那個多元文化時代，希臘只是地中海的一個農業國度，但是與鄰邦相比，希臘在精神與價值觀上完全反地中海文化。

黑格爾知道，如果希臘成為波斯最西邊的省分，希臘的家族農場早晚會變成國王的財產，公共市場會成為波斯式市場，希臘志願重步兵會成為薛西斯國王的突擊隊。而希臘哲學與科學會由國家資助的神學與天文學取代，這兩種學問向來是獨裁或宗教政權的附屬品，不受理性探求的支配。在波斯化的希臘，地方議會將被傀儡化，目的是協助國王徵用士兵與金錢、記載官方日誌與國王聖旨，以及指派唯命是從的地方官員與僧侶。

希臘人日後可以對提米士托可斯將軍處以罰鍰或放逐，然而波斯人如果敢對薛西斯稍有不從，下場將是遭到肢解——派西亞（Pythias）的長子就被砍成兩半，身體和四肢置於皇家軍隊行進的道路兩旁，因為派西亞竟敢向薛西斯要求讓五個兒子其中一人免服兵役。即使近代學者曾經對此有所爭論，波斯帝國的城市終究不是城邦，因此我們今日的生活方式也將大不相同。在這樣的社會中，作家將面對死刑威脅，婦女必須蒙上面紗，不得與外界接觸，言論權受到限制，政府掌握在貴族手中，大學是神學中心，思想警察就在我們的客廳與臥室中——如果提米士托可斯與他的水手失敗的話。

從西元前八世紀開始興起的約一千個希臘城邦，面對著一個無可否認的矛盾：他們的成功原因也帶來了毀滅的可能。這些自治城邦位於孤立的希臘谷地中，被其他地中海世界遺忘，從而具備強烈排他性格與個人主義——這些條件讓擁有私有土地的公民思想得以發揚光大。此外，同時萌芽的還有民族聯邦主義，以及全民國防的理想——這些想法都顯示希臘人對於中央集權政府的害怕，以及對政治獨立與個人主義的追求；對於自耕農公民而言，聯邦稅的想法簡直難以接受，今日的聯合國支持者在古希臘完全找不到知音。事實上，即使是最激進的美國州權提倡者，在希臘人眼裡看來不過像是膽小鬼。就希臘對地方自治的定義而言，卡洪（John C. Calhoun）才是真正的希臘人（譯註：卡洪曾在一八二五年至一八三二年間擔任美國副總統，是州權與奴隸制度的重要提倡者），林肯和威爾遜都不算。

到了西元前六世紀，希臘人具備的經濟活力、政治手腕和大膽的用兵能力，已經讓他們的殖民地遍及小亞細亞海岸、黑海地區、義大利南部、西西里和部分北非地區；換言之，一百萬希臘人的自由城邦理想之影響力，已經擴及希臘天然資源或人力無法征服的地方。然而，希臘人並未產生帝國或聯邦的想法，以協調和統一擴張的腳步；相反地，這一千個左右的繁榮城邦各自追求不同的目標。如同希臘史家希羅多德所言，它們之間共通的只有價值觀、語言和宗教。

其他歷史更悠久的集權政權——無論是北非的宗教政權，或是亞洲的獨裁政權——都注意到了這點。就戰略層面而言，到了西元前五世紀初，波斯人、埃及人、腓尼基人與迦太基人已經受夠這些善於鑽營、無所不能的希臘船主、貿易商、傭兵和殖民者。難道不能以帝國的人力與財力趁早解決這些喜歡爭吵的希臘人，免得他們的有毒文化流出希臘本土，讓東地中海變成他們的勢力範圍？

在西元前五世紀的頭二十年間，大流士一世（Darius I）與兒子薛西斯接受了此一挑戰。當他們先後遭到擊敗之後，西方文化在那個時代的霸權地位就此確立。薩拉米斯會戰之後數十年內，少數希臘人——包括在埃及的雅典人、波斯貴族手下的希臘傭兵，以及亞歷山大的馬其頓匪幫——在亞洲和北非發動一連串征服與掠奪，希臘軍隊再也不需要在希臘土地上為自由而戰。薛西斯戰敗之後，即使希臘曾因人力短缺、或是過分自滿而遭到敗績，仍然沒有東方勢力敢再入侵希臘本土。每當希臘人在海外旗開得勝，就會習慣性地毀滅敵人文化，留下軍事殖民地，將奴隸與金錢送回國內。無論在物質上或文化上，薩拉米斯會戰都奠下了希臘人興起、其他族群敗退的模式。

許多書籍都以日後羅馬和迦太基的大對決為主題。即使經歷三場犧牲慘重的戰爭（西元前二六四年至一四六年），以及漢尼拔在義大利土地上的十六年惡夢佔領，從來沒有人懷疑過這場對決的結果。到了西元前三世紀，由於羅馬卓越的建軍方式、共和政府的彈性與堅毅，以及義大利農民、金融家、貿易商、建築師的日漸成功——這些全是得自希臘贏得波斯戰爭之後發展出的文化——使得布匿克（Punic）戰爭的結果早有定數。考量到羅馬軍隊的兵力、共和政權的統一，以及布匿克文化的脆弱等因素，讓人驚奇的並不是迦太基為何會輸掉戰爭，而是迦太基為何能夠兇猛地持續作戰如此之久。

相較於後來的羅馬人，喜好爭吵的希臘人在薩拉米斯面對的是一支兵力大上四倍的海軍。和匆忙集結的希臘軍相比，陸地上的波斯兵力要大上五倍到十倍。波斯的後備人力要比希臘語地區加起來多出七十倍，而且國庫內的金錢也足以讓希臘人相形見絀。

由於缺乏統一的國家架構，各希臘城邦一直對本土防衛爭執不休，直到第一批波斯大軍出現為止。當薛西斯的軍隊於西元前四八〇年夏末進抵希臘北部之後，保持中立或投入波斯陣營的希臘城邦數目要比繼續為希臘而戰的城邦還多。而且，與漢尼拔入侵時的羅馬不同的是，雅典在西元前四八〇年九月已遭佔領與摧毀，人口紛紛逃走，當時的情勢要比一九四〇年中納粹擊敗歐洲民主國家之後的情況還糟。

讓我們想像被擊敗與佔領的法國——沒有盟國，巴黎被毀，凱旋門與艾菲爾鐵塔成為廢墟，鄉間無人居住，剩下的自由人口搭上小船，逃往英國與北非殖民地——決定將國運賭在土倫港（Toulon，譯註：位於法國南部地中海岸）那支數量居劣勢的愛國艦隊，然後想像法國的愛國者與軍艦竟然贏得勝利！他們摧毀了半數納粹船艦，讓希特勒顏面盡失地回到柏林，並且在接下來幾個月間於佔領區旗開得勝，擊潰兵力多出許多倍的納粹軍隊，讓潰敗的德國人退回萊茵河對岸。

如果說波斯戰爭是東方阻止西方文化興起的最後機會，薩拉米斯會戰真的是這場十年戰爭中的轉捩點嗎？我們可以輕易斷定十年前在馬拉松的第一戰，雅典贏得的英勇戰役並沒有如此地位。雅典的漂亮勝利一時阻止了雅典城被焚，但是大流士在西元前四九〇年派出的遠征軍兵力並不大——或許總共不超過三萬人——而且在戰前只攻佔了數個希臘島嶼。在這場試探性作戰中，大流士並沒有足夠的資源或意志來奴役希臘，就算波斯人贏得勝利，也只能算是懲罰雅典支持愛奧尼亞海地區的希臘人不成功地介入小亞細亞的叛亂。如果雅典在馬拉松會戰失敗，暴君皮西斯特拉圖斯（Pisistratus）的後代將會帶來新的暴政政權。由於波斯的有限目標，以及大部分希臘城邦避免參戰，波斯在馬拉松的勝利只會阻撓而非結束希臘的興起。

大流士於西元前四八六年駕崩，一雪馬拉松會戰之恥的責任落在他的兒子薛西斯肩上。後者想要發動的不是一次懲罰性襲擊，而是東地中海歷史上規模最大的入侵。經過四年準備，薛西斯於西元前四八〇年揮軍出征。他在達達尼爾海峽架橋進入歐洲，越過希臘北部，一路收服了眾多城邦，這些城邦只能在毀滅或投降之間選擇其一。即使古籍上記載波斯軍超過百萬的說法不可信，二十五萬至五十萬之間的海陸大軍已是歐洲在一九四四年D日之前最大的一支兵力。我們也不需要相信古籍上所說的波斯騎兵擁有八萬匹馬，但是即使是減半的數字，也比亞歷山大在一世紀半之後征服亞洲的騎兵多出五倍。此外，薛西斯麾下的艦隊更擁有超過一千兩百艘來自腓尼基、希臘與波斯的船艦。

希臘方面同意在瑟摩皮萊的狹窄隘路上阻止敵軍，這是在柯林斯以北的最後一道隘口，地形適於少數部隊據險防守。在這處關口，懸崖與海水間的通道不到五十呎寬，因此在西元前四八〇年八月，各城邦的聯合艦隊在雅典指揮之下向北駛抵亞特米錫安，斯巴達國王李奧尼達斯（Leonidas）則率領一支不到七千人的聯軍由陸路跟進。如果希臘能在海上阻止波斯艦隊，並且在陸上擋住強大的敵軍，所有的南方城邦或許會派軍北上加入李奧尼達斯，讓希臘中部和南部的富庶腹地免於兵戎之災。

希臘的大膽策略很快就告崩潰。儘管斯巴達人在瑟摩皮萊英勇奮戰，還有大部分波斯艦隊在亞特米錫安毀於風暴，海上和陸上的戰役仍然成為希臘城邦史上最糟糕的慘敗。斯巴達國王戰死，遺體遭到肢解，超過四千名精銳重步兵陣亡，大部分希臘艦隊非沈即傷，柯林斯以北全部暴露在入侵者之前。撤退一空的雅典城被焚毀，未來此地或許會成為波斯帝國的區域都會和國王的稅收中心。

薩拉米斯會戰是下一次、也是最後一次擋住波斯入侵的機會，如果希臘人不在薩拉米斯求戰或是輸掉這一戰，後果將不難想像。如果殘餘的希臘艦隊還能集結在一起，他們將會向南駛往柯林斯地峽，在那裡與伯羅奔尼撒剩下的步兵會合，重演在瑟摩皮萊與亞特米錫安的背水一戰。但是此時希臘的北部和中部已經失守，大部分海軍兵力遭到消滅，波斯軍則在春夏兩季不斷勝利之後士氣高昂，因此五十萬波斯軍在被征服希臘城邦的部隊幫助下，必定會順利打穿這道地峽，向南與向西擴張戰果。當然，波斯步兵還會得到強大艦隊的支援，後者可以在希臘防線後方或伯羅奔尼撒北岸讓物資和人員登陸。在未來的希臘歷史上，從來沒有一支守軍能夠成功拒敵於伯羅奔尼撒之外；甚至單在西元前三六〇年代，艾帕米農達斯（Epaminondas）在沒有海軍支援之下，也曾經創下四次成功入侵伯羅奔尼撒的記錄。

在薩拉米斯會戰勝利的隔年春天，希臘人在普拉太亞（Plataea）會戰摧毀了殘餘的波斯步兵，將薛西斯的軍隊完全驅離希臘，但是只有了解前一年九月在薩拉米斯的戰術、戰略與精神勝利，才能了解普拉太亞會戰的意義。普拉太亞戰場上的波斯軍已經失去國王——因為在海軍慘敗之後，薛西斯已率領部分最精銳的步兵撤退——因此海岸外沒有負責支援的波斯艦隊。希臘人直到薩拉米斯會戰前一刻仍在彼此勾心鬥角，但是在普拉太亞戰場上卻團結一致、信心滿滿。事實上，參與普拉太亞會戰的希臘軍多達七萬名重步兵，以及數量相當的輕步兵，這是希臘歷史上規模最大的一支部隊。甫受挫折的波斯軍缺乏薩拉米斯會戰時的數量優勢，更沒有國王與波斯艦隊支援；相形之下，希臘大軍湧入狹小的普拉太亞平原，官兵都相信正從阿提卡撤退的戰敗敵人士氣不振，而且已被波斯的政軍領袖放棄。

在長達十年的波希衝突期間，馬拉松與普拉太亞的勝利以及瑟摩皮萊與亞特米錫安的失敗都不具有決定性。如果說馬拉松延遲了波斯的征服希望，普拉太亞就是結束，薩拉米斯則使其變成不可能。當波斯軍從薩拉米斯撤退時，已經成為一支失去國王、艦隊和大部分士兵的軍隊。

然而，如果說薩拉米斯會戰是希臘在波斯戰爭中的關鍵勝利，這一戰為什麼會成功？根據西元前五世紀的希羅多德史書、艾席魯斯的劇作《波斯人》，以及後來的二手或三手記載，加上親自探訪薩拉米斯戰場，學者可以大致重現這一戰的情況。希臘聯合艦隊將領經過一場激烈爭執之後，同意接受雅典將領提米士托可斯的計畫，讓艦隊在薩拉米斯島與希臘本土之間的狹窄海峽迎敵。希臘艦隊只有略多於三百五十艘船艦，對抗數量在六百艘至一千艘之間的波斯艦隊。波斯軍佔領了附近的阿提卡平原全境，巡邏範圍遠至距薩拉米斯島西北端僅數百碼遠的梅加拉；相形之下，雅典的人口已經全部疏散，服役年齡的男性全在薩拉米斯，老弱婦孺則被送至更遠的愛吉納島，或是西南邊的阿哥斯市海岸上。

除了收復國土之外，提米士托可斯更重要的使命是趁希臘人還有一點團結抗敵的念頭，以及國土剛被敵人佔領數星期的時候，立即與敵人交戰。提米士托可斯主張，波斯人在薩拉米斯水道的狹窄空間內不會有足夠的運動空間發揮艦隊的全部實力，因此較重的希臘軍艦可以抵消敵人在數量上的龐大優勢。在這樣狹窄的水域中，經驗較差的希臘水手不必擔心遭戰技精良的敵人迂迴與包圍，反而能以大編隊直闖敵陣，使用他們較重的船艦撞擊第一列敵艦。任何倖存的波斯或盟軍士兵將會喪命在附近島嶼上的希臘步兵之手，受損的希臘船艦與水手則可以在薩拉米斯島得到庇護。

這場海戰持續竟日——最可能的日子是在西元前四八〇年九月二十日至三十日之間——到了日落時分，波斯艦隊已經折損一半船艦，其他船艦也告潰散。希臘勝利的關鍵是抵消波斯在數量及人員素質上的優勢，這點在戰鬥之前與之中完全成功。波斯人誤信希臘人正經由薩拉米斯與梅加拉之間的海峽向西北撤退，因而犯下兩大錯誤：第一，波斯將領派出一大批船艦守住那裡的出口，使得眾多船艦遠離戰場。第二，薛西斯下令船艦趁夜駛入薩拉米斯與陸地之間的水道，使得船員一無睡眠、二無進餐，更讓己方的數量優勢無從在狹窄水域內發揮。古籍上對於作戰詳細經過有所出入，但是最可能的情況是：大約三百五十艘希臘船艦排成兩列，每列排滿水道的兩哩寬度，目的是衝撞對面的三列波斯船艦。此時波斯的陣形仍然混亂，在數量上可能只有二比一的優勢。希羅多德、艾席魯斯與後來的史書對於接敵時刻敘述不多。由於希臘軍確信其眷屬在薩拉米斯島和西邊伯羅奔尼撒的安全，為了保護家人，希臘人運用較重的船艦一再衝撞敵艦，直到其他盟國的艦隊開始崩潰和逃離戰場。雖然希臘船艦仍然居於數量劣勢，但是波斯軍心已經崩潰。薛西斯數天後就上船出發，帶著六萬名步兵駛回達達尼爾海峽，留下馬多紐斯（Mardonius）指揮剩下的大軍來春再戰。以上就是薩拉米斯會戰的大概經過。

至少在兩個關鍵時刻，提米士托可斯的領導確保戰爭會在薩拉米斯發生並獲勝。如果他沒有出席作戰會議，或是提出別的方法，希臘軍不是根本不會與波斯軍交戰，就是會戰敗。輸掉薩拉米斯會戰之後，波斯戰爭很快就會結束，發展僅兩世紀的西方文化會在襁褓中滅亡。除了提米士托可斯之外，沒有其他希臘領袖能夠或願意集結聯軍保衛雅典。

首先，在海上與波斯軍交戰似乎是提米士托可斯的決定。稍早，他曾說服同胞相信德爾菲神廟預言來自「木牆」的救贖是指海岸外的新雅典艦隊，尤其阿波羅的六句詩最後兩行提到「神聖的薩拉米斯」。因此，在提米士托可斯的主張下，居民從雅典經海路撤退。這是一個明智之舉，因為強硬派步兵會寧願在雅典平原上光榮犧牲。我們還必須記得，雅典的兩百五十艘船艦都是新造，因此狀況上乘——這全是提米士托可斯在兩年前堅持的結果。經過激烈的爭執，他說服雅典議會不要將新開採的銀礦收入交給市民，應該用這筆錢建造船艦與訓練水手，保護民主政府對抗希臘或波斯的入侵。他在西元前四八二年的未卜先知使得雅典人現在擁有一支新銳的艦隊。

希羅多德提到，在殘餘的希臘船艦從亞特米錫安戰場蹣跚歸來後，斯巴達指揮官尤里比亞德斯（Eurybiades）在希臘海軍將領的作戰會議上，提出希臘聯合艦隊下一戰應在何處的問題。根據希羅多德的可信說法，非雅典的希臘將領馬上要求向南撤退，在柯林斯地峽固守。「由於阿提卡平原已經陷敵，多數與會將領得到一致結論，就是駛往地峽為伯羅奔尼撒而戰。」希臘將領認為，如果失敗還可以在己方港口得到庇護。

敘述到這裡時，希羅多德安排雅典人米尼西費魯斯（Mnesiphlius）出場，對此一決定表達失望：「然後每個人會回到自己的城邦，無論是尤里比亞德斯或任何人都無法讓他們團結起來，艦隊會分散到各地，希臘將因為自己的愚蠢而滅亡。」就像十年前失敗的愛奧尼亞革命一樣，米尼西費魯斯知道希臘人會在一場大敗之後四散而去，每個人口頭上都說要繼續抵抗下去，私底下卻急著和波斯人媾和。

但是提米士托可斯立刻要求召開第二次會議，他在會中說服尤里比亞德斯在薩拉米斯集結希臘軍，然後在易守難攻的狹窄海峽中求戰。在這裡贏得勝利會拯救流離失所的雅典民眾，伯羅奔尼撒人則可以拒敵於遠方。提米士托可斯進一步指出，希臘軍已經不能再失去更多土地，因為薩羅尼克灣的島嶼全無防衛；事實上，波斯人正在構築一道通往薩拉米斯島的堤道，準備俘虜困在島上的雅典民眾。

提米士托可斯認為在柯林斯地峽外的開闊海面上作戰是瘋狂之舉，因為船艦較慢與較少的希臘艦隊必定會遭到包圍。最後他當著與會者的面要脅，如果希臘軍放棄薩拉米斯島，他會率領雅典艦隊離開戰場，將居民載往義大利建立新城市。在他的威脅下，希臘將領不情不願地讓步。九日中的決定是以靜制動，等待敵人來攻；但是，波斯軍真的會駛入狹窄的海峽，還是乾脆等在海岸外，等待停泊的希臘船艦發生內鬨呢？

提米士托可斯的第二項成就是成功吸引入侵船艦駛入海峽。根據希羅多德的說法，提米士托可斯派出他的奴隸辛希努斯（Sicinnus）趁夜越過海峽，向波斯軍通報一項假消息，就是提米士托可斯與雅典人都希望波斯贏得勝利。他還說希臘人彼此離心離德，目前正準備從薩拉米斯島逃往地峽。薛西斯的最後機會是一早立刻駛入海峽，逮住毫無準備、陷入混亂的希臘艦隊；一旦波斯軍進入海峽，雅典人和其他人或許會陣前倒戈。

學者至今仍在爭辯希羅多德說法的真實性，這段故事似乎過於戲劇化，一名奴隸帶來的謠言竟可決定一千多艘船艦的部署。但是，我們沒有理由懷疑提米士托可斯的狡猾，或是波斯人為何易於上當；就在幾個星期前，全憑希臘叛國賊艾菲亞提斯（Ephialtes）通報一條小徑，波斯軍才贏得瑟摩皮萊的戰役。次日一大早，上當的波斯艦隊開始划入海峽，踏入希臘軍的陷阱。根據希羅多德和艾席魯斯的說法，波斯軍艦在薩拉米斯島外的狹窄海灣內混亂地擠在一起，無法利用速度或敏捷性穿透或包圍希臘艦隊。希臘軍則利用較重的船艦有條不紊地衝撞敵艦。提米士托可斯在醒目的旗艦上奮戰不懈，薛西斯則安全地在附近的艾加里山山頂觀看這場慘敗。

就任何觀點而言，提米士托可斯都是希臘勝利的最大功臣。一支雅典艦隊的存在對於希臘命運至關重要，而這支艦隊的建造必須歸功於他。除了薩拉米斯之外，在雅典與南方的伯羅奔尼撒之間，沒有一個地方這樣適於較小與較慢的希臘艦隊作戰。遭到入侵之後，提米士托可斯說服國人將信心寄託在船艦而非重步兵身上，然後讓居民往南撤退，並且說服希臘聯軍冒險在雅典水域內傾全力一戰。無論波斯人是出於什麼緣故決定如希臘人所願行動，當時的人都相信是提米士托可斯成功欺騙薛西斯將艦隊開入海峽。最後，提米士托可斯在關鍵時刻親率雅典艦隊作戰，在潮水幫助下攻入敵人側翼，橫掃波斯艦隊。簡而言之，波斯人的失敗拯救了西方，關鍵則是希臘在薩拉米斯會戰的勝利。沒有這位雅典政治家不屈不撓的努力，這場勝利根本不會發生；如果他意志動搖、喪生，或是缺乏說服別人的道德與心智勇氣，希臘很可能就此成為波斯的行省。

薩拉米斯會戰還有一個經常被人遺忘的註腳。這場勝利確保希臘文化不會在兩個世紀的城邦政治後滅亡，因而拯救了西方文明；然而，同樣重要的是，這場勝利促成雅典民主的復興。如同一個半世紀後亞里斯多德在《政治學》一書內所寫的，雅典原本不過是個一般的希臘城邦，正在實驗准許本地出生的窮人投票，戰後卻一舉繼承希臘文化的領袖地位。

由於薩拉米斯會戰是一場海軍的勝利，雅典水手的影響力在未來一個世紀大幅擴張，並且取得更高的政治地位。雅典的公民重塑民主制度，在接下來的日子建立帕德嫩神殿、扶助悲劇作家、派出船艦縱橫愛琴海、消滅梅利安人、處決蘇格拉底。馬拉松會戰造就了雅典步兵的神話，更輝煌的薩拉米斯會戰則取而代之；未來在希臘政壇舉足輕重的帝國主義者如伯里克里斯、克里昂（Cleon）與阿爾希比亞德（Alcibiades）都不是馬拉松戰士的後代，而是這些水手的子孫。

無怪乎柏拉圖會在《法律篇》主張，馬拉松是希臘一連串勝利的開始，普拉太亞是結束，薩拉米斯則「讓希臘人變得更糟」。一個多世紀之後，柏拉圖認為薩拉米斯會戰是早期西方文化發展的關鍵時刻。在這一戰之前，希臘城邦仍然實行一整套必要的階級制度，包括以財產限制投票權、戰爭由地主負擔、完全不徵稅、沒有帝國主義思想等等，這些條款讓一小群擁有資本、教育和土地的人得以享有自由與平等。在薩拉米斯會戰之前，城邦的基礎並不是人人平等，而是在擁有適當資格與才能的人一致帶領下為所有人尋找美德。

柏拉圖、亞里斯多德以及包括從修昔的底斯到色諾芬（Xenophon）在內的大部分希臘思想家都不是菁英主義者，但是他們都感受到激進民主政府、政府提供工作、自由表達意見和市場資本主義帶來的危險。根據這種保守看法，如果沒有先天的制衡措施，城邦制度將會產生一批高度個人主義的自私公民，對於犧牲小我或道德價值完全沒有興趣。他們認為政府應該由選舉產生，但是投票權應限於受過教育與經濟情況良好的公民。戰爭——就像馬拉松和普拉太亞之役——的目的應該是保護財產，作戰需要的不僅是科技或數量上的優勢，更重要是戰陣之勇。公民應該擁有自己的土地、準備自己的武器，並且對自己的經濟情況負責，而不是尋求倚賴工資或服公職為生。參與薩拉米斯會戰的槳手在一個下午之內完全改變了以上的看法。

波斯艦隊從薩拉米斯撤退之後，雅典一躍成為希臘人抗戰與激進民主制度的先鋒，領頭推翻舊式城邦制度。哲學家或許痛恨薩拉米斯會戰，但是這一戰拯救了希臘。提米士托可斯手下的窮苦水手不但沒有毀滅希臘，反而造就出新的希臘。

在雅典中產階級的領導下，誕生出一個更活潑、但有時更魯莽的新西方文化。諸如黑格爾、尼采與史賓格勒等哲學家對於西方文化多所指責，就某種意義而言，西方文化毫無約束的平等、徹底的一致性，以及對物質享受的興趣皆始於薩拉米斯會戰——亞里斯多德宣稱這是一次不幸的「意外」。但是這一戰將西方文明導向更平等的民主，以及更資本主義化的經濟。無論我們對今日西方文化的優點或危險——像是消費者式的民主愈來愈自由、權利一再擴張、公民義務日漸萎縮——想法為何，這些傳統都是提米士托可斯那場九月勝利的結果。

西元前四八〇年九月底，提米士托可斯與麾下貧窮的雅典人不但從波斯人手上拯救了希臘與襁褓中的西方文明，更將西方文化造就得更平等、更富精力，最後演變成今日我們所知的社會。

3 曇花一現的馬其頓帝國

假如亞歷山大大帝出師未捷身先死

約西亞・奧伯

歷史學者湯恩比曾經因為提出一個歷史設想而聞名。如果亞歷山大大帝不是死在三十二歲，而是活到晚年，會有什麼影響？湯恩比認為亞歷山大會征服中國，遠征船隊會繞過非洲，希臘文會成為我們的通用語言，而佛教將成為我們共同的宗教。再活二十五年，則會讓亞歷山大實現一統世界的夢想，成為古代聯合國的推手。

普林斯頓大學古典文學系主任約西亞・奧伯提出了另一種不如湯恩比光明的設想。如果亞歷山大大帝在事業起步之初、得到「大帝」頭銜之前就告殞命呢？這件事差點就在西元前三三四年的格拉尼古河（Granicus River）會戰發生。亞歷山大的僥倖生還提醒我們，毫釐之差的事件也可以改變歷史。如果這位馬其頓國王身亡，他的征服將無法實現，波斯帝國將會繼續存在下去，為西方文化播下種子的希臘化時代將不會來臨。然而，如果亞歷山大能夠從西元前三二三年的無名高燒中康復過來呢？考量到亞歷山大對征服的熱愛，以及善用恐怖做為政治武器，奧伯認為他可能只有二十年左右可活。亞歷山大逃過一劫將會為當時世界的文化——尤其是希臘化文化——帶來負面影響。

約西亞・奧伯（Josiah Ober）著有《剖析錯誤：古代軍事慘敗及其對今日戰略家的教訓》（*The Anatomy of Error: Ancient Military Disasters and Their Lessons for Modern Strategists*，與巴瑞・史特勞斯合著），以及最近出版的《雅典革命》（*The Athenian Revolution*）與《民主雅典的政治異議人士》（*Political Dissent in Democratic Athens*）。

在安納托利亞西北部發生的格拉尼古河會戰，是亞歷山大大帝入侵波斯帝國的第一仗，亞歷山大差點在這一戰之中喪命。在格拉尼古河畔，馬其頓軍與希臘盟軍遭遇由波斯總督聯合指揮的安納托利亞騎兵與希臘僱傭步兵。敵人在對岸編成龐大的防禦陣形，河流可涉水通過，但是眼見河岸陡峭，亞歷山大的部屬要求謹慎行事；再怎麼說，國王不過才二十二歲而已，還有許多要學的東西，在戰役一發動就蒙受挫折，足以為這場入侵畫下句點。亞歷山大不聽他們的勸告，跨上戰馬布斯法魯斯（Bucephalus，意為「牛頭」）出戰，戴著醒目的白色頭盔，率領麾下的馬其頓騎兵過河，大膽地衝上對岸。波斯軍在馬其頓人的衝鋒下後退，讓國王深深穿入敵陣，或許這正是波斯人設想好的計策。由於這次衝鋒獲得驚人的成功，亞歷山大的一小支先鋒部隊遂暫時和主力失去連繫。

在戰局的關鍵時刻，亞歷山大完全被敵人包圍，他的敵人之一是波斯貴族史皮斯里達特（Spithridates），後者揮舞的斧頭重重劈在馬其頓國王頭上。國王一時眼冒金星，完全無法保護自己，第二擊無疑就會要了他的性命。年輕的國王一死，這次遠征與馬其頓帝國的希望都會化為幻影，波斯帝國和整個西方歷史都將在接下來幾秒內決定。在等待死亡的那一刻，亞歷山大的一生掠過眼前嗎？為什麼他會來到這個地方，遭受這樣的命運呢？有多少事情維繫在這一擊之上？

* * *

亞歷山大於西元前三五六年出生在馬其頓（今日希臘的東北地區），他是馬其頓與奧林匹亞

（今日的阿爾巴尼亞）國王腓利二世（Philip II）的獨子。在亞歷山大出生之前三年，腓利的王兄亞明塔斯三世（Amyntas III）才剛戰死沙場，讓腓利得到了馬其頓的控制權。在腓利二世上台之前，馬其頓一直是個半希臘化的邊疆地區，受到西邊和北邊多瑙河部落以及東邊波斯帝國的夾攻。除了部落和帝國的問題之外，馬其頓統治者一直在外交上受到南邊高度文明的希臘城邦排擠。就內部而言，馬其頓是由半獨立的軍閥統治，他們難得聽命於脆弱的中央政府；然而，藉由重組馬其頓軍隊、運用新發明（例如石弩與超長的矛）、整頓經濟，以及採取謹慎的外交手段，腓利二世迅速地徹底改變了這一切。等到亞歷山大十歲時，馬其頓已是希臘半島上最強大的勢力。多瑙河一帶的部落先是被收買，然後在戰場上被擊敗，部分鄰近馬其頓的希臘城邦也遭到摧毀：西元前三四八年奧林索斯（Olynthus）遭劫掠震驚了希臘世界。許多其他希臘城邦被迫簽下不平等同盟條約。就連自傲並強大的雅典在腓利手上蒙受一連串外交與軍事屈辱之後，也只好明智地簽下和約。

在此同時，亞歷山大正在接受襄助治理國家與準備日後即位的教育。他受到良好的教導：在知識與文化方面的導師是哲學家亞里斯多德，在軍事與外交方面的導師是他的父親，後者是當代最傑出的將領。在王宮的走廊裡，亞歷山大學到了陰險的密謀之道，馬其頓宮廷充斥著謠言與派系。另一方面，宮廷內經常舉辦馬其頓菁英喜歡的徹夜飲宴，這些宴會的特色之一是坦白的演說，有時還會暴力相向。至少有一次，亞歷山大和父親差點就打了起來。

亞歷山大二十歲那年，腓利二世遭到刺客暗算，殺手是一位名為保薩尼亞斯（Pausanias）的馬其頓人，他在跑向座騎時被國王的護衛殺死。雖然保薩尼亞斯下手的原因或許是對國王不滿，許多人卻懷疑他並非單獨行動，策畫這次謀殺的其中一名嫌犯是波斯王大流士三世（Darius III）。在西元前四世紀中葉，波斯是一個佔地廣袤的帝國，疆域西至土耳其的愛琴海岸，南至埃及，東至今日的巴基斯坦。暗殺發生前數年間，腓利一直公開準備征伐波斯；就在幾個月前，他的部下已在安納托利亞西北部的波斯領土上建立橋頭堡。「砍下危險的蛇的頭」是一句知名的波斯格言，而且根據後代歷史學家的研究，亞歷山大曾公開表示大流士應為腓利二世之死負責。不過，大流士並非唯一嫌犯，其他嫌犯包括一位充滿妒忌心的妻子奧林匹亞，以及充滿野心的年輕王子本人。

無論如何，亞歷山大在腓利二世死後的第一要務就是建立自己無可動搖的地位：馬其頓的繼承法非常模糊，任何能夠得到眾多支持者的皇室成員都有獲得王位的可能。亞歷山大以迅速無情的手段建立自己的地位，消滅政治上的敵人，並且發動遠征擊敗多瑙河部落，希臘城邦匆忙組成的反馬其頓聯盟則敗在亞歷山大的閃電南征之下。亞歷山大獲勝之後，下令徹底摧毀古老的希臘大城底比斯，為其他質疑新王決心的人立下警示。

亞歷山大已經證明自己值得坐上王位，但是他的財庫嚴重空虛；在別無選擇之下，只好根據計畫入侵波斯帝國的西部省分，擄掠戰利品的希望讓他的馬其頓部隊士氣大振。南方的希臘人從未忘記西元前五世紀初波斯戰爭中波斯人的暴行，因此為了復仇而加入這場戰爭。越過海峽之後，亞歷山大在特洛伊向希臘傳說的英雄獻祭，然後向南方推進，最後在格拉尼古河首次遭遇重大抵抗。當史皮斯里達特的斧頭第二次揮向亞歷山大的頭盔時，這次光榮遠征似乎會在真正開始前就宣告結束。

然而，這一擊並未落下。正當史皮斯里達特要結束對手生命之時，亞歷山大的隨身侍衛克萊圖斯（Cleitus，外號「黑人」）出現在國王身邊，以長矛刺死這位波斯戰士。亞歷山大立刻回過神來，率領全軍往前進攻，波斯軍主力隨即崩潰，一小批頑強的希臘傭兵最後全軍覆沒。亞歷山大在格拉尼古河贏得光榮勝利：他只損失三十四人，但是據稱殺死超過兩萬名敵人。這一戰的戰利品被送回希臘展示，從此之後似乎沒有人能阻擋亞歷山大的進軍。接下來十年內，亞歷山大與馬其頓大軍一再展示克服無比困難的能力。他們征服整個波斯帝國，然後繼續前進，亞歷山大征服波斯帝國的戰爭是歷史上最成功、卻也最殘忍無情的戰役。到了西元前三二四年，亞歷山大已經為未來的帝國奠下基礎，其疆域擴及過去的波斯帝國、希臘半島和眾多偏遠地區；他在美索不達米亞的巴比倫建都，並且開始為管理國家和軍事遠征進行計畫。然而，亞歷山大並不長壽，他在西元前三二三年六月因罹病（或許是瘧疾）加上長期的艱苦生活（多處重傷與飲酒過量）而過世，得年僅三十二歲，此時距格拉尼古河會戰只有十年。

他的大一統帝國從未實現。經過兩代的慘烈戰爭，亞歷山大的將領及其手下與子嗣已經瓜分了當年征服的領土，部分偏遠的北方與東方省分已脫離馬其頓人的統治，例如西北印度的控制權讓給當地君王旃陀羅笈多（Chandragupta Maurya，偉大的孔雀王朝建立者），以交換三百頭戰象。不過，大部分土地仍在他們控制之下：在亞歷山大死後一代之內，埃及、大部分的安納托利亞、敘利亞—巴勒斯坦，還有大片西亞土地（以及馬其頓本土與相鄰的歐洲土地），仍然安穩地由馬其頓諸王統治。由於馬其頓菁英積極接納希臘文化，這一大片土地遂成為希臘政治與文化的影響範圍。亞歷山大與繼任者建立了數十個大小希臘城市，最著名的包括埃及的亞歷山卓、馬其頓的提薩洛尼加、安納托利亞的柏加蒙、敘利亞的安提阿。希臘文迅速成為大部分文明世界的通用語言，以及外交、貿易與文學的主要語言。

亞歷山大死後興起的希臘化文明不但擴大了希臘文化的影響力，更連接起西元前六世紀至四世紀的古典希臘文化和日後的羅馬帝國文化。著名的埃及亞歷山卓圖書館保存並整理了重要的早期希臘文學，希臘史家則記載希臘的軍事與政治成就，哲學思想在受過教育的菁英之間蓬勃發展。由於語言共通以及統治者對宗教的寬容態度，各地的宗教風俗與思想都能得到向大眾傳布的機會。

追逐新機會的人們造成人口的明顯移動：除了需要出任軍人與官員的希臘人與馬其頓人之外，猶太人、腓尼基人與其他近東民族都在新建的希臘城市內建立自己的區域，在此同時，較老的城市（包括耶路撒冷）也變得更繁榮也更希臘化。就其半獨立城邦的政治制度和高度發展的城市文化而言，希臘化時代與古典時代十分相似；不同的是，「希臘化」不再是由種族界定，而是由文化認同界定。在亞歷山大的將領後代所統治的領域中，各個不同種族的人民——敘利亞人、埃及人、中亞的巴特里人等——在保有各自宗教信仰的同時，卻在語言、教育、文學與運動上變得愈來愈希臘化。在希臘化世界中，猶太教義得到希臘人的注意，並且形成其特有的「現代」風貌。耶穌就是據此宣揚自己的訊息，新的宗教因而成長茁壯。簡而言之，希臘化文化由羅馬繼承與保存，然後在歐洲文藝復興時代被重新發現。我們可以說，現代西方文化可說是承自「希臘—羅馬—猶太—基督教」傳統，同時也是亞歷山大征服所帶來的後果。

* * *

亞歷山大在三十二歲英年早逝，促使二十世紀著名歷史學者湯恩比提出一個浪漫的歷史設想。當時湯恩比正從突然發作的高燒中康復，他想像亞歷山大過完漫長的豐富人生，除了進行征服與探險之外，更實施謹慎的治國之道與慷慨的社會政策，讓所有帝國子民都享有基本人權。在湯恩比的樂觀設想中，亞歷山大及其繼任人成功提倡文化與科技，促成蒸氣動力（舉例而言）及早發現，因而造就出一個偉大的無敵帝國；羅馬從未構成嚴重威脅。帝國探險家發現西半球之後，讓帝國最後成為一個世界邦。亞歷山大帝國由慈祥的君主統治，在湯恩比的設想中，亞歷山大的直系子孫仍然穩坐王位，帝國子民享有和平與繁榮，世界一片祥和。

湯恩比的設想受到當代歷史學者塔恩（W. W. Tarn）的樂觀看法影響，這位文采豐富的作家描述亞歷山大是一位開明、深思熟慮與富有遠見的人物，他筆下的亞歷山大是為了崇高目的而戰——這個目的就是在帝國領土上促成「四海之內皆兄弟」（例如鼓勵希臘語與波斯語族群通婚）。然而，部分近代歷史學者（最重要的是巴迪安〔E. Badian〕和波士沃斯〔A. B. Bosworth〕）卻強調亞歷山大黑暗的一面，尤其是他掌權期間與征服波斯的野蠻手段，他們強調亞歷山大沒有崇高或人道的目標。根據這套理論，亞歷山大關心的是屠殺，而不是治理帝國；在他的領導之下，馬其頓人被證明非常善於集體屠殺手下敗將——但是對文化進步貢獻甚少。這套對亞歷山大的修正看法，讓我們得以構思和湯恩比完全不同的「亞歷山大逃過一劫」情況。如果亞歷山大再活三十年，亞洲文化將會遭到更嚴重的破壞，各地資源會遭到掠奪，用以資助不斷的悲慘征服行動。我們還可以設想如果亞歷山大活得更久，希臘化世界（以及對後代影響）會變成什麼樣子。

就事論事而言，亞歷山大死時並不年輕。古代人類壽命遠不及今日已開發國家的國民，疾病與戰爭的風險都可能讓他們提早結束生命。所以，亞歷山大在頭髮變白之前過世，並沒有什麼特別之處——他一再身處戰場最危險之處，受過多次重傷，有許多仇敵，經常豪飲作樂，而且在現代醫藥問世之前在疾病風行的地區跋涉數千哩之遙。考量到當時情況，亞歷山大能活到三十二歲已經相當不容易；面對這樣多危險與承受這些壓力，他的「長壽」應歸因於他的過人精力，以及同樣過人的幸運。因此就真正合理的歷史推想而言，我們應該問的不是「亞歷山大活到六十五歲會如何」，而是「如果亞歷山大死於二十多歲會如何」。說得更精確一點：如果亞歷山大在格拉尼古河會戰時的運氣稍差一點呢？如果克萊圖斯的矛慢了一步呢？

我們有很好的理由可以認定，雖然亞歷山大幸運地帶著完整的腦袋離開格拉尼古河戰場，史皮斯里達特能在一開戰就接近馬其頓指揮官的身邊卻絕對不是憑藉幸運。波斯人當然知道亞歷山大在馬其頓騎兵陣中的位置，由於國王的白色頭盔對馬其頓軍具有醒目作用，因此波斯指揮官有理由相信亞歷山大會親自率軍衝鋒。古希臘將領的位置是在陣線前方，而不是陣線後方。此外，年輕的亞歷山大面對遠征的第一戰，必須為個人的勇敢與領導立下威名；當馬其頓軍的衝鋒來臨之時，亞歷山大必定會在隊伍最前面。

波斯將領若是熟知近代史，就會有很好的理由害怕領導有方的希臘入侵軍——同樣地，他們也知道馬其頓指揮官若是喪命，整個遠征會迅速崩潰。兩個世代之前，為人聰明、但是野心過大的波斯王弟居魯士二世（Cyrus II）在西元前四〇一年起事，率領一萬三千名希臘傭兵對抗國王。在巴比倫附近（今日伊拉克境內）發生的庫納薩（Cunaxa）戰役中，紀律嚴明的希臘重步兵給予波斯軍迎頭痛擊。眼見勝利在望，居魯士親自率領騎兵衝鋒深入敵陣——結果過於深入。居魯士沒有亞歷山大的運氣，他與主力分開之後，隨即落馬陣亡。在指揮官兼王位爭奪者喪命之後，這次作戰立刻失去了意義與動力，大約一萬名希臘人一路且戰且走，從波斯帝國中央逃回家鄉。這次史詩般的撤退被色諾芬記載在自傳式的《遠征記》（*Anabasis*）之中。對希臘與波斯雙方而言，希臘重步兵在庫納薩之戰的成功，以及之後的一萬人大撤退，徹底展現出希臘軍人面對亞洲部隊時的潛能：西元前四世紀的波斯國王於是記取教訓，定期招募希臘傭兵。雖然居魯士二世的喪命解除了波斯帝國的政治威脅，但是波斯人並沒有忘記教訓，無論居魯士的不幸命運是由於敵人的戰術計畫或是自己的躁進造成，波斯人已學到如何對付位於危險敵軍前方、野心勃勃的年輕征服者：吸引他離開主力，然後輕易地解決他。只要把頭砍掉（考量到史皮斯里達特最擅長的武器，這個比喻尤其恰當），毒蛇就會難逃一死。如果格拉尼古河會戰中這個簡單合理的「孤立然後解決指揮官」計畫奏效呢？如果亞歷山大死於二十二歲，而非完成征服波斯帝國的十年之後，人類的歷史或許會走上完全不同的方向。

* * *

亞歷山大的頭蓋骨被斧頭的第二擊打碎，當場死亡。克萊圖斯趕上前來刺死史皮斯里達特，兩軍為了爭奪亞歷山大遺體而爆發一場混戰。馬其頓軍最後獲勝，以慘重傷亡的代價擊退敵人，但是波斯軍主力仍然完整撤退。此外，年輕有為、久經戰陣的大流士三世正在召集一支龐大的兵力：只要皇家軍開抵安納托利亞西部，馬其頓對波斯地方總督贏得的勝利根本不算什麼。在此同時，大流士的海軍將領正準備將戰爭帶到希臘。由於沒有可以宣揚的勝利，加上無法長久隱瞞亞歷山大已死的消息，馬其頓遠征軍很快就必須面對希臘發生大規模叛變的危險。眼見馬其頓王位出缺，希臘人再度玩起支持各個爭奪者的遊戲，結果使得馬其頓王室成員全都捲入這場爭奪戰。格拉尼古河會戰後的馬其頓作戰會議非常簡短：繼續遠征已無意義，現在應該帶著所有到手的戰利品立即撤退。接著全國陷入內亂，短暫的馬其頓黃金時代很快告終：馬其頓過去的歷史在接下來幾個世代內一再重演，一連串軟弱的國王不斷與希臘人、波斯人以及國內的強勢貴族衝突。

另一方面，波斯進入長期的和平與繁榮，大流士在外交上採取靈活手腕，不干涉半希臘化的西部與希臘人來往。西元前四世紀的生活方式得到更進一步擴張：希臘、安納托利亞、近東和帝國其他地區之間的貿易不斷發展，希臘人愈來愈不必擔心安納托利亞西部的希臘城市會歡迎波斯人的「解放」，因為波斯人早就失去向西擴展的野心。雖然波斯國王繼續堅守成功的宗教寬容政策（藉以避免因為敏感的宗教問題引起其他族群反抗），但是對光明與真理之神奧魯—馬茲達（Ahuru-Mazda）的崇拜仍然有助於在帝國各族群之間建立一致的文化，並且鞏固波斯的保守軍事政策與有效的稅賦系統。

在此同時，雅典會成為希臘本土的大贏家。雅典的兩大死對頭——斯巴達與底比斯——早已不是問題：底比斯毀於亞歷山大之手，斯巴達在西元前三七一年遭底比斯人擊敗，其農奴於鄰近的梅西納獲得解放之後，從此一蹶不振。由於馬其頓勢力幾近崩潰，雅典再度成為希臘本土的軍事強權：此時的雅典海軍要比西元前五世紀中葉的全盛時期還要強大。但是雅典人並不急於在希臘或往東擴展勢力，這座民主城市已經證明即使沒有帝國，單靠扮演港口與貿易角色也能繁榮發展；在雅典軍艦的巡邏下，愛琴海的海盜幾乎絕跡。由於雅典與波斯西部地區維持良好關係，奢侈品與大宗物資的貿易得以蓬勃發展。隨著雅典的貿易利益逐漸擴張，雅典的民主社會更願意接納外國人，愈來愈多事業成功的外國居民獲得雅典公民權。做為文化聖地，雅典成為希臘知識與文化的中心，少有希臘哲學家、詩人、科學家與藝術家願意住在別處。隨著公民數目與國庫跟著港口稅收一起成長，雅典對於其他地方的影響力愈來愈強大。

西地中海地區逐漸向雅典靠攏：希臘人對義大利、西西里、高盧南部、西班牙與北非相當熟悉，雅典人曾試圖在西元前五世紀末征服西西里。但是這裡有個真正的問題：長期以來，腓尼基帝國的城邦迦太基（位於北非海岸，今日的突尼斯附近）一直獨佔西地中海的國際貿易，而且憑藉著強大海軍支持此一政策。迦太基與雅典之間的緊張貿易關係終於演變成兩大海權的正面衝突，在這場漫長的戰爭中，雙方都沒有佔到明顯優勢。雙方都有大量平民人口，可以提供槳手與水兵來源；雙方都擁有雄厚資本，可以在本國徵兵之外僱用傭兵。有數萬人之多喪生在一系列大規模海戰中，更多人因為划槳軍艦在離開港口過遠的地方突然遭遇地中海的風暴而喪命。

戰爭的範圍一再擴大：希臘本土的城邦、西西里與義大利南部的希臘城市都無可避免地捲入衝突。當雅典與迦太基投入更多資源從事這場慘烈卻徒勞無功的戰爭之際，其他非希臘城邦卻趁虛而入搶佔貿易市場：東邊是腓尼基人，西邊則是來自義大利中部的拉丁語系民族。隨著衝突拖延下去，新出現的貿易者接管了貿易路線，來自亞洲、埃及與歐洲的新貨物開始在市場上出現；不過，廣受歡迎的希臘式建築、雕像與文學到了波斯帝國西部省分卻沒有那樣普及，希臘文化也沒有真正擴及大部分西方世界。

迦太基與西方希臘城市久戰疲憊，使得羅馬成為西地中海的大贏家。當亞歷山大死於格拉尼古河之時，羅馬不過是個中等區域強權，但是在義大利中部建立防禦聯盟之後，羅馬的勢力日益強大。當羅馬表面上站在迦太基這邊參戰之後，此一聯盟的影響力迅速擴張，陸續納入義大利全境、西西里，以及大不如前的迦太基，至此羅馬邦聯已成為真正的帝國。與雅典和其他希臘人簽訂的暫時停戰如同曇花一現，羅馬人很快就找到入侵希臘的藉口。由於雅典在兩個世代的不斷戰爭之後元氣大傷，羅馬勝利是必然的結果，但是頑固的雅典人面對長期圍困仍堅拒屈服，使得羅馬人逐漸失去耐心。等到城牆被攻破之後，羅馬士兵大肆屠殺，全城被焚毀，希臘的知識和文化瑰寶也隨著雅典一起毀滅：希臘的悲劇、喜劇、哲學、科學只留下斷簡殘編，希臘世界再也沒有找回文化和經濟上的活力，剩下的城邦受到羅馬人牢牢控制。大部分羅馬人對希臘文化毫不欣賞，「希臘研究」最後成為古羅馬世界研究中的一個小領域，只有少數學者對此感興趣。

征服希臘造成羅馬與波斯正面對峙，然而，兩大帝國之間一個世代的小規模衝突並未造成決定性結果。縱然已經佔領埃及，完成征服北非，羅馬卻發現沒有足夠人力綏靖西邊的廣大領土，同時與東邊的波斯進行大規模的戰爭；至於波斯方面早已放棄向西大規模擴張的念頭，因為單是控制中亞已構成一大挑戰。此外，經過長期的外交折衝之後，兩大強權的統治菁英發現雙方貴族之間有許多共通處，兩者的文化都非常尊重傳統與政府，重視責任與祖宗。羅馬人發現對奧魯—馬茲達的崇敬非常合於他們的喜好，將宇宙分為截然對立的善與惡相當符合羅馬人的世界觀，而且奧魯—馬茲達很容易融入當前的混亂宗教崇拜。至於波斯人方面，他們發現採用部分羅馬軍事組織的特色可以幫助他們鞏固在東方省分的勢力。羅馬和波斯貴族之間出現相當頻繁的通婚，經過多年之後，兩種文化變得愈來愈難以分辨。

這是一個我們可能很熟悉的世界。劃分為兩個穩定的陣營似乎是人類無法避免的命運，在這種國際關係之下，不會有一個「主流文化」來統一文化與信仰大不相同的人們。這意謂著未來不會有文藝復興、知識革命和現代化的發生，象徵「西方世界」的文化、政治與道德理想將不會出現。

對於宗教的熱誠偶爾會發生，但是這些都是地方性的事件，影響力從未擴及一省。人們要如何才能統一呢？西方與東方各自使用拉丁文與亞蘭文（Aramaic）為行政語言，但是它們並不適於用來進行文化來往，貿易者必須學會數種語言，大部分人將繼續使用當地語言，奉行當地法律生活，崇拜當地神祇，述說當地故事，使用當地想法思考，與帝國政府的接觸僅限於交稅與偶爾的兵役。多種文化的現象或許會讓領取國家薪俸的學者感到興趣，因為他們的責任就是記錄並分類世界上的知識，但是這樣的人只有少數，而且會由兩大帝國的政府扶助，因為這些知識有時會對徵稅或鎮壓派上用場。

* * *

如果克萊圖斯在趕上前去拯救國王時跌了一跤，今日世界在地緣政治、宗教與文化方面必定大不相同。我已經提出在這樣的世界中，希臘城邦的價值觀將由羅馬與波斯的思想取代，崇拜奧魯─馬茲達的善惡二元論會成為最重要的宗教傳統，今日世界的多種文化將由一小群菁英統治，我們的道德觀崇尚的是禮儀、傳統、祖先和社會組織，而不是希臘文化的自由、政治平等與個人尊嚴。這種情況的發生要歸因於史上沒有一段漫長而光輝的希臘化時代，所以希臘文化／語言的影響範圍未能擴及更多地方。

沒有強烈的希臘文化影響以及日後羅馬在中東的治理問題，猶太教只會是地方性現象而已。波斯人對地方宗教問題相當敏感，在波斯的長期統治之下，不會出現馬加比起義（Maccabee，譯註：西元前一六七年，耶路撒冷西邊小村莫丁的一位祭司馬加比因為反對塞流卡斯王國官員在村內建造偶像，並強迫全村人跪拜，遂率領兒子與村民起義，引起長達百年之久的動亂）、希臘文的「七十士譯本」

（Septuagint，譯註：西元前三世紀，猶太人將舊約聖經譯為通用的希臘文，是為「七十士譯本」）、第二聖殿被羅馬人摧毀，以及猶太人大放逐；同樣地，拿撒勒的耶穌（如果他沒有放棄木匠本行）只會是個地方性宗教人物，新約聖經（無論內容是什麼）不會以通用的希臘文寫成，所以不會廣為流傳。沒有猶太教與基督教的教義影響，穆罕默德成長的環境會大不相同；如果新的宗教在阿拉伯半島出現，其形式將與古典伊斯蘭教截然不同，而且恐怕很難造成如此驚人的文化與軍事動力。事實上，「文化」這個名詞的意義將會非常不同：文化將是徹底的地方性現象，而不會帶來普及天下的影響。

亞歷山大在格拉尼古河會戰的好運造就了今日世界的價值觀。諷刺的是，克萊圖斯絕對不會欣賞這些價值觀。身為討厭創新、力求保守的馬其頓人，克萊圖斯會更喜歡上述的羅馬—波斯政權，但是他未能得見他所造就的世界。在格拉尼古河拯救國王性命的七年之後，克萊圖斯在一次酒醉爭吵中被亞歷山大刺死，原因是雙方對帝國的文化未來見解不同。更諷刺的是，這次爭吵是因為截然不同的想像：克萊圖斯相信馬其頓人應該堅守自己的傳統，不受被征服人民的風俗影響；在他夢想的世界中，所向披靡的馬其頓人在文化上不應受到軍事勝利的影響。亞歷山大為了統一帝國與得到未來發動征服所需的人力，非常亟於接受波斯宮廷禮儀，以及訓練波斯士兵與手下的馬其頓人並肩作戰。然而，亞歷山大於西元前三二三年六月在巴比倫病逝之後，無論是克萊圖斯的馬其頓優先保守主義，或是亞歷山大一統帝國的夢想，最後都與未來的新世界毫無關聯。

4 歸順羅馬帝國的日耳曼蠻族

假如羅馬人在條頓堡森林擊潰條頓人，西元九年

路易斯・拉范

西元一世紀是羅馬帝國權勢的頂峰，帝國首都羅馬不但是世界的中心，更受全文明世界的欽羨。引用經典作家漢彌頓（Edith Hamilton）的話來說，奧古斯都皇帝（西元前六十三年至西元十四年）「來到磚造的羅馬，最後留下一座大理石城市」。羅馬帝國的最新擴張目標是萊茵河以北一片名為日耳曼的荒野。經過二十二年的和解、開化與同化之後，羅馬在西元九年蒙受一場無法恢復的慘敗。在條頓堡森林中，由亞米紐斯（Arminius）酋長率領的部落戰士發動突襲，一舉消滅三個羅馬軍團，死者包括一萬五千名官兵加上家屬。亞米紐斯將死者的頭顱釘在樹上：羅馬人接到了此舉的訊息，就是武力只會造成冤冤相報。帝國從此退回萊茵河以南，除了偶爾發動的掠襲之外，不再征討日耳曼。

將近兩千年之後，我們可以想像羅馬化的日耳曼會對歷史造成什麼影響。如果在接下來數世紀中，日耳曼不再是歐洲最後的邊疆地區之一，由黑暗的邊疆心態主宰，或者日後人稱赫爾曼

（Hermann）的亞米紐斯沒有完全屈服呢？如果亞米紐斯沒有成為勇敢無懼的人物，只是一個合作的當地諸侯呢？如果羅馬帝國的神廟、建築與法律系統能夠拓展到維斯托拉河（Vistula）呢？我們還必須考慮「德國問題」的可怕後果嗎？

路易斯．拉范（Lewis H. Lapham）將在本章討論以上的問題。拉范是《哈潑》雜誌編輯，他的文章曾經贏得美國國家雜誌獎。他的著作共有八本，最新出版的是《曼蒙的痛苦》（*The Agony of Mammon*）和《拉范的影響法則》（*Lapham's Rules of Influence*）。他是一位著名的演說家和電視節目主持人。

或許你對戰爭沒有興趣，但是戰爭卻對你感興趣。

——托洛斯基

紀元的最初十年中，奧古斯都皇帝對於來自曼因茲（Mainz）的軍情報告要比來自伯利恆的神跡更為關心。他已經執政達近三十年之久，結束了羅馬共和與一世紀的內戰，在他統治下的帝國一片祥和——埃及、非洲與西班牙全都平靜無事，巴底亞人（Parthian，譯註：波斯人的一族）安分守己，亞吉當（Aquitaine，譯註：今日法國波爾多）的葡萄園一片茂盛，西希古（Cyzicus，譯註：小亞細亞城市）的健身房人來人往。在地中海世界的地平線上，沒有任何一絲動亂的跡象。

當然，唯一的例外是日耳曼。奧古斯都對於齊格菲（Seigfried）之歌或千年帝國的符號所知無幾，但是身為曾在萊茵河以東的荒原上作戰的指揮官，他曾經與羅馬軍口中的「狂怒條頓人」對抗。這些日耳曼部落是一群迷信、充滿敵意且時常宿醉的野蠻人，他們崇拜馬匹和月光，以夜晚而非白天計算原始的日曆，和野狼一樣在霧氣和雪地上縱橫。

奧古斯都認定，早晚會有一位日耳曼酋長想到發動南進。為了預防這種事情發生，他將帝國疆界向北推進至易北河，向東則可能遠達維斯托拉河與波羅的海。如同凱撒征服萊茵河以西與以南的高盧人的手段，奧古斯都大軍所到之處建立起排水系統與蘋果樹園，哥德人的聚落則淪為順從的殖民地，「充滿了奢侈品，將失敗視為理所當然」。

這是一套樂觀與不失合理的政策。西元一世紀，羅馬帝國的權力並不仰仗敵對與衝突，各省省長慣於以皇上之名發布充滿權威的命令。引用史學家吉朋的話，羅馬帝國「是地球上最美好的土地、人類最文明的國度」，這些順從的省分「由法律統一，到處充滿了藝術」，筆直的道路從大西洋延伸至幼發拉底河，邊疆是由「勇敢無懼、夙夜匪懈的人民」保衛。如果奧古斯都能夠完成日耳曼計畫，未來兩千年的歐洲史將走向完全不同的方向：羅馬帝國不會滅亡，耶穌被人遺忘地死在十字架上，英文不會出現，宗教改革不會發生，腓特烈大帝不過是馬戲團的侏儒，德皇威廉則會沈迷於集郵而非軍事。

羅馬帝國於西元十三年開始綏靖日耳曼的大業，身兼皇位繼承人與皇帝繼子的提庇留（Tiberius）率軍開入越過阿爾卑斯山，進入奧地利、下維騰堡和提洛爾。很快地，科隆就建立朱彼特（Jupiter，譯註：為羅馬信仰的主神）的神廟，各處河口出現海軍要塞，開啟從北海進入日耳曼荒野的途徑。主要的蠻族部落接受了羅馬公民權，他們的強硬被笛聲馴服，疑心則被絲綢和黃金禮物化解。他們的兒子學會拉丁語，外衣由珠寶而非荊棘合緊。接下來二十年內，羅馬帝國的聚落一路向東拓展，進入西發利亞的森林中。

但是在西元六年，今日巴爾幹半島上的蠻族發動了一場慘烈的叛亂，提庇留奉派到南方懲罰他們的傲慢，這場文明帝國帶來的野蠻教訓持續達三年之久。就在此時，奧古斯都將繼續教化日耳曼部落的責任交給瓦魯斯（Varus），這是一個立意良善的計畫，只是所託非人。時年五十五歲的瓦魯斯是個軟弱、缺乏主見的人，靠著與皇帝的姪女結婚才得以步步高升。他曾任非洲巡撫和駐敘利亞特使，但是他對軍事策略的知識完全得自屬下間的流言，而且他的個性是個徹頭徹尾的宮廷官吏——虛偽、貪婪、懶惰與自負。

身為「跨越萊茵河的日耳曼總督」，瓦魯斯麾下是帝國最強大的三個軍團。他從義大利前來上任時，原本以為他的大軍所向無敵，蠻族則被羅馬法律統治得服服貼貼，結果情況完全不是如此；但是，對於不愉快的事實，瓦魯斯概不接受，無怪史書會記載：「命運蒙蔽了他的心靈之眼。」他認定自己的責任只是管理而已，而且如果這不是容易的差事，謹慎與慈祥的皇帝絕不會派他來到這裡。瓦魯斯將日耳曼部落視為順從的奴隸，而非必須努力留住的盟友；他在橫征暴斂的同時，還以為蠻族會將他視為明智的父親。

在手下擔任參謀的蠻族軍官之中，最受瓦魯斯信任與喜愛的是亞米紐斯，這位舍魯希族（Cherusci）王子曾在巴爾幹半島與提庇留並肩作戰，喜愛賀瑞斯（Horace）的詩句。當代史家瓦流斯（Velleius）形容亞米紐斯是位近三十歲的英俊青年，「勇於戰事、心智敏捷、智慧遠高於一般蠻族」。憑著高超的表面功夫，亞米紐斯被瓦魯斯視為最佳的奉承者，他一面努力承認對所有羅馬事物的崇敬，一面為為演出一場《諸神的黃昏》（不靠樂團、衣飾和歌劇手法）預做準備。

攤牌的機會在西元九年秋天到來。數天之前，瓦魯斯率領三個軍團——包括一萬五千名步兵，以及一萬名婦孺、奴隸加上馱獸——從明登（Minden）的夏季營地出發，向西邊的冬季營地開拔，他們的目的地大約在今日的哈爾騰（Haltern）附近。亞米紐斯向同樣痛恨羅馬帝國的舍魯希部落透露了這個消息，後者立即結合查提（Chatti）和布魯克特利（Bructeri）部落的盟友，在兩處營地半路上的條頓堡森林中，一群鬼哭神號的蠻族大軍向羅馬縱隊猛撲而上。

史學家至今仍在爭論這場屠殺發生的確實地點。過去數百年內，他們憑藉少許文獻和考古線索——古老的手稿、地下挖出的金幣和銀幣、羅馬盔甲的破片、諸如「骨巷」（Knochenbahn）和「死鍋」（Mordkessel）等當地地名——提出了多達七百個可能地點的理論；有些史家將交戰地點置於恩姆斯河（Ems），有些人則認為是在李普河（Lippe）或威瑟河（Weser）附近。無論地點何在，大部分學者都同意羅馬軍像走投無路的牲畜一樣被屠戮。當地的地形非常惡劣，交戰地點位於一處陡峭河岸上的狹窄堤道，濕滑的地面布滿樹幹和樹根，到處是翻倒的蓬車、驚慌的孩童、死在泥濘中的馬匹，羅馬大軍完全無法運用手上優秀的武器和戰術。羅馬士兵所受的訓練是在開闊地上作戰，攜帶的武器是重標槍和西班牙短劍，慣於以農夫收成小麥般的動作砍倒敵人。但是在日耳曼森林中，他們的行動為樹木所阻，手腳更被長達九哩的蓬車隊縛住，無法編成紀律嚴明的隊形。蠻族戰士在日暮時分發動攻擊，從山腰上密布的石頭間拋擲標槍，在三天三夜的淒風苦雨中輕鬆地消滅了羅馬大軍。瓦魯斯和所有軍官自殺，因為他們知道根據舍魯希人的習慣，生擒的敵人會被釘在神聖的橡樹樹幹上。

亞米紐斯將瓦魯斯的首級送給他亟於討好的波希米亞蠻族國王馬洛波杜斯（Maroboduus），後者出於自己的外交理由，將這顆首級送還羅馬。羅馬史學家卡修斯（Dio Cassius）記載此舉造成了難忘的效果，這樣一支大軍的覆滅讓奧古斯都大受震驚，皇帝「撕裂了身上的衣物，陷入極度痛苦中」。吉朋則以一貫的諷刺手法形容皇帝的震駭：「奧古斯都並未以預料中的好脾氣和穩重接受這個悲慘的消息。」

對於蠻族入侵的恐懼橫掃全城，一時關於各種奇怪、可怕預兆的謠言甚囂塵上，包括阿爾卑斯山山頂落入了一個火湖，戰神神殿遭到雷擊，北方天空中出現許多彗星和燃燒的隕石，在一處十字路口指向北方的勝利之神神像突然指向相反方向的義大利。史家蘇托尼奧斯（Suetonious）提到皇帝舉辦了盛大的競技賽獻給朱彼特，以求日耳曼人不會出現在城門外。奧古斯都宣布瓦魯斯殉難日為全國追悼日，他多月拒絕理髮或修鬍。直到西元十四年以七十七歲駕崩之前，奧古斯都會在宮廷內四處遊蕩，不時一邊以頭撞牆，一邊以蒼老的聲音尖叫：「瓦魯斯，把我的軍團還給我。」

遭受條頓堡森林的慘敗之後，奧古斯都放棄了開化日耳曼荒野的計畫。他在留給繼任者提庇留的遺囑中努力強調謹慎的美德：「滿足現狀，完全壓抑任何想要擴張帝國的欲望。」提庇留大致遵從了這項忠告，但是在西元十五年，提庇留還是准許姪子哲爾曼尼庫（Germanicus）對舍魯希族發動報復戰役。哲爾曼尼庫焚毀穀物，殺害大批蠻族（包括許多婦孺，不少人死在睡夢中）；在恩姆斯河和李普河之間的灰暗森林中，他的軍隊見到羅馬大軍的葬身處。史家塔西佗（Tacitus）描述，這幅景象「恐怖之至……人們逃跑的路上散布著白骨，堆在他們挺身還擊之處。地面遍布標槍碎片和馬的四肢，樹幹上還綁著人頭」。哲爾曼尼庫的軍隊找回了瓦魯斯軍團三隻金鷹中的兩隻，但是一直無法在決戰中擊敗亞米紐斯。這支軍隊於西元十六年班師回朝後，提庇留改採新的政策，將帝國的北疆依託在多瑙河與上萊茵河形成的夾角。

羅馬人的撤退為狂怒的條頓人留下了充足的標槍與飲酒歌謠。亞米紐斯在蠻族部落間的名字是赫爾曼，他們最初稱他為英雄，日後稱他為傳奇。塔西佗也同意這種看法，他稱亞米紐斯「無疑是日耳曼的解放者。他挺身挑戰羅馬——不是在羅馬帝國的創立時代，而是在帝國國勢的頂峰……至今各部落仍在歌詠他」。即使亞米紐斯未能成功一統北方部落，為日耳曼的獨立而戰，還有他在三十八歲那年（西元二十一年）被反對他稱王的同族刺客謀殺，卻也未能損及他的地位。他的錯誤都可以被原諒，因為他在條頓堡森林以及對抗哲爾曼尼庫與提庇留大軍的一連串殊死戰中，挺身抵抗羅馬帝國的高傲。他留下的威名布滿了敵人的鮮血。

塔西佗是在圖拉真（Trajan）皇帝時代作史，他對奧古斯都之後皇帝的失望，使得他將想像中的蠻族美德（忠誠、熱愛自由和純潔）與加里古拉的惡毒、尼祿和多米錫安的墮落相對照。塔西佗在《日耳曼記》（*Germania*）中進一步闡述此一論點，他讚揚薩克遜部落的獨立，「以腳踏實地贏得最難得的成果」。他體認到他們的力量與勇氣，希望蠻族「如果不能喜愛我們，至少能夠彼此仇恨；因為當帝國的命運驅使我們前進時，最大的幫助莫過於敵人內鬨。」

歷代日耳曼人在這些故事中加入了諸多條頓神話。在西元三和四世紀，亞米紐斯的名字和勝利鼓舞了蠻族向南邊衰敗的羅馬推進。到了八世紀，這個老故事與查理曼的光榮連結。十二世紀則是巴巴羅沙的征服。中世紀時代，哈布斯堡、威托斯巴赫與霍亨佐倫王室都被拿來相比。到了十八世紀末葉，赫爾曼的地位足以與英靈殿中的齊格菲（譯註：故事典出中世紀敘事詩《尼布龍根之歌》）相提並論。當浪漫主義在十九世紀初橫掃日耳曼時，狄特莫鎮（Detmold）鎮民投票決定，在條頓堡森林一帶最高的山頂豎立一座巨大的赫爾曼雕像。沒有人知道瓦魯斯戰敗的確實地點，但是狄特莫一定就在那一帶，鎮議會於是憑著想像，打算建立一座赫爾曼舉劍凱旋的雕像。雕像所在的位置近海拔兩千呎，周圍六十哩內清楚可見。

這個計畫終因缺乏經費而未能實現，但是銅像辦不到的事學者卻辦到了。十九世紀末期的史學家（包括德國、法國和英國）利用赫爾曼的事蹟，宣揚數個歐洲國家的民族主義。蘭克（Leopold von Ranke）在赫爾曼的功業中發現了亞利安人優越的最早證據——強壯的金髮碧眼白人，抵抗由奢侈與貪婪的羅馬帝國徵集的混血民族。對於讓人讚嘆的牛頓學說，數位法國學者將之回溯至日耳曼森林中的古老自由傳統。英國維多利亞時代的名史學家和演說家克瑞西爵士（Sir Edward Creasy）認為，亞米紐斯的雕像應該立在倫敦特拉法加廣場。他在《世界十五場決定性戰役》一書中寫道：「如果亞米紐斯沒有成功，這個島嶼的名字不會是英格蘭。」該書在一八五二年出版後廣受好評，接下來兩代的英美史學家（以及老羅斯福）都支持克瑞西的理論，認為羅馬帝國是一群腐敗的義大利人。由於盎格魯薩克遜人的「勇敢、重然諾、獨立精神、熱愛自由政府，以及對各種污穢與卑鄙心態的唾棄」，羅馬帝國理應敗在他們手下。華格納以音樂傳達這些思想，美國開拓者帶著這樣的精神西進對抗蘇族（Sioux）原住民，納粹德國統治者則設計了奧許維茲集中營。

* * *

讓我們設想西元九年秋天在日耳曼森林中發生完全不同的狀況，開始歷史的一連串變化（天候乾燥，瓦魯斯是一位稱職的將領，亞米紐斯的怒氣被味吉爾的《農事詩》沖消）。那麼，一九四〇年春天，希特勒不會在一座法國森林中手舞足蹈地慶祝他的勝利（譯註：德法代表在康白尼森林簽字停戰前，希特勒曾在大庭廣眾下興奮地這樣做）。奧古斯都仍然不會知道路德版聖經或蓋世太堡的制服（狂怒的條頓人尚未學會文字的藝術），但是如果羅馬石柱上出現哥德字體，皇帝應該可以猜到是什麼意思。他始終把「跨越萊茵河的日耳曼」視為文明的死敵，這片荒野「無人感謝我們開墾，荒涼到不值得守住」。雖然他從不喜歡共和體制或民主思想，卻很了解詩的用途、政府的派系，以及群眾大會的榮耀。羅馬史家塞內卡（Seneca）曾說：「無論羅馬征服何地，他都繼承下來。」如果奧古斯都將果園的範圍向北推進至柏林，帝國的勢力將足以阻止蒙古人進逼，並且將莫斯科納入羅馬的自由版圖內，羅馬幣將與今日的歐元擁有同等地位。

羅馬帝國崩潰九個世紀之後，西歐根據重新發現的拉丁文學——西塞羅的政治、味吉爾的韻詩、塔西佗和李維的歷史、奧維德（Ovid）的形上學、馬修爾（Martial）的短詩——建立了文藝復興的基礎。在這些國家出現的首批翻譯本包括了對羅馬帝國的懷念（在義大利、法國和英國如此，但是在日耳曼和維斯托拉河以東並無）。還要經過三百年，經典古文學才會在布蘭登堡和德勒斯登的學者之間流傳，此一延遲或許可以解釋日耳曼對帝國主義（之本質、目的、外交與戰爭間的分野）的混淆，因而為二十世紀促成了兩場世界大戰。

假定羅馬帝國在第一和第二世紀征服了日耳曼，接下來發生的歷史變化足以讓大學歷史教授談上一整個學期。他們或許會在棋盤上擺出他們的假說，扮演俾斯麥和尼采筆下的「超人」，對抗杜勒（Albrecht Dürer）的繪畫和巴哈的清唱曲。他們無疑會爭論席勒的詩歌與興登堡的砲彈何者重要，但是我認為，一般而言，他們會比較喜歡帝國的莊嚴寧靜，而非各地諸侯桀驁不馴的喧囂聲。

吉朋是在一七七六年夏天發行他的《羅馬帝國衰亡史》，這一年美洲殖民地宣布自大英帝國獨立，啟蒙時代的潮流正在退縮，接下來五十年將是浪漫革命興起的年代——從墨西哥、巴西到法國和日耳曼。對於自由的新定義會促成對主權國家平等的新體認，凡爾賽條約會將巴爾幹半島的統治權交給無能的當地部落，我可以想見吉朋與奧古斯都會把威爾遜和瓦魯斯的愚蠢相提並論。現代的外交官與外交政策專家會惋惜，世上沒有像古代羅馬帝國一樣管理全球事務的「超國家組織」。面對不受控制的資金市場——以及流氓國家和動亂意識、非洲的戰爭、中東的動亂、巴底亞和小雷普提斯（Leptis Minor，譯註：今日突尼西亞）的獨裁者、迦色敦（Chalcedon，譯註：今日土耳其）的古柯鹼走私、地中海的污染——後現代的和平締造者將會期待吉朋筆下的「至高無上統治者」，他是以知識和言語臻於完美的永恆父母與全能君王」，奧古斯都將會非常高興地接見他們。

5 黑暗時代出現光明

兩次戰役敗北的後果

巴瑞・史特勞斯

這一章是關於兩次戰役的故事，以及假如結果不同會有什麼影響。兩次戰役涉及的強權都處於強大或沒落的關鍵時刻。第一場是亞德里安諾波（Adrianople）會戰（西元三七八年），羅馬帝國在此蒙受較條頓堡森林會戰更慘重的失敗，使其落入最後衰亡的命運。第二場則是波提爾（Poitiers）會戰（可能是西元七三二年），一支法蘭克軍隊在羅亞爾河附近的這一仗中擊退準備橫掃全歐的穆斯林入侵者。

羅馬帝國——至少西歐的這一部分——必須如此滅亡，導致黑暗時代降臨嗎？黑暗時代（雖然不全是那麼黑暗）必須發生嗎？如同巴瑞・史特勞斯指出的，大部分責任應歸咎於皇帝瓦倫斯（Valens）的錯誤判斷，他把一支軍隊浪費在一場應該避免或拖延的會戰中（史上沒有任何像亞德里安諾波——今日土耳其的艾迪恩〔Edirne〕——這樣的兵家必爭之地。不到一千七百年之內，當地發生過十五場主要戰役或圍城）。屠戮瓦倫斯大軍的西哥德人會繼續西進，攻下並搶掠羅馬城。到了那個時候，羅馬帝國的命運已無可挽救，史特勞斯主張事情大可不是這樣。一個繼續由羅馬領導的世界會是什麼樣子呢？

一度屬於羅馬帝國的能量將轉移到新興起的強權——阿拉伯。先知穆罕默德於西元六三二年去世後不到一世紀，伊斯蘭教的版圖已經西進到西班牙，他們將這個王國稱為安達魯斯（Al-Andalus）。波提爾會戰有多重要？史特勞斯認為這一戰是歷史的轉捩點。波提爾會戰奠立了中古歐洲早期最重要的王朝——卡洛林王朝，查理曼大帝就是這一戰勝利者查理・馬泰爾（Charles Martel）的孫子。如果這一戰的結果不同，歷史也會隨之改變。一位佚名的穆斯林作家寫道：「在突爾（Tours）平原上，阿拉伯人失去了握在手中的世界帝國。」這個帝國原本將會光芒四射，因為阿拉伯人是當時最開明的文化傳播者。

亞德里安諾波與波提爾會戰都是最佳的改寫歷史案例——小小的改變就可大幅重寫歷史。如果瓦倫斯有耐心一點，我們今日的生活會有多大的不同。如果波提爾會戰的穆斯林指揮官阿布都・拉赫曼（Abd Al-Rahman）沒有喪生，可以在戰場上領軍作戰……

巴瑞・史特勞斯（Barry S. Strauss）是康乃爾大學歷史教授，以及「和平研究計畫」主任。他的著作包括《雅典的父與子》（*Fathers and Sons in Athens*）、《剖析錯誤：古代軍事慘敗及其對今日戰略家的教訓》（與約西亞・奧伯合著）和《逆流而上》（*Rowing Against the Current: on Learning to Scull at Forty*）。

中世紀早期的歐洲發生了兩件足以改變歷史的大事——西方的羅馬帝國淪陷，以及穆斯林的征服狂潮。假如羅馬帝國能夠維持對歐洲的控制，或是伊斯蘭帝國能在歐洲恢復統一，黑暗時代（約西元五〇〇年至一〇〇〇年）的混亂或許可以避免。誠然，這樣的混亂為後代帶來不少好處：有人說黑暗時代為日後的西方自由觀念播下種子，有人則否認黑暗時代是黑暗的。無論光明或黑暗，不可否認這段時期缺乏一個國家帶來的秩序與穩定。無論是羅馬帝國或穆斯林帝國，其命運都在戰場上決定。

一個帝國的興衰的確是漫長的過程，但是決定性的時刻仍然存在，亞德里安諾波會戰（三七八年八月九日）和波提爾會戰（七三二年十月）都是決定國運的時刻。在亞德里安諾波，日耳曼族的西哥德人消滅羅馬大軍，殺死羅馬皇帝，引起接下來一世紀的連續慘敗，最後造成羅馬帝國覆亡。然而，這是一場驚險的會戰，只要指揮官多一點耐心，官兵多一點休息，天氣稍有變化——任何一點都會改變亞德里安諾波會戰的結果，挽救羅馬帝國的命運。在波提爾，一支法蘭克大軍擊敗穆斯林軍隊。這一戰的規模要比亞德里安諾波會戰要小，但是在心理上和政治上卻是重要轉捩點，因為波提爾會戰阻止了所向披靡的阿拉伯人向北推進，並且幫助法蘭克將領查理・馬泰爾建立卡洛林王朝。在他的孫子查理曼（七六八—八一四）治理之下，這個王朝大力開疆擴土，為日後歐洲的政治文化奠定基礎——從法國和日耳曼等王國，或是諸侯擁有的地方政府，乃至教堂學校等基督教文化基礎，以及裝飾華麗的手稿等傳統，都出自這一段時期。但是，假如法蘭克軍未在那天殺死穆斯林指揮官，或許會輸掉這一戰。歐洲會因此失去一個建立法蘭克國家的家族，取而代之的將是穆斯林法國，甚至穆斯林歐洲。

歷史學者早已不認為出了西班牙的中古時代早期歐洲處於黑暗時代，反而視之為歐洲偉大文明的萌芽期。過去歷史學者認為羅馬帝國與日耳曼征服者彼此毫無關聯，現在卻發現「羅馬—日耳曼」王國之間的存續關係。他們本來以為是充滿貧窮與苦難的時代，現在卻發現充滿繁榮的貿易網路與自由農工；他們本來以為是文化沒落的時代，現在卻發現充滿創造力，例如在塞爾特人的手稿、《貝奧武夫》（*Beowulf*）的詩詞或是本篤會的修道主義中。簡而言之，許多學者不再探究黑暗時代是否可以避免，因為他們不相信有避免的必要。

然而，對於五世紀至十世紀的西歐歷史，即使最光明的觀點也無法避免觸及黑暗的一面。大約西元三五〇年時，一統的羅馬帝國還統治著近東、北非，以及今日的英格蘭、法國、比利時、荷蘭、西班牙、瑞士、義大利和德國西部，接著一連串入侵開始讓帝國分崩離析。在東方，羅馬帝國轉變成拜占庭國家，國運繼續維持一千年，直至土耳其人於一四五三年征服君士坦丁堡為止。在西方，最後一任羅馬皇帝於西元四七六年遜位，此時距西羅馬帝國變成紙上國家、開始苟延殘喘已有一個世代。羅馬帝國的土地一再遭受蹂躪，羅馬城在四一〇年與四五五年兩度遭受劫掠，男丁被殺，婦女則被當成戰利品帶走，送給日耳曼酋長。中央政府無力阻止外國人大批移居帝國領土，然後成立自己的國家。人口遞減的情況嚴重到教宗吉拉修（Gelasius，四九二年至四九六年在位）寫下：「在艾米利亞、托斯卡尼與其他（義大利）各省，幾乎沒有任何活人存在。」這句話多少有些誇張，但是當時情況從羅馬城的命運可見一斑。羅馬在基督時代人口約有一百萬人，但是在九世紀時只剩下約兩萬五千人；相較之下，穆斯林西班牙的首府柯多巴（Córdoba）在十世紀時約有十萬人，塞維爾（Seville）約有六萬人。簡而言之，羅馬帝國已由較小的城邦取代，在這段過程中，社會的安定與都市化都隨之淪落。

如果羅馬帝國沒有亡國，或是亡國後能夠重組，歐洲就能免於殺戮與無政府狀態的痛苦，這正是亞德里安諾波與波提爾兩戰如此重要且吸引人的原因；只要改變少許事件，它們都會帶來不同的結果。現在讓我們輪流討論這兩場戰役吧。

* * *

在羅馬帝國的漫長歷史上，一再受到邊疆好戰民族的軍事挑戰。羅馬在四世紀時遭遇雙重威脅，東方是興起中的波斯，北方是眾多日耳曼部族。為了應付不時發生的危機，羅馬帝國被一分為二，一位皇帝定都君士坦丁堡，另一位定都羅馬——更正確地說是米蘭，因為此地更接近戰區。

西元四世紀初，一支日耳曼部族在多瑙河以北原為羅馬帝國行省的達西亞（Dacia，今日的羅馬尼亞）定居下來。五十年之後，其他日耳曼部族為了逃避來自中亞的匈奴人，開始侵略西哥德人。由於面臨嚴重飢荒，西哥德人遂於三七六年要求君士坦丁堡政府准許全族越過多瑙河，在色雷斯永久定居下來。今日估計，包括婦孺在內，當時遷移的西哥德人約有二十萬人之譜。如此大規模的移民讓羅馬人深感不安，但是東羅馬皇帝瓦倫斯（三六四年至三七八年在位）依然批准所請。

瓦倫斯並不是心地善良的好人，他知道西哥德人是危險的戰士，但是他希望取得合作，讓他們加入麾下的西哥德人部隊。瓦倫斯需要更多戰士來對抗波斯人，他還知道西哥德難民會帶來相當的財富，這些財富大部分會落入羅馬官吏之手——貪污是羅馬帝國晚期的普遍現象。另一方面，瓦倫斯要求西哥德人在越過多瑙河之後放下武器，西哥德人同意此一條件，不過瓦倫斯早該知道事情不會如此簡單。

西哥德人才剛越過多瑙河，就和千方百計剝削難民的羅馬官吏發生衝突。問題是：西哥德人開始反擊。他們在三七七年初發動叛亂，擊敗一支羅馬部隊，使動亂擴及礦工與奴隸等受欺壓的族群。在盟友提供的騎兵支援下，西哥德人最後迫使羅馬軍撤退。羅馬史家阿米努斯・馬西里努司（Ammianus Marcellinus）寫道：「這些野蠻人就像野獸出柙般橫掃色雷斯的土地。」

到了三七八年春天，瓦倫斯已經準備好以一支兵力三至四萬多人的大軍發動反攻。他的姪子西羅馬皇帝葛拉辛（Gratian，三六七年至三八三年在位）在前一年冬天擊敗其他日耳曼入侵者之後，從拉希亞（Raetia，約當今日的瑞士）兼程前來援助。瓦倫斯有個大好機會擊敗陷入圍困卻鬥志堅強的敵人，結果這個機會被他變成一場慘劇：他不待葛拉辛抵達就下令出戰。瓦倫斯的批評者認為，這是因為他不希望與別人分享勝利。信心滿滿的皇帝聽信錯誤情報，以為西哥德人兵力只有一萬人（我們無從知道確實數字，但是絕對不只於此）。這一戰隨即在亞德里安諾波附近的平原上爆發，時為西元三七八年八月九日。

西哥德人也許是蠻族，但是他們的領袖弗里提傑恩（Fritigern）一眼就可看出敵人——尤其是瓦倫斯本人——的弱點。在巴爾幹半島八月的酷熱中（當地夏天溫度經常超過華氏一百度），皇帝的軍隊在崎嶇的曠野上行軍八哩之後，在沒有休息或進餐的情況下就奉命投入戰鬥。遭受突襲的西哥德人當時還在營地內，周圍由篷車圍繞，但是他們的士兵休息充足，而且能夠善用機會。首先，西哥德人派出騎兵迂迴敵人陣線，將羅馬士兵圍困在篷車與西哥德步兵之間。阿米努斯・馬西里努司如此描述騎兵的決定性衝鋒：「哥德騎兵……像雷霆一樣向前衝，一路狂殺。」

派出騎兵攻擊羅馬軍的兩側之後，西哥德人以步兵發動正面攻擊，他們大加屠戮擠在一起的敵軍。

據估計，參加這一戰的羅馬軍有三分之二喪生，其中包括三十五名高級軍官。喪生者中地位最高的正是瓦倫斯本人。這次慘敗原本是可以避免的，如果皇帝願意等待援軍，或者即使不待援軍，先讓官兵進餐和休息，明早再進攻，結果或許會大不相同。我們也不能低估意外扮演的角色。西哥德騎兵在最後一刻才抵達戰場，如果他們晚到一步，西哥德人勢必無法獲勝。弗里提傑恩自知不敵，於是一再派出談判代表，試圖拖延時間至最後一刻。羅馬軍高層本來有意接受停戰，但是部隊卻擅自出擊。羅馬軍的弓箭手與騎兵違抗命令，開始攻擊西哥德軍，最後演變成全面開戰。或許羅馬帝國的命運是由一名緊張的士兵決定的。

大獲全勝之後，西哥德人可以放手侵佔巴爾幹半島的土地，兩萬人到兩萬五千人的損失已足以重創羅馬的人力來源。聽到慘敗的消息之後，米蘭的聖安布羅斯（St. Ambrose of Milan）說道：「這是全人類的末日，世界的末日。」無論如何，羅馬帝國再也無法重演歷史，從敗北中恢復過來。羅馬不但沒有消滅敵人，反而讓敵人在國境內定居下來，地點在多瑙河以南，今日的保加利亞境內。更糟的是，羅馬人只好讓西哥德人保留武器。理論上來說，西哥德人是羅馬的盟友，事實上卻是敵邦。例如在三九〇年代，西哥德人曾劫掠希臘與巴爾幹半島，並且在四〇〇年之後進攻義大利。慘劇在四一〇年上演，西哥德人在足智多謀、勇敢善戰的亞拉里克（Alaric）統領下，攻佔羅馬城大肆搜括三日，這一戰預示了搖搖欲墜的羅馬帝國前景。

羅馬人為何容忍西哥德人居住在國土上？最重要是他們需要西哥德人參軍，而且羅馬人相信自己可以馴服西哥德人。第二，正如柯林斯（Roger Collins）所說，失敗心態也有關係。對許多羅馬人而言，亞德里安諾波會戰的教訓是羅馬無法在戰場上獲勝，這可以解釋為何在三九五年至四〇五年間，羅馬軍曾於義大利和巴爾幹半島四度擊敗亞拉里克統領的西哥德軍，但是每次都讓敵人逃脫。顯然亞德里安諾波之於羅馬，就像凡爾登（Verdun，一九一六年）之於法國——我們談論的並不是結果，因為法國贏得了凡爾登會戰，但是兩者的心理影響是一樣的。損失慘重的凡爾登會戰摧毀了一整代法國人的民心士氣，嚴重傷害了法國的人力資源。

亞德里安諾波會戰的三十年之後，亞拉里克的西哥德軍已攻入義大利。劫掠羅馬之後，他們在高盧與西班牙定居下來。為了拯救義大利，羅馬政府必須從不列顛與高盧撤回駐軍，此舉給予其他日耳曼部族入侵帝國的機會。羅馬帝國於西元四〇七年失去不列顛，數十年之內，大部分的高盧、西班牙和北非均已宣告獨立，此時的羅馬帝國必須仰賴蠻族傭兵作戰。之後，羅馬的國勢日漸衰微，日耳曼人在四七六年迫使最後一任西羅馬皇帝羅慕路斯・奧古斯都（Romulus Augustus，四七五年至四七六年在位）遜位，結束了這個名存實亡的國家。

羅馬的國運可以挽救嗎？歷史學家費利爾（Arther Ferrill）認為最可能的方式是扭轉亞德里安諾波會戰的結果：羅馬人贏得勝利，殺死西哥德軍指揮官弗里提傑恩和三分之二的西哥德戰士。勝利不會消除羅馬受到的威脅，因為其他覬覦帝國領土的蠻族仍然存在，但是羅馬帝國會得到整頓的時間。此外，勝利會帶給羅馬信心和意志，推動建軍所需的軍事與政治改革；沒有這樣的改革，羅馬帝國的前景依然黯淡。如果羅馬獲勝，亞德里安諾波會戰或許可以和英格蘭擊敗西班牙無敵艦隊一樣，激起全國的信心與改革。

如果羅馬帝國得以延續呢？羅馬帝國曾經從西元一八八年至二八四年的危機中起死回生，如果這回同樣從三七六年至四七六年的危機恢復過來呢？和中國一樣，羅馬帝國會繼續是統治大片領土的強權。在西羅馬帝國的資源幫助下，東羅馬帝國或許會在七世紀擊敗穆斯林軍隊，讓基督教繼續掌握地中海。在萊茵河與多瑙河之外，日耳曼與斯拉夫敵人不會消失，但是羅馬帝國或許會征服他們。和中國一樣，羅馬帝國仍會不時遭受入侵而引起動亂，但是帝國會一再克服困難，國土甚至會更加擴張，從美索不達米亞延伸到摩洛哥，從英格蘭延伸到易北河、維斯托拉河，甚至聶伯河——誰知道呢？

在羅馬的統治下，說拉丁語的歐洲會變成一個更有秩序、更穩定的社會，不像取代羅馬帝國的日耳曼各邦那樣鬆散。似乎永遠屹立不搖的羅馬皇帝，地位將不遜於中國的天子，歷史將不會出現封建、騎士、武士、英格蘭大憲章、人民有權叛亂論和國會。

羅馬世界是個基督教世界，但是基督教會和我們今日所知的大不相同。天主教當然是以羅馬為中心，但是教宗——如果羅馬大主教可以擁有這樣崇高的職銜——將會屈居於皇帝之下，就像東正教的大主教完全聽命於拜占庭皇帝一樣。不會有教宗膽敢讓羅馬皇帝在雪中跪在門外（西元一〇七八年，教宗格列高里七世〔Gregory VII〕就曾這樣對待日耳曼的亨利四世），歷史將不會出現政教衝突、教宗國與新教改革。如果路德還是寫下《九十五條論綱》，他會以母語拉丁文撰寫，這些論點會在教會的執行委員會中討論。如果皇帝不高興，路德的下場是被送去餵獅子，羅馬人對於異議人士向來缺乏耐心。

當然，文藝復興也不會發生，因為沒有中世紀初期的文化滅絕，就不會有重生的必要。沒有文藝復興的科學與重商精神刺激，哥倫布會不會從西班牙出發越過大西洋則是個好問題。但是有一點是確定的：美洲大陸的新羅馬帝國不會像英國殖民地一樣崇尚個人自由。美利堅聯合省將由新羅馬市（或許就在今日的紐奧良）的總督治理，成為西塞羅的名言「尊重階級的和平」的模範。傳統上，羅馬對敵人毫不留情，但是並非種族主義者，他們對待原住民的方式或許會與西班牙人一樣，混雜殘忍與傳教熱誠，而且出人意料地接受通婚。

與羅馬帝國一樣，美利堅聯合省將實行寡頭政治而非民主政治。事實上，美國開國元勳非常尊敬羅馬，認為徹底民主是危險的想法，他們設計的政府帶有羅馬色彩。不過，他們景仰的是羅馬共和的政治開放，而不是羅馬帝國及其中央集權君主制。美國的憲法包括「權利法案」，文化奠定於打著自由旗號的獨立革命，而且社會提倡平等——雖然經常未能實現。如果美國成為新羅馬帝國，將不會有社會運動匡正美國的不平等，司法系統不會有人身保護令，有利可圖的奴隸制度也沒有廢止的理由。新羅馬帝國帶給人民麵包與馬戲團，卻不會帶來民意代表。

* * *

要發生以上的景況，羅馬帝國必須通過舊世界在中古時代初期最大的軍事考驗——伊斯蘭教。兇猛的穆斯林軍隊將東羅馬帝國（又稱拜占庭帝國）勢力逐出中東，趕回安納托利亞與巴爾幹半島南部的根據地。拜占庭在這裡重整旗鼓，甚至在部分地方逐退敵人。這點倒是不太讓人驚訝，因為拜占庭畢竟是羅馬人，繼承了千年的軍事與政治本領。如果西羅馬帝國能夠延續國運，前來協助拜占庭帝國，雙方聯手的力量將足以把穆斯林軍隊逐回東邊，讓地中海與歐洲重歸羅馬統治。不過，真實情況當然大不相同。

這一戰是軍事史上最迅雷不及掩耳的成就。在先知穆罕默德於六三二年去世後數十年內，穆斯林軍隊已征服大部分近東領土，並且威脅到拜占庭帝國首都君士坦丁堡。在征服埃及與北非之後，穆斯林軍隊於七一一年越過直布羅陀海峽，進攻信奉基督教的西班牙王國。建立西班牙的正是在亞德里安諾波擊敗羅馬的西哥德人後代。穆斯林軍隊擊潰了西哥德軍隊，殺死國王羅德里克（Roderic）。不到十年之內，穆斯林已經佔領伊比利半島大部分土地，改稱為安達魯斯。接著在七二〇年，他們越過庇里牛斯山，進攻塞普提曼尼亞（Septimania，今日法國南部朗格多克）。此地當時是西哥德人在高盧的行省，以及阿拉伯作家筆下通往「偉大土地」的門戶。所謂「偉大土地」就是指全歐洲。有人甚至假想穆斯林軍隊可以一路攻往君士坦丁堡，從後門進攻東羅馬帝國的首都。

穆斯林軍隊迅速攻下納本（Narbonne），這個戰略要地曾是羅馬殖民地。但是，他們在七二一年於圖魯斯城外敗北，安達魯斯總督馬立克（As-Sanh ibn Malik）陣亡，全憑一位久經沙場的將領阿布都・拉赫曼，這場挫敗才沒有變成潰敗。他率領部隊有秩序地撤回納本。阿拉伯人不久後會再興攻勢，慢慢地將領土擴張到侯恩（Rhône）河谷，攻擊從波爾多到里昂的各個城市。到了七三〇年代中期，從庇里牛斯山到侯恩河谷間的地中海大城已全部落入穆斯林之手。大約七三〇年時，總督一職由圖魯斯戰役的英雄阿布都・拉赫曼出任，拉赫曼的慷慨好施與英勇使他廣受部下愛戴，但是他在庇里牛斯山兩側正有處理不完的威脅。

在中世紀早期的歐洲，強大的中央政府是特例而非通則。翻越庇里牛斯山，法蘭克人的「王國」不過是一群喜歡互相爭吵的諸侯。在安達魯斯境內，阿拉伯菁英與剛剛皈依伊斯蘭教的北非柏柏人（Berber）彼此看不順眼。自從七一一年之後，柏柏人已成為穆斯林軍隊的骨幹，但是他們抱怨阿拉伯人總是把最好的土地與戰利品留給自己。到了七三二年，柏柏人領袖穆努薩（Munuza）已建立自己的王國，地點在西班牙東部與高盧接壤的高原上。根據一種說法，穆努薩與鄰近的亞奎堂公爵奧都（Duke Odo of Aquitaine）聯盟。奧都雖然是基督徒，但是在維持名義上統治的法蘭克君王眼中，奧都卻是個眼中釘，穆努薩與奧都都希望獨立。阿布都・拉赫曼於七三二年開始討伐兩人，他的遠征軍逮捕穆努薩並處決，然後翻越山嶺通過加斯可尼（Gascony）與亞奎堂。我們無從得知他的大軍數目有多少，但是多到足以在波爾多附近消滅奧都的軍隊，燒殺搶掠基督教據點，並且俘獲大量百姓。有些歷史學者估計拉赫曼的軍隊約在一萬五千人左右，這個數字應該雖不中亦不遠矣。

阿布都．拉赫曼的部下一路向北推進到波提爾，此地是法蘭克人的國家聖殿，以其信仰虔誠和財富聞名。突爾距離巴黎不過略多於兩百哩，他們只能推進至此。在波提爾與突爾之間，他們遭遇法蘭克將領皮匹尼的查理（Charles of Pippinid）率領的軍隊。理論上查理只是宮廷長（七一四年至七四一年在位，相當於今日的首相），然而他已是法蘭克王國實際上的國王，領土從今日的法國北部延伸至德國西部，無計可施的奧都此時已投入查理的陣營。

的確，法蘭克人已經不是國王克羅維斯（Clovis，四八一年至五一一年在位）時代的強權，但是在皮匹尼家族統治下，法蘭克王國的國勢正在竄升。查理是佩平二世（Pepin II，七一四年去世）的私生子，必須為自己的地位而戰，而他也很快就表現出他的善戰。抵達波提爾時，查理已是一位久經戰陣、深受愛戴的戰士，麾下帶領一支常勝軍，但是阿布都．拉赫曼亦復如此。這一戰將是一場戲劇性的對決。

不幸的是，這一戰在歷史上留下的細節少得可憐。當時文獻堅持波提爾會戰發生於十月的一個星期六，大部分人認定的年分是西元七三二年，不過有些學者認為是七三三年。會戰的序戰持續達七天之久，雙方不停地觀察對方的行動，在小規模衝突中尋找優勢。由此可知，雙方的兵力大致相當，各約一萬五千人。法蘭克軍有少數騎兵，但是主力仍是步兵，他們以密集隊形作戰，穿戴重裝甲，配備大型木盾，以劍、矛和斧頭作戰。穆斯林軍則以騎兵聞名，他們的步兵採用歐式重裝甲，但是這樣的改變不見得受到歡迎。有句罵人的貝都因語讓人想起阿拉伯人原是輕裝戰士：「願你像個穿上裝甲的法蘭克人一樣被詛咒，因為他害怕死亡。」

決戰終於展開。撰寫《伊希多爾編年史》（*Chronicle of Isidore*）的當代作家暗示是穆斯林軍先攻：至少他強調法蘭克軍守住陣線——「像一座城牆……像一塊堅冰」——不像當時以逃跑出名的其他基督教軍隊。另一位撰寫《弗瑞德加編年史》（*Chronicle of Fredegar*）的作家則宣稱查理勇猛地衝鋒，擊破敵人。幸運的是，兩者都同意一點：法蘭克戰士殺死了阿布都・拉赫曼。我們有理由相信他的喪生具有決定性。《弗瑞德加編年史》宣稱法蘭克軍將勝利變成一場屠殺，但是這部作品係由查理的兄弟奇德布蘭（Childebrand）下令撰寫，所以作者並不需要讓法蘭克人贏得光榮。《伊希多爾編年史》作者敘述的故事則較為複雜：這一戰一直持續到入夜，第二天，法蘭克軍以作戰隊形接近穆斯林軍營帳，卻發現敵人已趁夜撤退。如果這段故事是真的，則法蘭克軍並未贏得大勝，他們預料敵人還會戰鬥下去——要不是群龍無首，敵軍說不定真的會這樣。

波提爾會戰（或稱突爾會戰）勝利的消息遠傳到英格蘭北部，連盎格魯薩克遜學究可敬者伯達（Venerable Bede）也聽聞此事。由於這場勝利，後代世人給予查理「馬泰爾」的姓氏（譯註：「Martel」為法文的榔頭），穆斯林的軍隊再也沒有進抵西歐如此北邊的地方。名歷史學家吉朋寫道，波提爾會戰「是一場能夠改變全世界歷史的戰役」。他在巨作《羅馬帝國衰亡史》中曾想像阿拉伯人在波提爾會戰獲勝的後果：

從直布羅陀到羅亞爾河岸，所向披靡的大軍轉戰超過一千哩，同樣的距離可以讓阿拉伯人推進至波蘭與蘇格蘭高地。萊茵河將不比幼發拉底河或尼羅河更難越過，阿拉伯艦隊會兵不血刃地駛入泰晤士河口。或許今日牛津大學教授的是古蘭經，而學生必須向信眾傳達穆罕默德的神聖與真理。

近年來的學者並不確定波提爾會戰會造成如此重大的不同，他們主張，即使阿布都・拉赫曼的大軍獲勝，也無法造成更大損害，因為穆斯林軍是一支盜匪，而非佔領軍。穆斯林軍更無法善用這場勝利，因為西班牙在七三〇年代與七四〇年代將會接連發生暴亂，起事者包括阿拉伯人與柏柏人。

然而，這一戰的影響實在讓人難以預料。如同一九四〇年的不列顛空戰，波提爾會戰並未重創入侵者的兵力，卻阻止敵人更進一步擴張。穆斯林奉阿布都・拉赫曼為烈士，但是絕口不提將戰利品奉送給敵人的恥辱；這次襲擊已告失敗，他們還是留在高盧南部的設防基地較為安全。但是，如果穆斯林在波提爾會戰的第八天擊敗法蘭克人呢？如果法蘭克將領查理與眾多部下一起陣亡呢？穆斯林的勝利或許會揭穿歐洲根本是一隻毫無防備的肥羊。

即使穆斯林對七三二年遠征並未全力以赴，我們還是很難想像他們在殺死法蘭克領袖之後會班師回朝。回顧歷史，七一一年進攻西班牙的行動原本也只是襲擊而已，但是勝利會燃起征服的欲望。不對，拉赫曼的戰士會劫掠突爾城，然後踏上前往奧爾良與巴黎的道路。

在此同時，查理的兒子——他們不會姓馬泰爾——會彼此爭奪繼承權，其中一人最後會勝出。無論繼任者是卡洛曼（Carloman）或矮子佩平（Pepin the Short），都必須像查理在波提爾會戰之後一樣遠赴各地作戰，對抗菲仕蘭人、勃根地人、普羅旺斯人，以及穆斯林——如果他還有精力像查理一樣，將法蘭克王國的疆域從地中海擴展到朱拉（Jura）山脈。但是這位新領袖的手下不是受到波提爾勝利激勵的士兵，對抗的也不是害怕法蘭克人的穆斯林；畢竟，穆斯林已經讓他們在波提爾吃過苦頭。查理的繼任者或許無法像他一樣收復亞維農（七三七年），並且在柯比赫（Corbieres）的貝黑河（Berre）旁樹叢中（七三八年）再次擊敗穆斯林。沒有這些勝利為基礎，這位繼任者無法像佩平於七五二年至七五九年間一樣，將塞普提曼尼亞的穆斯林軍趕回庇里牛斯山另一邊。面對不斷威脅高盧南部的阿拉伯人，佩平的繼任人查理曼將無法放心在義大利與東方征戰——如果皮匹尼家族還能存續到查理曼出現。

如果穆斯林在庇里牛斯山以南的殖民地還能維持，遲早會再度試圖擴張領土。即使在七五九年被逐出塞普提曼尼亞，然後經歷查理曼於七七八年與八〇一年翻越庇里牛斯山入侵，穆斯林在九一五年之前仍會不時襲擊法國南部。如果能以納本或亞維農等城市為基地，他們發動的將不只是襲擊而已。穆斯林或許會像遭到查理擊敗之前一樣，派遣西班牙總督揮軍出擊；柏柏人與阿拉伯人或許會拋棄成見，為了在歐洲贏得戰利品與光榮而合作。如果贏弱的法蘭克王朝無力阻擋，征服者有朝一日將越過英倫海峽，如同吉朋想像的將新月旗插在牛津土地上。在九世紀與十世紀面對維京人入侵的將是酋長與以馬目，而非公爵與主教。如果穆斯林成功，統治西歐的帝國將再度重現——不過是個哈里發帝國。

穆斯林統治下的西歐——領土從直布羅陀延伸至斯堪地那維亞，從愛爾蘭到維斯托拉河——會是什麼樣子？基督教仍將存在，但會是個逐漸式微的宗教，而非主流信仰。許多基督徒會像西班牙的穆斯林一樣，接受阿拉伯的語言和風俗，許多人甚至會像西班牙基督徒一樣皈依伊斯蘭教。無疑地，大部分歐洲人會成為穆斯林，一如絕大部分北非人與中東人一樣。

基督教將不會傳布至全世界。如果西歐人於一四九二年橫越大西洋，船上的旗幟將不是十字旗，而是新月旗。在烏邁亞王朝（Umayyad Dynasty，六三二—七五〇年）時代，穆斯林曾是地中海的海上霸權，直到葡萄牙興起之前，穆斯林一直是印度洋的貿易強權。所以，穆斯林很可能積極地挑戰大西洋，日後將美洲原住民改造成標準的歐洲人——亦即穆斯林。今日只會有一種世界宗教：伊斯蘭教。

在此同時，穆斯林菁英會善加利用拉赫曼在波提爾勝利後贏得的土地。穆斯林在西班牙建立了自羅馬帝國全盛時期以來西歐最文明的社會，在十世紀的安達魯斯，舉凡農業、城鎮、宮殿、詩詞、藝術和娛樂都在蓬勃發展。安達魯斯的城市讓北方的歐洲相形見絀，貿易商來往各地，哲學家對古希臘學說的知識更讓西方人自嘆弗如。

如果伊斯蘭教領土擴展到庇里牛斯山以北，將會造福全歐洲。事實上，無論在西班牙、北非或近東，穆斯林所到之處皆能點石成金，他們藉由鼓勵貿易、農業、灌溉工程和建設都市來促進經濟繁榮。當然，並不是人人都能平等享受繁榮，穆斯林社會階級分明，而且奴隸制是常態。舉例而言，十世紀的伊斯蘭西班牙軍隊與政府都運用了許多來自西班牙北部、日耳曼與斯拉夫國家的俘虜——「奴隸」（slave）之名就是來自「斯拉夫」（Slav）——法國北部的凡爾登則是歐洲最大的奴隸市場。如果阿拉伯人征服西歐，奴隸市場還會向東發展，出現在易北河以東的邊疆城鎮，甚至更遠的柏林都有可能。無論如何，西歐將變成奴隸社會；或許經過多年後，奴隸反而會在歐洲掌權，重演中東發生的情況。

伊斯蘭教主宰的歐洲或許唯命是從，但絕不是個野蠻的地方。第一批阿拉伯征服者遇上波斯與拜占庭的精緻文化之後，立刻為之折服；無論日後所在何方，所向披靡的阿拉伯人都堅持享有如同故鄉的舒適生活，所以伊斯蘭教的英格蘭、法國與日耳曼不僅會布滿清真寺與軍營，還會擁有宮殿、澡堂、花園和噴泉。十世紀的巴黎或許會成為第二個柯多巴，城內到處都是發達的商家與工匠，可以聽到舊世界的所有語言；城內會有金頂與大理石柱建成的宮殿，由印度進口的染料裝飾。如果亞琛（Aachen）不是查理曼帝國首都，而是伊斯蘭教國都，嚴肅的教堂或許會由明亮通風的清真寺取而代之。改變並不僅限於物質而已，身為最佳的詩詞與哲學贊助者，阿拉伯人會將歐洲變成智慧燈塔。庇里牛斯山以北的學者會在十世紀就曉得柏拉圖與亞里斯多德的著作，而非十二世紀；歐洲的詩作將足以取悅巴格達的弄臣，代表作將不是粗糙的《貝奧武夫》。難怪方斯（Anatole France，譯註：一八四四—一九二四，法國作家與文藝評論家）這樣怨嘆波提爾會戰的結果：「這是面對野蠻的西方文明的一大挫敗。」

然而我們要說，這只是一時的挫敗。伊斯蘭教代表的是近東與地中海的帝國遺產，而非粗俗、半野蠻的新西歐文化；但是長遠來看，西方新社會要比伊斯蘭教古老文化具有更強大的經濟創造力與軍事力量，此一現象讓歷史學者難以解釋：為何粗魯無文的歐洲竟成為世界強權，一路創造科學革命、工業革命與資本主義，同時伊斯蘭文明的經濟發展卻停滯下來，最後屈服在西方武力之下。這個問題沒有簡單的答案，最可能的解釋或許是西方的多元化。

正是由於西歐的野蠻使其難以治理，所以中央政權一直沒有出現，封建政府——如果這個名詞沒有自相抵觸——從未成功控制個別騎士；經過多個世紀之後，個人主義成為民主化並且是最重要的西方價值。諸侯從未收服城鎮，鎮上商人以中古騎士作戰般的熱情追求金錢。基督教會則從未收服諸侯，教會與君王經常彼此相爭，最後在宗教改革時代，各國都選擇獨立於教會之外。與伊斯蘭世界相較，歐洲的文化特點為缺乏核心、世俗化、個人主義與利益導向。歐洲對於南方的老文明並沒有太大尊敬，無怪乎歐洲會見證文藝復興、宗教改革、現代化的科學與工業誕生，並且統治世界長達數個世紀之久。

諷刺的是，如果沒有黑暗時代的來臨，這些都不會發生。如果歐洲在七三二年之後由伊斯蘭教統治，或是西羅馬帝國在四七六年後復興，或許會帶來穩定與文化興盛，但是現代化的種子卻會遭到埋沒，哈里發與羅馬皇帝都不會容忍造成歐洲興起的自由與活潑。對歐洲而言，黑暗時代就像一劑幾乎殺死病人、最後卻造就更強壯體魄的毒藥。

最重要的是，歐洲非常幸運。如果一二四二年的情況反轉過來，四七六年與七三二年都只會是歷史的註腳；就在這一年，歐陸史上最強大的入侵者在閃電佔領東歐之後，卻又突然撤退。如果他們的國王沒有駕崩，這些入侵者會一路攻抵大西洋岸，復興的羅馬帝國能否擋住他們還在未定之天；想到十多年後阿拉伯在入侵者面前立即瓦解（首都巴格達於一二五八年被毀）的情況，阿拉伯人統治的歐洲應是無此能力。這些征服者就是歷史上最偉大的戰士：蒙古人。

6 大汗駕崩拯救了歐洲

假如蒙古人沒有在一二四二年撤軍

希西莉亞・侯蘭

如果歐洲在十三世紀遭到蒙古人攻佔，黑暗時代相較下會像是光明時代。來自蒙古的征服者於西元一二四二年抵達東歐，兩支基督教軍隊分別在波蘭和匈牙利被擊潰；蒙古人的先鋒已經進抵維也納與亞得里亞海，正準備建立史上最大的陸上帝國。這些來自中亞的騎士是當時紀律最嚴明、行動最迅速的部隊。希西莉亞・侯蘭寫道，他們「就像一支來到中古世界的現代軍隊」。無人能夠抵擋蒙古人，他們是那個年代的赤棉，鄙視城市居民、文化和任何菁英人物。但是，赤棉只毀滅一個國家——柬埔寨——蒙古人卻橫掃一整個大陸，而且正準備攻佔另一個。西方文明從來沒有面臨過更大的危險，就在最後一刻，運氣拯救了歐洲。歷史也許是重大力量的對抗，但是我們絕不可忘記一個人的生與死的重要性。

希西莉亞・侯蘭（Cecelia Holland）是最著名與最受尊崇的歷史小說家之一，著作超過二十本。

一二四一年夏天，維也納城牆上的瞭望或許會在東邊平原上望見一群奇怪的騎士。如果這位瞭望消息夠靈通，就會知道這些騎在小馬上的不祥身影是蒙古人的斥候，他們來自駐紮在數百哩外的一支大軍，蒙古斥候出現在維也納郊外的景象足以讓他震驚莫名。

此時的維也納幾乎無力抵抗入侵者，蒙古人已經擊潰東歐最強大的兩支軍隊。這兩場會戰戰場相距甚遠，但是發生時間相隔不過一天而已。

一二四一年四月九日這天，一支由日耳曼人、波蘭人、聖殿騎士與條頓騎士組成的大軍自里格尼茲（Liegnitz）動身，迎戰正在向西越過波蘭北部的蒙古軍。兩軍在瓦斯達特（Wahlstadt）的平原上交戰，基督教重裝騎兵首次衝鋒似乎擊破蒙古軍陣線，敵人開始潰逃。亨利公爵的部下緊追在後，陣形愈來愈混亂，結果他們一路衝進蒙古人設下的完美埋伏中，幾乎全軍覆沒。

在這一戰擊潰敵人的蒙古軍只是誘敵兵力而已。在這支兵力橫越波蘭的同時，偉大的速不台正率領主力強行通過喀爾巴阡山的積雪隘口，進入匈牙利平原。第三支較小的兵力則繞到山脈南邊，取道摩達維亞與外西凡尼亞（Transylvania，譯註：約當今日羅馬尼亞），保護主力的側翼。

速不台隔著兩座山脈與數百哩之遙指揮大軍行動。身為成吉思汗的「四犬」之一，速不台在一二四一年已是個老人，他是歷史上最被人遺忘的軍事天才之一。速不台漫長的傑出生涯涵蓋從華北到歐洲的土地，他在艱困、陌生的歐洲土地上的運籌帷幄可謂完美無瑕。

進入匈牙利之後，他的大軍在三天內於雪地中進軍兩百七十哩。當蒙古軍越過平原時，匈牙利國王貝拉（Béla）領軍從首都布達（Buda）出戰。速不台慢慢地後退，一直退到薩約（Sajo）

河的橋樑為止。蒙古軍在此地布陣作戰。

在里格尼茲會戰隔天的四月十日，貝拉對橋樑發動攻擊，逐退蒙古軍。他把重型篷車連在一起，在橋樑兩端迅速築成臨時工事。到了入夜時分，他似乎已經佔有優勢地位。

但是速不台的斥候在下游發現一處渡口，於是速不台在夜裡親自率領一半部隊渡河。黎明時分，欽察汗拔都率領其餘部隊向匈牙利軍發動正面攻擊。當貝拉掉頭面對攻勢時，速不台趁機從後方發動進攻。

貝拉手下受到重創的部隊退回篷車堡壘內，蒙古軍將他們包圍起來，以弓箭、石弩、焦油、甚至爆竹不斷攻擊匈牙利軍，讓陷入重圍的基督教戰士瀕臨崩潰邊緣。此時在蒙古軍包圍圈上突然出現一個缺口，一些筋疲力竭的匈牙利戰士於是趁機突圍。眼見少數人成功脫逃，其他人立即慌忙跟進，局面演變成一場全面潰逃。速不台的部下從兩側進攻，輕鬆地摧毀陷入混亂、軍心渙散的匈牙利軍。只有少數人安全逃回布達，其中一人就是貝拉國王，他一直逃命到亞得里亞海的小島上才停下來。

隨著春天的平原長出綠草，拿下匈牙利的蒙古人停下腳步，在寬廣的草原上放牧牲畜，架起蒙古包，一切就像在中亞草原的故鄉一樣。他們在整個夏天中休養生息，為下次攻勢養精蓄銳。

震驚的西歐只能無助地等待，此時的基督教世界正處於最脆弱的時候。歐洲兩位最有權勢的君王正在爭奪領導權：一邊是聰明但凶惡的神聖羅馬帝國皇帝腓特烈二世，一邊則是接連數位想要收服他的教宗。

專注於義大利的腓特烈二世已將日耳曼繼承權讓給當地貴族，這些諸侯平日彼此相爭，一點都沒有打算團結起來對抗匈牙利平原上的大敵。積極進取、充滿理想的法國國王路易九世正在集結一支軍隊，但是他的兵力不會超過數千名騎士。至今沒有一支基督教軍隊能夠擋住蒙古人，甚至延滯敵人。這位維也納的瞭望有很好的理由為城內百姓的命運發抖，上帝的懲罰已經降臨了。

＊　＊　＊

蒙古人的征服雖然為時僅有百年，但其影響絕不可低估。在鐵木真——日後的成吉思汗——竄起之前，蒙古人只是數支在中亞草原和戈壁沙漠上狩獵、放牧與作戰的遊牧民族之一。鐵木真改變了這一切，他激起蒙古人生來統治世界的信念，並且率領他的子民建立一個東起東海、西至地中海的國度。他的主要目標是蒙古東邊的中國、西邊與南邊的伊斯蘭國家，以及伏爾加河（Volga）以西的俄羅斯城市，其所作所為永遠改變了世界。

詳實的《蒙古秘史》（*The Secret History of the Mongols*）詳細記載了這次征服行動，深入成吉思汗成功的基礎：遊牧戰士的性格。成吉思汗的軍隊是由誓言與義務、加上他本人的偉大個性結合在一起，士兵聚集在他的旗幟之下——他們接受「蒙古」之名，因為這是他的部落名——因為他帶來所向無敵的意志、勇氣與獻身投入，讓人相信違抗他就是違抗命運。他似乎註定要統治世界，同時又對人民樂善好施，《蒙古秘史》中記載了許多他厚愛部下的證據。成吉思汗是全國的精神與靈魂象徵。

對於外族，成吉思汗是完全不同的另一個人。

「他們來到、破壞、焚燒、殺戮、搶掠，然後離開。」成吉思汗於一二〇九年率軍攻入華北，在那裡學會如何攻佔城鎮，開始了擊垮世上最古老文明的漫長戰爭。每座淪陷的城鎮都被摧毀，有一段時間，成吉思汗考慮將整個華北無人化，做為馬匹的牧場。最後有位幕僚指出活著的中國人繳交的稅比死人更多，才阻止了這個念頭。

在西邊，蒙古人在中亞的穩定擴張使他們與繁榮的伊斯蘭國家發生接觸，最吸引人的是富饒的花剌子模，當地有撒馬爾罕、布哈拉、哈拉特、尼夏布等傳奇名城。成吉思汗於一二一八年入侵花剌子模，將之徹底夷平。

成吉思汗的策略之一是經過算計的屠殺：一旦某座城市陷落——事實上，沒有不陷落的城市——所有的居民都會遭到殺害。史書記載的死者人數足以讓人震駭：一二二〇年在哈拉特死了一百六十萬人。後來蒙古親王拖雷聽說有人躲在死屍堆中逃過一劫，於是在拿下尼夏布之後，下令所有屍體的人頭都要砍下。根據當時的記載，有一百七十四萬七千人在尼夏布喪命。

這些可怕的數字委實令人難以置信，但是它們傳達出當時的完全毀滅感受，即使投降的城市也會遭到洗劫與摧毀的下場。在布哈拉投降之後，居民被驅至城外，全城遭到劫掠，青年男女與兒童被帶走為奴，全城「像平原一樣」被鏟平。

數年之後，蒙古人開始進攻俄羅斯。在伏爾加河岸的戰役為蒙古人贏得立足點，但是征俄計畫隨著鐵木真過世而暫停。根據蒙古傳統，可汗的長子可以獲得距帝國中心最遠、面積最大的土地。由於鐵木真過世之時，長子朮赤已不在人世，所以由長孫拔都繼承這份遺產，他是金帳汗國的建立者。

在速不台的策畫下，拔都的蒙古軍於一二三七年進攻俄羅斯，有系統地毀滅當地城鎮，造成驚人的生命損失，死者多達數十萬。接著在一二四一年，蒙古人在南俄大平原花了一整個夏天養精蓄銳之後，開始向東歐進軍。

＊　＊　＊

蒙古人為何如此所向無敵？事實上，蒙古軍就像一支來到中古世界的現代軍隊，他們的長處是速度、靈活、火力、紀律，以及擁有絕佳的軍官。

成吉思汗的大軍是以十人、百人、千人、萬人為單位，每個單位都有指揮官。軍官的選拔是以能力為標準，並不考慮人情或出身。在俄羅斯戰役中，雖然征服軍是由欽察汗拔都指揮，參戰的還有其他幾位皇族，但是所有人都服從出身甚低的速不台。

這種對於能力的重視也影響了繼承權。成吉思汗過世之前，他的長子朮赤與次子察合台已經為敵，他們認知到只要其中一人獲得繼承權，一定會引發內戰。「但是窩闊台（三子）是個深思熟慮的人，」察合台說道：「讓我們擁護窩闊台吧！」繼承權於是順利地交到三子手上，其他兄弟則忠誠地向他效命。

蒙古人的生活強調這樣的紀律。蒙古騎士生來以作戰為宿命，不打仗時，會以狩獵鍛鍊作戰技巧。他們從孩提時代開始騎馬；可以日行數十哩，停下來紮營，食用隨身攜帶的肉，黎明醒來之後再日行四十哩。他們可以日復一日、不顧風雪、悶熱和風雨一路作戰前進，同時驅趕另外三、四匹馬，如此可以換馬，避免累壞任何座騎。

敵人總是高估蒙古軍的兵力，因為每一個人都有四、五匹馬。蒙古人偶爾會在備馬背上綁上假人，以加強敵人的錯誤印象。

蒙古士兵攜帶一張獸角壓成的曲弓，拉力為一百六十磅，可以準確地將箭矢射到三百公尺外。他們身上穿戴的不是笨重的裝甲，而是可以讓箭矢滑開的皮墊。他們穿著絲質內衣褲，以保持傷口清潔。他們很少與敵人近距離搏鬥，死亡率遠比敵人更低。

最重要的是，他們服從命令。中古歐洲的戰鬥大多是個人混戰，一位好將領只是在戰鬥結束前能把部隊帶上戰場的人。速不台卻能夠越過山嶺和陌生的土地，像下棋一樣精確指揮數萬人行動。在戰鬥中，他運用各色旗幟發出信號，可以一次命令數千人前進、後退、轉向、衝鋒——而且他的部下立即服從命令。數百年之內，沒有一支軍隊能夠這樣有效率且凶殘地夷平其他民族的社會。

蒙古人的破壞成績斐然。在蒙古的征服作戰中，中國的人口減少超過三成。花剌子模與波斯皆已建立精密的地下灌溉系統，支持繁榮的文化，蒙古人將他們徹底摧毀。阿拉伯學者認為當地經濟至今尚未從這場慘禍中恢復過來。

在伊拉克與敘利亞的戰爭進行長達六十年之久，一度興盛的當地文明成為廢墟。巴格達的君主是伊斯蘭世界的最高領導人，由於他抵抗蒙古人，因此只有死路一條。蒙古將領將他用皮革包住，讓馬蹄踐踏而死——事實上這是尊敬之舉，因為此舉象徵性地讓他免於流血，然而他的王位從此無人繼承。

蒙古入侵帶來的心理衝擊是無可估量的。在蒙古大軍橫掃之前，以巴格達為中心的伊斯蘭世界提倡知識、冒險與大膽，詩詞、藝術與科學在此地蓬勃發展。他們擊敗了基督徒，贏得漫長的十字軍戰爭。經歷蒙古入侵之後，基本教義派的保守主義完全取代了這一切。

同樣的情況也發生在俄羅斯，在一二三〇年代的可怕冬季之前，諸如諾夫格勒、拉山與基輔等城市原是繁榮的河流貿易城；十多年之後，旅人發現基輔只是一個住有一百人的小村莊，居民擠在燻黑的墓地中討生活。俄國人出名的仇外情結常被歸因於蒙古人的可怕入侵。

在所有的征服領土上，蒙古人指派一名總督與一名稅吏繼續剝削剩下的居民。將近四百年之後，西伯利亞的原住民仍以名為「亞薩克」（Yasak，出自蒙古法律「亞薩」〔Yassa〕）的皮毛進貢。蒙古鐵騎所到之處，一切從此改頭換面。

當這位維也納城牆上的瞭望望著遠方的蒙古人、同時思索歐洲的命運時，或許已直覺知道接下來將發生的事情。蒙古人向來在寒冬中發動戰爭，這正是飽食夏季牧草的馬匹最肥壯的時候。他們會在一月或二月進攻，第一個目標當然是從匈牙利溯多瑙河而上可達的維也納。

如果維也納立即投降，或許會讓蒙古人手下開恩，不過這並不是值得期待的恩惠：如果他們的下場與布哈拉一樣，居民會獲准離城，全城會遭洗劫與破壞，許多青年與婦孺會被帶走為奴，其他人只能遁入鄉間，因為痛恨城市的蒙古人會將維也納夷為平地。

到了這個時候，終於覺醒的歐洲諸侯會派出另一支大軍，這位瞭望沒有理由相信，這支大軍會比西里西亞的亨利或匈牙利的貝拉手下的軍隊更加成功。這支軍隊被摧毀之後，歐洲將會全無抵抗之力。

蒙古人的偵察隊向來具備專業效率，因此他們會以富饒的低地國為首要目標，攻佔安特衛普（Antwerp）、根特（Ghent）與布魯吉（Bruges）。為了替馬匹尋找草原，蒙古人會轉向南方，朝法國中部的寬廣草原進軍。他們會在路上摧毀巴黎。

或許一支分遣隊會強行通過阿爾卑斯山，進入義大利北部。在波河平原上，蒙古人會找到餵養馬匹的草糧，以及可供掠奪的城市。為了拯救更多生命，部分義大利城市或許會投降，選擇抵抗的城市則會被消滅。蒙古人會帶走一切能夠搬運的東西，其他則會被燒毀，剩下的民眾將淪為赤貧。蒙古人會派任總督與稅吏，然後在義大利北部的草地上過冬；如果上帝保祐，他們會在來春離開。

剩下的會是什麼?

毀滅低地國的城市會抹去興起中的歐洲金融中心。十三世紀時，以安特衛普與根特為中心的棉花交易正在促成西歐經濟穩定成長，而且成長持續達三世紀之久，第一個證券市場將在不久後於安特衛普出現。蒙古人的入侵會把這個發展中社會連根拔起，人口大量減少會使整個地區迅速變成荒野。磨坊與堤防都不會有人照料，海水會倒灌荷蘭的土地，萊茵河—馬士河—須爾德河之間的三角洲將會變成沼澤，資本主義與中產階級的興起都不會發生。不會問世的還有印刷媒體、人道主義，為日後英格蘭、美國與法國民主革命播下種子的荷蘭起義也不會發生，當然也不會有工業革命。

摧毀巴黎會帶來更嚴重的後果。巴黎是中古盛期的學術中心，在巴黎的大學中，對於亞里斯多德邏輯的仔細研究將為新世界觀奠下基礎，唯名論者已在堅持物質世界不可摧毀的現實。蒙古人入侵的數百年後，一位巴黎大學的校長提出了第一套慣性理論，這些想法將衍生出伽利略、克卜勒與牛頓的偉大理論，蒙古人的到來將會毀滅這一切。

如果蒙古人攻入義大利，當地將全無抵抗之力，教宗會有什麼下場？蒙古人會把他綁在袋子裡，讓馬蹄將他踐踏至死嗎？蒙古人的到來讓象徵伊斯蘭權力中心的哈里發難逃一死，但是教宗的下場會比較有彈性一點，因為他不需是聖彼得的直系後代。無論如何，假如教宗戰敗，基督教將立刻發生改變，無論教會的傳統多麼不完美，沒有一個中央權威來維繫與執行這些傳統，基督教會將解體成數十個支派。沒有一個中央權威做為敵人，宗教改革與隨之而來對人性的新觀念都不會出現。

摧毀羅馬代表摧毀歐洲社會與過去的最強大連結。沒有古典主義帶來的靈感，世界上還會有但丁、米開朗基羅與達文西嗎？即使他們的祖先能夠在大屠殺中倖免，城鄉的毀滅會使這些人落入掙扎求生的境地，無力創造詩詞與藝術。無論如何，對於政治意見直言不諱的但丁不會得到蒙古人的客氣對待；至於達文西，我們可以想像蒙古人會拿他怎麼辦。

西元一二四一年，這位維也納城牆上的瞭望當然不曉得達文西，他只知道在匈牙利平原上的恐怖力量將會夷平他的世界，取走他的能量與資源，毀滅他的希望。城牆上的他只能等待敵人到來。

敵人從未到來。一二四二年初，蒙古軍突然撤退。在距離維也納數千哩遠的地方，一個人的過世拯救了基督教世界免於災難，一個人的過世讓蒙古軍失去前進的動力。

這個人就是窩闊台。聰明、慈悲與好飲的窩闊台不僅維持帝國的統一，更積極南征北討擴張領土；不過，帝國的政治組織一直無法跟上軍事的成功。蒙古人本質上仍是遊牧部落，由對酋長的個人忠誠結合在一起。在可汗過世之後，法律要求諸王親自回到故鄉選舉新可汗。就在攻入歐洲前夕，偉大的速不台放棄了此一大業而班師回朝。

蒙古人再也沒有回來，未來他們的目標將轉移至中國，以及西邊的波斯與阿拉伯國家。一二八四年間，埃及的馬美路克王朝（Mameluke）在巴勒斯坦擊敗蒙古軍，這是結尾的開始。在遙遠的東方，日本與越南接連逐退蒙古入侵，狂潮正在消退，可怕的考驗結束了。

波蘭仍在慶祝四月九日的勝利紀念日——理由是無論里格尼茲是多麼重大的慘敗，這一戰都磨耗了入侵者的力量與意志。他們相信那天的可怕犧牲是有意義的，因而應以勝利看待。但是，守軍的勇敢與此完全無關，事實上，讓蒙古軍撤軍並拯救歐洲的是蒙古人的世界觀——這種力量曾經推動他們勇猛前進——這完全是運氣。

7 只要那年夏天不是如此多雨

關鍵的一五二〇年代

西奧多・拉布

許多事件讓一五二〇年代變得如此重要。在這十年當中，歐洲與世界其他地方發生的事情徹底改變了我們今日的生活方式。這不是歷史上第一次，也不是最後一次，天氣一躍成為歷史的主角。如果一五二九年夏天沒有出現少見的大雨，延遲鄂圖曼帝國蘇丹蘇里曼（Suleyman）向維也納——這裡是主宰歐洲的哈布斯堡王朝的主要東方據點——進軍的步伐，會有什麼後果？如果蘇里曼能夠早點開始圍城呢？如果他沒有被迫放棄陷在泥沼中、威力足以打垮城牆的重砲？如果他真的攻佔維也納，會有什麼後果？面對基督教的強大勢力，鄂圖曼帝國也許無法統治歐洲，但更重要的是，雙方一定會達成影響深遠的協議，歐陸上的反哈布斯堡王朝勢力將會起而反抗，其中一個輸家將是路德及其新教異端。教宗將批准英格蘭的亨利八世與出身哈布斯堡王朝的王后離婚，英國國教派將不會出現——西班牙也不需要在半個世紀後大舉興兵，收復失去的天主教國家。

西奧多・拉布（Theodore K. Rabb）是普林斯頓大學歷史教授，他的重要作品包括《新歷史》（*The New History*）、《安定早期現代歐洲的鬥爭》（*The Struggle for Stability in Early Modern Europe*）、《氣候與歷史》（*Climate and History*）、《文藝復興的生活》（*The Renaissance Lives*）以及《雅各賓紳士》（*Jacobean Gentleman*）。他是美國公共電視影集《文藝復興》（*Renaissance*）的主要歷史顧問，本片曾贏得艾美獎。

在西方歷史上，少有年代造成的影響可以和一五二〇年代相提並論。這個年代一開始，麥哲倫首度通過以他命名的海峽；就在同一年，西班牙的叛亂加上丹麥血洗斯德哥爾摩，奠定了伊比利和斯堪地那維亞半島的政治前途。數個月之後，路德在一五二一年四月的沃爾姆斯會審（Diet of Worms）公然對抗神聖羅馬帝國的查理五世，奠下羅馬教會永久分裂的基礎。八年之後，日耳曼農民起義將社會壓制提升到新的層次；瑞典成為獨立王國；柯提斯征服墨西哥；土耳其人攻佔匈牙利，兵臨維也納城下；亨利八世強烈要求離婚，為英格蘭政治與社會帶來重大轉變；查理五世的士兵在義大利燒殺擄掠，最後帶來歐洲史上最嚴重的文化慘劇——羅馬大劫掠。

即使個人興趣和觀點不同，歷代歷史學者都將這個年代視為現代化的轉變年分：宗教改革的肇始、歐洲海外擴張的第一次重大征服、伊斯蘭教與西方新戰爭的開始、義大利文藝復興的結束、世俗國家鞏固權力的轉捩點，都發生在這十年中。在以上事件中，只要一、兩個細節有所變化，歷史就很可能朝不一樣的方向發展。

舉例而言，當路德來到沃爾姆斯時，其脆弱革命問世僅有三年。他最早的思想見諸於前一年發表的三本小冊，但是沒有他的領導與繼續寫作，一五二一年零星出現的支持聲浪很快就會沈寂下來。有些日耳曼親王確實被他的想法感動，其他親王支持路德則是為了在政治或經濟上對抗查理五世。沃爾姆斯會審之後，查理五世積極鎮壓路德異端；當路德在會審的數天後失去蹤影時，一般都相信讓他消失的是敵人而非朋友（事實上是朋友）。

藝術家杜勒終生是天主教徒，但是當他聽到路德失蹤的消息時，這樣寫下了許多人的心聲：

他是活著，還是遇害了呢？如果我們失去這位寫作遠比別人明晰的人，請賜給我們另一位能夠示範教徒應該如何生活的人。上帝，如果路德已死，誰來向我們解釋福音呢？

如果杜勒的預感成真，宗教改革很可能就此被撲滅，就像一世紀前胡斯（Jan Hus）在波希米亞抗議的下場一樣。三年之內，日耳曼西部和南部爆發了一場假藉路德之名的農民叛亂；如果這位改革者沒有保住性命，公開譴責農民行為，並且向諸侯保證宗教變革不是社會動亂的藉口，心驚膽戰的日耳曼統治者無疑會和皇帝修好，讓路德失去改革成功的重要支持。

柯提斯率領人數遠居劣勢的部下入侵墨西哥，還有麥哲倫冒險繞過合恩角（Cape Horn），無疑都很可能以失敗收場。西班牙可能會繼續尋求建立一個美洲帝國，但是會不會那樣迅速輕鬆則是一大問題。我們應該記得，如果西班牙的海外擴張速度慢些，查理五世打敗地中海穆斯林敵人的決心會在一五三〇年代取而代之；在這種情況下，他會認為就擴張目標和資源而言，阿爾及利亞要比新大陸的荒野更為重要。因此，皮薩羅（Pizarro）與其他冒險家揚名立萬的地方將是北非，而不是秘魯。

至於這十年中的另一件大事——羅馬大劫掠——同樣充滿巧合。查理五世的軍隊在擊敗主要敵人法國之後，開始向孤立無援的義大利前進，此時皇帝的指揮官對羅馬尚無任何企圖；事實上，皇帝聽到進攻聖城的消息時還大為震怒。查理五世的傳記作者布朗迪（Karl Brandi）在半個世紀後提到，這次可怕事件全是厄運造成的：

在某些不可見的衝動之下，早被忘記的決定與久經壓抑的感情結合起來產生動力，就像慢慢滾動的巨大骰子一樣，在機會的導引下打開可怕的毀滅之路。

一支失去控制、被飢餓所逼、未領薪餉、痛恨教宗的大軍就這樣造成羅馬大劫掠，對羅馬的生活、藝術和典藏造成無法想像的破壞，更別提專業人士的逃亡影響了一整個世代的羅馬文化（同時為威尼斯注入前所未有的想法與創造力）。如果帝國軍擁有更佳的補給與指揮體系，或者前一年的兩次事件只要有一次結果不同，這些悲劇全是可以避免的。

查理五世的大軍在佛朗茲貝格（Georg Frundsberg）統領下，於一五二六年翻越阿爾卑斯山。維持這支軍隊推進最重要的是重砲，但是這些火砲無法翻山越嶺。義大利的最佳重砲來源是費拉拉公爵（Duke of Ferrara），他是教宗的長期死對頭，尤其當今教宗是來自敵城佛羅倫斯、出身麥第奇家族的克萊門七世（Clement VII）。為了阻止費拉拉與查理五世達成合作，克萊門七世決定賄賂公爵，但是他的動作慢了一步，賄款在人家談妥交易後才送到。如果教宗的賄款沒有耽擱，這些大砲根本不會交貨。

第二次意外發生在一五二六年十一月的一場小衝突中，麥第奇家族最傑出的年輕戰士喬凡尼（Giovanni della Bande Nere）——他與日後征服義大利的拿破崙頗有相似之處——被一顆費拉拉大砲的砲彈炸傷，最後一位擋在帝國軍和羅馬之間的指揮官很快就傷重不治。

這一連串厄運造成的後果不僅是影響聖城或城內的中古和文藝復興寶物而已。一五二七年五月，在近千哩外，英格蘭國王亨利八世告知王后凱瑟琳離婚的決定。亨利八世要求相當簡單，就是找尋一個能夠生下男性子嗣的新王后。再怎麼說，亨利八世娶的是兄長的寡婦，在宗教上已構成婚姻作廢的理由，而且教宗通常會對歐洲諸侯讓步。不過，教宗現在受到凱瑟琳的姪子查理五世控制，當然不會批准亨利八世的請求。英格蘭國王在幾年內就找出解決問題的辦法，也就是宣布自己領導獨立的英國國教，宗教改革立即得到一位重要的堅定盟友，英格蘭社會與政府的變革自此踏上不歸路。

然而，在一五二〇年代的所有差錯與「如果」之中，影響最深遠的莫過於一五二六年發生在匈牙利的莫哈克（Mohács）會戰。此役的影響及於當時的數件重大變化：除了義大利的文藝復興、路德與英格蘭的宗教改革之外，還包括基督教與伊斯蘭教之間的衝突，以及當時最有權勢的查理五世在日耳曼與西班牙的權力繼承問題。

鄂圖曼蘇丹蘇里曼於一五二六年八月二十九日在莫哈克贏得的勝利，無疑是世界史上最具決定性的戰役之一。此時距離征服君士坦丁堡已有近四分之三個世紀，但是土耳其人再度出征。蘇里曼橫掃巴爾幹半島，於一五二一年攻下貝爾格勒城堡。攻佔十字軍騎士據守的羅德斯島之後，他在一五二六年準備入侵歐洲，於莫哈克一戰遭遇並摧毀了匈牙利的精銳武力，匈牙利是巴爾幹半島上最後一個能夠抵抗穆斯林的基督教國家。戰役結束後的大屠殺讓人毛骨悚然，在戰場上喪生或是投降後被勝利者殺害的計有匈牙利國王、兩位大主教、五位主教、匈牙利教會的大部分貴族，以及約三萬名官兵。從勝利宣言的字裡行間，我們看到蘇里曼這樣讚揚自己的宗教與政權：

感謝真主！伊斯蘭教再度旗開得勝，真主信條的敵人已被打敗，逐出他們的國家。真主賜予朕的光榮軍隊另一次大勝，過去著名的蘇丹、權傾一方的可汗、甚至先知預言中的武士都從未得到這樣的勝利，異教徒的國家已被連根拔起。讚美真主，祂是世界的主人！

土耳其人已經成為巴爾幹半島的主人，但是下一步呢？

如同一五二一年征服貝爾格勒之後的情況，蘇里曼在一五二六年的答案是帶領精銳部隊返回君士坦丁堡整補，三年之後才再度出征，越過多瑙河進入奧地利，圍攻維也納。此時查理五世的弟弟斐迪南（Ferdinand，本已掌控哈布斯堡王朝在奧地利與波希米亞的土地）已宣稱統治匈牙利王國剩下的土地，與外西凡尼亞的薩波亞（John Zapolya）為敵，後者的對策是轉向蘇里曼求助。蘇里曼體認到哈布斯堡王朝是他在中歐的主要敵人，於是同意幫助外西凡尼亞取得統治權，條件是薩波亞必須對鄂圖曼帝國進貢與效忠。雙方談妥條件之後，蘇里曼遂於一五二九年五月十日離開君士坦丁堡，率領一支多達七萬五千人的大軍出征。

意想不到的狀況在這時發生。一五二九年夏天正好是十年間最多雨的一次。據蘇里曼傳記的作者梅里曼（Roger Bigelow Merriman）所述，那年的降雨「時間長到嚴重影響此次戰役的結果」。如果我們把「嚴重影響」改成「決定」，將會更接近事實。由於大雨不斷，蘇里曼被迫在路上放棄對圍城至關重要的重砲；此外，他的軍隊在這種狀況下也無法以正常速度行軍，直到近五個月後，土耳其軍才抵達維也納的城門前。到了九月三十日（幾乎是作戰季節的尾聲），蘇里曼才派遣疲憊的部隊出戰，此時他必須面對延遲帶來的另一個後果：維也納人已有時間鞏固工事。他們利用夏天將守軍增加一倍，在兩萬三千名守軍中，有八千人只比土耳其軍早了三天抵達。蘇里曼的圍攻一無所成，於是決定在十月底退兵——根據他事後的說法，退兵原因是斐迪南已經逃走，攻下這座城市業已失去意義。

但是讓我們猜想，如果那年夏天不是如此多雨，或者蘇里曼更早發動進攻，例如在莫哈克會戰之後利用一五二七年少雨的夏天進攻。他在一五三二年的攻勢證明他可以輕易攻佔哈布斯堡王朝的土地，那年又是一個多雨的夏天，但是他將奧地利的史提利亞省夷為平地。不過，這回他倒是避開維也納，因為那裡聚集了梅里曼筆下「西歐有史以來兵力最多的一支軍隊」。如果他選在一五二七年（而非一五二九年或一五三二年）出兵，配合一切條件，以及哈布斯堡王朝準備較不充分的時機進攻呢？

第一，他非常可能會攻下維也納。第二，他很快就會得到西邊的新盟友。哈布斯堡王朝不但是全日耳曼名義上的統治者，還掌控著奧地利、波希米亞、荷蘭、大部分義大利乃至整個西班牙的大片土地，歐洲其他領袖對他們只有恐懼和憎恨。哈布斯堡王朝也許站在對抗穆斯林的第一線上，但這並不代表其他基督徒和他們站在一起，原因是哈布斯堡王朝的力量要比伊斯蘭教的威脅更大。事實上，就在莫哈克會戰那一年，教宗、法國與眾多義大利城邦組成柯納克（Cognac）聯盟，目的就是把哈布斯堡勢力趕出義大利。導致羅馬大劫掠的戰役就是查理五世的回應，但是假如維也納受到蘇里曼威脅，查理五世絕不敢發動這場戰役，柯納克聯盟很可能會利用皇帝的諸多問題與蘇里曼達成合作協議，為哈布斯堡王朝對義大利的一世紀半統治畫下句點。回頭來看，威尼斯人已在一五二一年與蘇丹簽訂貿易條約，法國人更在一五三〇年代與他結成盟友。雖然驕傲的教宗不會加入，但是其他義大利親王對於在一五二七年和蘇丹聯手對抗可憎的哈布斯堡王朝，絕不會比威尼斯人或法國人更加良心不安。

當查理五世在北邊為了蘇里曼焦頭爛額的同時，他在義大利的盟邦很快就會屈服於柯納克聯盟之下，這樣會對歐洲文化產生無比重大的影響，因為羅馬的藝術瑰寶和文化都不會遭受一五二七年的兵災。藝術史家兼畫家瓦薩利（Giorgio Vasari）在十年後調查羅馬大劫掠的影響，記下了傑出藝術家的悲慘遭遇。有的人被殺，有的人生活無以為繼，只好靠打工為生，其他人則逃離羅馬；無論遭遇如何，每個人的生活都受到重大影響。瓦薩利寫道：「暴力讓精細的靈魂墮落，並且忘記人生的主要目標。」另一位受害人瑟巴斯西諾．平波（Sebastiano del Piombo）寫道：「我似乎已經不是劫掠前的那個瑟巴斯西諾，我永遠無法找回那樣的心靈。」

即使是瓦薩利記載的一個溫暖故事——這樣的故事並不多——也沒有快樂的結局。偉大的畫家帕米吉尼諾（Francesco Parmigianino）無法完成《聖傑洛米》（*St. Jerome*）：

原因是一五二七年的羅馬大劫掠，這次悲劇不但中止了藝術的發展，更讓許多藝術家喪生。帕米吉尼諾也差點丟掉性命，因為當劫掠開始時，他正好全心投入畫作上。儘管日耳曼士兵已經闖入他家，他仍繼續作畫。這批士兵顯然很有教養，完全著迷於他的畫，因此讓他繼續畫下去……士兵是走了，但是帕米吉尼諾僅以毫髮之差躲過一劫。

帕米吉尼諾平安逃脫，回到老家帕瑪。無論瓦薩利是不是回應另一個老掉牙故事——羅德斯島被圍困時，一位藝術家告訴闖入的士兵，他假定他們來羅德斯島是為了打仗、而不是藝術吧——他的訊息都非常明顯。

以上這段故事絕非誇張。對於羅馬大劫掠最有研究的現代歷史學者沙斯特（André Chastel）指出，羅馬藝術因此停滯了一整個世代；不過，他承認那些逃亡者豐富了其他城邦的文化，尤其是藝術家的主要避難所威尼斯。值得一提的是，如果查理五世的軍隊沒有進入義大利，還會帶來另一個重要後果：查理五世將無法控制教宗，因此克萊門七世會同意亨利八世離婚，使得英格蘭仍然留在天主教國家的陣營中。

蘇里曼攻佔維也納對日耳曼產生的影響，無疑會讓以上狀況更容易發生。我們只要打開地圖，就可以發現奧地利首都淪陷對中歐未來的衝擊。想像蘇丹沿著多瑙河西岸進軍富裕的帕紹、雷根斯堡和奧格斯堡，攻下嚇壞的巴伐利亞王國。沿路的諸侯只好跟他妥協，向君士坦丁堡納貢與效忠，就像薩波亞在匈牙利的做法一樣，不然就要被迫支持查理五世。即使面對大敵入侵，加入查理五世陣營仍然不是唯一的選擇。西日耳曼甫於一五二〇年代初期爆發內戰，同一年代中期則發生農民叛亂，皇帝要求團結起來對抗土耳其的呼籲對這些諸侯效用不大。舉個例子，在討論土耳其進軍巴爾幹的諸侯會議上，大家決議在提供支持之前先派出代表收集事實，甚至連這個代表團也受到耽擱；一直到莫哈克會戰前一天，大家才投票同意代表團前往匈牙利。

然而，無論是和蘇里曼妥協或是團結起來保衛家園，日耳曼諸侯到一五二〇年代晚期都已經認清，他們無法再坐視宗教分歧存在下去。與虔誠的查理五世聯手可能代表中止對路德的支持，因為大多數人都知道聯合陣線不能包容宗教改革引起的敵意。失去重要的庇護者，再加上想要安撫教宗的查理五世，路德將會遭到孤立，信眾也會很快流失。至於路德本人或許會在遠離多瑙河的北方找到保護者，日後新的改革運動無疑還會興起，路德的影響只會延後，不會消失，但是中世紀歐洲的宗教情勢將大不相同，對歐洲國家更會帶來重大影響。

有件事情特別引人遐思。如果英格蘭與荷蘭仍是天主教國家，哈布斯堡王朝則放棄對義大利的野心，專心經營日耳曼與西班牙的領土，十六世紀後半的情勢必定大不相同。如果沒有宗教對立，西班牙不至於在基督教歐洲引起如此強大的敵對，可以專心在新世界拓展帝國領土。這樣的結果是，今天南北美洲所有人都會說西班牙文。只要那年夏天不是如此多雨……

彼得．皮爾森

如果神聖聯盟沒有動搖

如果一五七〇年時，年方二十的法國國王查理九世聽從內心意志，響應教宗庇護五世

（Pius V）的呼籲加入神聖聯盟對抗土耳其，會帶來什麼後果？結果他卻接受王太后凱瑟琳的謹慎忠告，以及科里尼（Coligny）將軍的建議，利用西班牙無暇他顧的機會，試圖為法國贏取更多土地。聯盟的艦隊於一五七一年十月七日在勒班多（Lepanto）贏得大勝，但是西班牙的菲利浦二世憂慮背後的法國，不敢趁勝追擊。統治奧地利的聯盟總司令唐・約翰（Don John，菲利浦二世的同父異母兄弟）只好在港內一直待到一五七二年，土耳其因此得以重建艦隊，敉平希臘的基督教叛亂。科里尼的胡格諾派（Huguenot，譯註：胡格諾派是當時法國天主教徒對喀爾文派教徒的稱呼）軍隊接著入侵西屬荷蘭，讓西班牙面對一場耗資高昂的兩面戰爭，迫使菲利浦二世減少在地中海的活動。等到唐・約翰動員神聖聯盟的全部兵力時，一五七二年的作戰季節已近尾聲，而他也一無所成。雖然科里尼喪命於八月二十四日的聖巴多洛穆日（St. Bartholomew's Day）大屠殺，法國卻依舊堅持與菲利浦二世作對的外交政策。

如果神聖聯盟如同唐・約翰所希望的在一五七二年初成立，而且陣容內包括法國騎士，希臘和巴爾幹半島可能會重回歐洲文明的懷抱；然而，巴爾幹半島一直被土耳其統治到十九世紀。對於當地基督徒的不斷動亂，皈依伊斯蘭教的當地人民與土耳其人的鎮壓手段一次比一次殘忍；影響所及，巴爾幹社會的對立與敵意遺害世界至今。

彼得・皮爾森（Peter Pierson）是加州聖塔克拉拉大學歷史教授。

8 繼續存在的阿茲特克帝國

假如西班牙人征服失敗，一五二一年六月三十日

羅斯・哈希格

一五二〇年代最重要的事件之一，當然是西班牙征服者柯提斯攻佔阿茲特克帝國首都提諾齊提特蘭（今日的墨西哥市）。人們最常問的是：為什麼這麼少的人能夠推翻整個帝國？答案之一是西班牙軍雖然只有約九百人，與他們聯手的卻有近十萬名原住民盟友，這些原住民亟於打敗壓迫他們的阿茲特克人。此外，疾病從來沒有在歷史上袖手旁觀，西班牙人帶來的天花在一年內殺死墨西哥四成的人口，死者包括阿茲特克國王在內。柯提斯本人無疑是一位傑出軍人與天生的冒險家，但是他也擁有難以置信的運氣。如同羅斯・哈希格所指出：「這次征服充滿了可能的轉捩點。」有好幾次機會，西班牙人差點在戰場上被阻擋或消滅。如同亞歷山大大帝的遭遇，由於一名手下犧牲自己的生命，柯提斯才僥倖逃過一劫。如果柯提斯被俘，必定會被送去獻祭，征服行動亦會隨之崩潰。時間和機會在此又再度展現它們的重要角色。

有個很少被提起的問題：如果柯提斯遭遇不測，或是這次遠征失敗，會帶來什麼後果？西班

牙會像西奧多・拉布在上一章提出的，將征服的目標轉向別的地方——例如北非——嗎？下一次遠征會更成功嗎？如果西班牙軍隊失敗，基督教會成功踏進新世界嗎？至於活人獻祭的做法呢？阿茲特克帝國會演變成什麼樣的國家？這樣一個完整的原住民國家日後會對美利堅合眾國造成什麼影響？

羅斯・哈希格（Ross Hassig）是奧克拉荷馬大學的人類學教授，以及關於阿茲特克帝國的權威之一。他的諸多著作包括《墨西哥與西班牙征服》（*Mexico and the Spanish Conquest*）、《古代中美洲的戰爭與社會》（*War and Society in Ancient Mesoamerica*）、《阿茲特克戰爭：帝國擴張與政治控制》（*Aztec Warfare: Imperial Expansion and Political Control*）。

柯提斯和他的部下越過堤道缺口，追擊逃跑的阿茲特克人，不料卻見到他們掉頭反攻。柯提斯與另外六十八名落入陷阱的西班牙人只好投降，留下路邊的眾多屍首。十名俘虜立刻被殺害，他們的人頭被拋回前線，引起鬥志全消的西班牙人一陣驚慌。另外五十八人被帶到高聳的大神廟上，在西班牙陣營的眾目睽睽之下，他們被迫在阿茲特克戰神胡茲洛波奇立（Huitzilopochtli）的神像前跳舞，然後一個接著一個被殺獻祭。西班牙人的心被挖出，臉和手的皮被剝下，準備曬乾後用來警告忠誠動搖的城鎮。在這一仗中，全憑克里斯托巴・奧里亞（Cristóbal de Olea）的英勇犧牲，柯提斯才得以保住生命。奧里亞衝上來殺死四名正要將柯提斯拖走的阿茲特克戰士，用自己的生命換取柯提斯的自由。他的勇敢決定了墨西哥的命運。

征服墨西哥的最後一仗發生在一五二一年八月十三日，西班牙人突破首都提諾齊提特蘭的最後一道防線，迫使阿茲特克人投降。此時，首都已是一片廢墟，西班牙的原住民盟友對戰敗的阿茲特克人連續搶掠殺戮了四天，造成數千人喪生。然而，西班牙的征服原本不會變成這樣，在許多機會點上，個人的決斷、壞運氣和錯誤決定都會扭轉這次征服的結果。

中美洲是由柯多巴（Francisco Hernández de Córdoba）發現的，他在一五一七年登上猶加敦半島，隨即與當地的馬雅人發生衝突，損失慘重地退走。接下來是格里亞伐（Juan de Grijalva）統領的一五一八年遠征，他在與馬雅人交戰之後，繞過猶加敦半島向北走，在維拉克魯茲（Veracruz）中部遭遇阿茲特克人。在格里亞伐返航以前，古巴總督維拉斯奎茲（Velázquez）已指派柯提斯率領第三次遠征，但是當柯提斯得知維拉斯奎茲想要撤換他之後，當機立斷下令出航，並且在一五一九年初帶著四百五十人抵達猶加敦半島。如果維拉斯奎茲總督成功在遠征隊出航之前撤換柯提斯，這次征服根本不會發生。

脫離維拉斯奎茲的掌握之後，柯提斯跟隨前兩次遠征的航線，抵達格里亞伐在維拉克魯茲中部的泊地。柯提斯在這裡受到帶來食物與禮物的阿茲特克官員歡迎，但是當西班牙人拒絕搬遷營地的要求之後，阿茲特克特使立即離開。如果阿茲特克以軍隊迎接西班牙人，這次遠征必定會就此結束。但是阿茲特克人並沒有這樣做，他們對海岸上的西班牙人置之不理以後，反而是當地的托托納克（Totonac）部落與西班牙人搭上關係，最後雙方結為盟友。托托納克王之舉並不讓人驚奇，阿茲特克帝國完全仰賴征服與威嚇來鎮壓反對者，對於地方統治者並不多加干涉。阿茲特克人並未設立帝國官署或派任官員，所以這套系統難以應付地方權力平衡的變化。西班牙人抵達正好帶來這樣的變化，托托納克人則立即掌握機會。

達成維拉斯奎茲授權的探險、接觸和貿易使命之後，許多柯提斯的部下都想返回古巴；如果他們離開，柯提斯剩下的人數會少得無法前進，這次征服也會以失敗收場。然而，柯提斯在今日的維拉克魯茲北邊數哩處建立里加鎮（Villa Rica），並且指派一個鎮議會，自行宣布由西班牙國王查理五世管轄此地。鎮議會接著宣稱維拉斯奎茲的權力不及於當地，然後選舉柯提斯為直屬於國王的船長，從此不再受總督節制。為了爭取皇室支持，柯提斯派出一艘船前往西班牙，載著他找到的所有黃金獻給國王。為了防止部下逃走，他將剩下的十艘船全部鑿沈，使得部下除了跟隨他別無選擇。柯提斯把六十至一百五十人留在維拉克魯茲，帶著三百名西班牙士兵、四十到五十名托托納克人和兩百名挑夫向內陸進發。

在前往提諾齊提特蘭的路上，西班牙人在特拉斯卡蘭（Tlaxcallan）省附近遭遇一小批武裝原住民。當他們上前想要抓住敵人時，卻發現遭到埋伏，靠著優勢火力才得以脫身。西班牙人在隔天遭受反覆攻擊，部隊有多人負傷，彈藥補給開始不足。柯提斯曉得自己正面對壓倒性的敵人，於是一再向特拉斯卡蘭人要求和談，雙方最後結為同盟。特拉斯卡蘭人擁有足以擊敗西班牙人的力量，如果他們繼續作戰，柯提斯的遠征必定會提早結束。但是，特拉斯卡蘭人也有和西班牙人合作的理由，他們正對阿茲特克人進行長期戰爭，目前已遭徹底包圍，失敗只是遲早的問題而已。西班牙人的到來提供了一個贏得戰爭的新方法。中美洲作戰的主要戰術是攻破對方陣線與迂迴側翼，這些都是困難的戰術，西班牙人的火砲、火繩槍、十字弓與士兵卻可以破壞敵人陣線。雖然西班牙人的人數不足以擴大戰果，這對特拉斯卡蘭人卻不是問題；雙方聯手之後，西班牙武器大幅提升了特拉斯卡蘭軍隊的力量。

西班牙人在特拉斯卡蘭停留十七天，然後向柯洛蘭（Chollan）省前進。雖然受到柯洛蘭人的歡迎，柯提斯卻宣稱發現柯洛蘭人打算與阿茲特克人聯手消滅他，於是把貴族集結在宮殿廣場屠殺殆盡。他的藉口毫無道理，因為柯洛蘭人最近才從特拉斯卡蘭轉投阿茲特克陣營，西班牙人進攻柯洛蘭正好為他們解決一個政治問題。柯提斯扶立一位新王，讓柯洛蘭再度加入特拉斯卡蘭陣營。兩週之後，柯提斯進入墨西哥河谷，於十一月八日抵達提諾齊提特蘭，受到國王蒙提蘇馬（Montezuma）的歡迎，住進已過世的阿薩亞卡特（Axayacatl）國王宮殿。蒙提蘇馬的父親阿薩亞卡特是一四六八年至一四八一年統治阿茲特克的國王。

提諾齊提特蘭是一座人口至少二十萬人的島城，經由三處堤道與陸地連接，這些堤道都可以迅速破壞。柯提斯知道自己的情勢危急，於是一週內就逮捕蒙提蘇馬，以他的名義統治達八個月之久。

維拉斯奎茲總督知道柯提斯的我行我素之後，派遣納瓦耶茲（Pánfilo de Narváez）率領十九艘船艦與八百多名士兵，前往維拉克魯茲逮捕柯提斯。柯提斯得到消息以後，在五月底帶領兩百六十六名士兵前往海岸，高明地先以假行賄鬆懈對方戒心，再一舉擊敗納瓦耶茲。

在此同時，帶著八十名士兵留在提諾齊提特蘭的阿瓦拉多（Pedro de Alvarado）宣稱得知阿茲特克人的反叛企圖，於是在大神廟庭院的四個入口放置火砲，屠殺了八千到一萬名手無寸鐵的阿茲特克貴族。屠殺的消息立即傳開，憤怒的民眾殺死七名西班牙人，造成多人受傷，並將剩下的西班牙人包圍在住處之內。柯提斯得知暴動消息後，馬上帶著一千三百名西班牙人與兩千名特拉斯卡蘭人兼程趕回，於六月二十四日抵達提諾齊提特蘭。

柯提斯進城之後，阿茲特克人立即升起堤道上的橋樑，困住西班牙人。眼見補給即將耗盡，要靠談判或武力出城又不可能，柯提斯於是將蒙提蘇馬帶到屋頂上，命令他的子民停止攻擊。但這招一點用處都沒有，國王很快就喪命，不是死於原住民投來的石頭就是死在西班牙人之手。

柯提斯下令在堤道橋樑的斷口搭建木樑，然後利用六月三十日午夜前的暴雨開始脫逃。他們很快就被發現，只有三分之一的人成功逃走。柯提斯安全抵達特拉斯卡蘭，但是損失八百六十五名西班牙人與一千多名特拉斯卡蘭人。如果阿茲特克人繼續追擊逃脫的西班牙人，倖存者必定所剩無幾；四百四十名生還的西班牙人休息三個星期之後，在八月初再度出發，征服附近的阿茲特克部落城市。

原住民還要面對一個新的非軍事威脅。納瓦耶茲的遠征隊帶來的天花正在橫掃墨西哥中部，一年內就消滅墨西哥四成的人口。病死者包括蒙提蘇馬的繼任人庫特拉華（Cuitlahua）國王，他僅只在位八十天。雖然天花對阿茲特克與敵對的原住民造成一場大難，人口減少並不會直接帶來征服，卻已足以造成政治上的混亂：庫特拉華駕崩之後由庫奧特莫（Cuauhtemoc）接任，後者是阿茲特克帝國在半年內的第三任國王。

柯提斯第一次進入提諾齊提特蘭時，曾被圍困在城內，這回他打算以其人之道還治其人之身。柯提斯下令在特拉斯卡蘭建造十三艘雙桅帆船，帆桅則取自被鑿沈在維拉克魯茲的船隻。在整個遠征期間，不斷有生力軍抵達海岸，此時柯提斯麾下的兵力已達四十名騎兵與五百五十名步兵。在一萬名特拉斯卡蘭戰士隨行下，他帶領部下重回墨西哥河谷。

然而，柯提斯最重要的勝利是得自政治方面。自一五一五年以來，帝國第二大城特茲可可（Tetzcoco）就陷入爭奪王位的政治分裂之中。卡卡馬（Cacama）在阿茲特克人支持下取得王位，但是另一位爭奪者伊斯利索奇托（Ixtlilxochitl）掀起內戰，佔據特茲可可北方地區。當柯提斯進入河谷時，伊斯利索奇托趁機與他結盟，使得卡卡馬聞風而逃。伊斯利索奇托的支持讓西班牙人得到一處堅強據點和安全的後勤基地，柯提斯得到河谷內反阿茲特克的城市支持，並與阿茲特克戰士進行一連串戰鬥。由於提諾齊提特蘭須由船隻補給，柯提斯必須先贏得湖面控制權。特拉斯卡蘭切割的木材於二月一日左右運抵特茲可可，西班牙人隨即開始造船。柯提斯的船隊於一五二一年四月二十八日出發，每艘四十呎長的船上有十二名槳手、十二名十字弓手或槍兵、一名船長，以及一名操作船首火砲的砲手。他們在數千艘原住民獨木舟的支援下包圍提諾齊提特蘭，切斷食物與飲水的供應。

此時西班牙軍的人數只略多於九百人，不在船上的人則被分成三隊，每隊人數不到兩百人，各由兩萬到三萬名原住民戰士「支援」。五月二十二日這天，阿瓦拉多率領一隊前往特拉柯潘（Tlacopan），奧立德（Cristóbal de Olid）率領一隊前往柯猶華肯（Coyohuacan），桑多華（Gonzalo de Sandoval）率領另一隊前往伊斯特拉帕拉潘（Ixtlapalapan）。切斷三條通往首都的幹道之後，西班牙人沿著堤道進攻，利用堤道的狹窄正面集中火力。阿茲特克戰士築起工事，派出獨木舟自兩側攻擊西班牙人。但是柯提斯成功突破堤道，讓己方船隻通過，並且逐退敵人獨木舟。阿茲特克人的對策是在湖底布下尖樁，限制對方船隻的活動。

這次征服充滿可能的轉捩點，而且絕不限於之前已提到的。但是最可能的一次，也是最不需要改變史實的一次，發生於一五二一年六月三十日，當時西班牙人和盟友已經對提諾齊提特蘭的堤道進攻達一個多月。為了阻擋西班牙人，阿茲特克人在這場來回衝殺的戰役中建築工事、移除橋面、破壞部分堤道。每當西班牙人越過缺口時，阿茲特克戰士就加緊反攻，利用敵人無法輕易增援或撤退的機會圍困敵人。為了避免這種情況發生，柯提斯下令在缺口沒有填補前不可越過。

但是在六月三十日，阿茲特克的防線似乎即將崩潰，西班牙人終於越過特拉柯潘一道尚未填補的缺口。阿茲特克戰士眼見計謀得逞，立即轉身圍困敵人，抓住六十八名西班牙俘虜，死者數目更甚於此。這六十八人全被殺害獻祭，許多柯提斯的盟友眼見苗頭不對，紛紛逃離戰場。西班牙人總算通過這次考驗，並且找回盟友，但是差點就輸掉這一戰。

如果奧里亞沒有犧牲自己的生命拯救長官，柯提斯一定會被俘獻祭，原住民盟友很可能一去不返。西班牙軍指揮官有三位副手，但是沒有一位是明顯的接任人；而且，西班牙人並不是完全團結在柯提斯的指揮下，他必須對部下一再威脅並好言相勸，甚至兩次下令以試圖逃跑的罪名吊死西班牙士兵。柯提斯喪生之後，西班牙軍的團結會立時瓦解，這次遠征會以失敗收場。這樣的話，西班牙人會採取什麼行動？

失去盟友的西班牙人會暴露在湖岸上，單憑己力勢必無法長時間挺住阿茲特克人的猛攻。柯提斯喪生之後，西班牙軍的派系不合會浮上枱面，因為軍中沒有一位如此堅決與無情的領袖。沒有眾多原住民的支持，毫無希望的西班牙人有三個可能選擇：他們可以繼續作戰，但是結果會全軍覆沒；他們可以集體投降，但是就算沒有全部被殺，大部分人也不會活命；或者可以試圖有組織地撤退，但是往哪裡撤退呢？他們在一年前成功從提諾齊提特蘭溜走，這回阿茲特克人不會再犯同樣錯誤。更重要的是，當時特拉斯卡蘭還是西班牙人盟友，現在卻很可能棄他們於不顧。所以，西班牙人唯一的希望是拋棄全部重裝備，走上前往海岸、穿越敵人領土的兩百哩長路。他們根本不可能走完這段路。由於部隊離心離德，指揮權沒有統一，西班牙軍很可能開始分崩離析，遭到各個消滅的命運。唯一的問題是會有多少西班牙人存活。少數人或許可以抵達海岸，上船回到古巴，但是大部分人會在沿路的戰鬥中喪命，只有少數幸運者會被俘生還，或是被經過的盟友搭救。這次遠征就此告一段落。

西班牙對這次失敗會有什麼反應？我們關心的不是在墨西哥的生還者想法，而是在西印度群島與西班牙本土的想法。根據橫越大西洋的航行季節推算，柯提斯失敗的消息要到一五二二年夏末或秋天才會傳到西班牙，任何反應都要到隔年夏天才會傳回西印度群島。新世界的征服與殖民擁有皇室支持，但這並非由軍方背書的政府計畫，所以西班牙不太可能採取軍事行動；然而，柯提斯喪生與遠征慘敗正好方便政府與遠征畫清界限。由於柯提斯違抗維拉斯奎茲總督的命令，等於違抗國王旨意，失敗的消息傳來之後，皇室會大力支持總督的立場。

墨西哥的文明、土地與財富不是西班牙與西印度群島的官吏所能忘卻的，但是由於維拉斯奎茲擁有皇室支持，西班牙的反應可能是回到總督原本的貿易計畫，不再發動征服。為了證明原本的計畫並迎合當前的政治局勢，維拉斯奎茲可能會在皇室支持下嚴厲執行此一政策。西班牙也許會在海岸建立一個貿易中心，就像澳門在十六世紀負責葡萄牙對中國與日本的貿易利益一樣。西班牙是否願意只限於貿易關係，還有在維拉斯奎茲於一五二四年過世之後，這樣的關係能否長久維持，都是值得懷疑的問題。如果西班牙想要再次征服墨西哥，很可能是許多年以後的事：加勒比海的其他探險已經用掉所有的人力和物力，西印度群島的西班牙成年男性人口需要多年時間，才能從柯提斯遠征損失兩千人的打擊中恢復過來。此外，如果沒有新世界的新機會，征服墨西哥之後的西班牙移民潮也許不會發生。在政治和軍事上，西印度群島的西班牙人將陷入非常不利的處境。他們的精力從一五二〇年代晚期開始投入征服印加帝國，這次征服受到印加內戰以及從巴拿馬的西班牙村落傳入安地斯山脈的嚴重天花之助，被征服的祕魯會吸引許多西班牙移民，那裡的財富無疑會引起西班牙人再次覬覦墨西哥的財寶。

西班牙的重新進軍只會延遲而已，但是阿茲特克帝國戰勝後的反應還沒有解決。他們會退回過去的狀況嗎？不太可能。即使阿茲特克贏得勝利，西班牙人的出現已經徹底改變了墨西哥。一五一九年至一五二〇年的天花造成重大打擊，但是如果沒有大量西班牙人口出現，一五四五年至一五四八年和一五七六年至一五八一年的傷寒大流行就不會發生，或者至少不會那麼快發生。由於眾多領袖死於戰爭或疾病，繼任人的不同性格已為阿茲特克的政治版塊帶來重大變化。王國與鄰近城邦的政治結構尚稱完整，但是許多統治者在戰時換邊的舉動無疑會在戰後帶來報復。

那些依靠西班牙／特拉斯卡蘭支持上台的各地國王政治前途堪虞，許多國王會被效忠阿茲特克的貴族取代，加入特拉斯卡蘭陣營的城市很可能倒向阿茲特克。在此同時，特拉斯卡蘭內部的分裂可能導致親西班牙的國王下台，他的繼任人必須加入阿茲特克同盟，以免遭到征服的命運；在此之後，其他背叛者會被輕易、明快地解決掉。就人口與權勢而言，阿茲特克在這次事件後會變得更加脆弱，但是在換掉忠誠有問題的君王之後，阿茲特克會在政治上變得更強大。

這對西班牙的下一次入侵會造成什麼影響？在第一次入侵中，柯提斯利用阿茲特克帝國的整合不當，向其死對頭特拉斯卡蘭招募盟友。敉平特拉斯卡蘭之後，阿茲特克會鞏固自己的聯盟、消除彼此間的敵對嗎?阿茲特克帝國是個鬆散的組織，帝國境內擁有發達的道路和挑夫系統，使得各種貨物能在市場之間順暢流通，但是並沒有一個強力的政治組織凝聚各城市；相反地，一旦阿茲特克出現軟弱跡象，各地諸侯就有叛變機會。此外，雖然各城市的文化相同，但是彼此間沒有一致的宗教或意識型態；統治者之間的通婚固然造就出某些忠誠關係，但是這些關係需要多年時間培養。在缺乏其他緊密整合全國的工具之下，阿茲特克人無法立即創造出堅實的聯合陣線，對抗下次西班牙入侵。

就算阿茲特克人無法重組帝國，他們還有兩個選擇：採取攻勢，或是採用新武器和戰術。由於西班牙人曾在墨西哥河谷建造和使用船隻，有些船隻可能在逃跑時被放棄在維拉克魯茲，理論上阿茲特克人可以利用這些船隻對西印度群島發動反攻。不過，在墨西哥沒有人會操帆，而且阿茲特克人對西印度群島的地理一無所知，因此阿茲特克戰士攻佔哈瓦納的景象不太可能發生。如果西班牙想從別的方向發動反攻，阿茲特克南方只有一些小的原住民城邦，規模不足以支持西班牙人，北方則是難以越過的危險沙漠。所以，阿茲特克唯一可行的攻勢作為，就是長期巡守墨西哥灣沿岸，等待西班牙人出現，然後將他們趕回海中。不過，隨著年復一年平安地過去，這項耗資高昂的任務可能會漸漸鬆懈下來。

但是柯提斯的征服行動無疑影響了阿茲特克人的戰術。西班牙人引進的新武器包括馬匹（以及騎兵）、大砲、火繩槍與十字弓。如同第一次逃離首都的情形，這回西班牙人會留下一些大砲，但是這回阿茲特克人不會像上次一樣摧毀它們。其他可能落入阿茲特克人手中的武器包括劍、盔甲、十字弓、火槍、甚至馬匹，但是這些對阿茲特克人有何意義？他們曾使用俘獲的劍和十字弓對抗柯提斯，可見即使阿茲特克人不會鑄鐵，無法修復或複製這些武器，他們的軍隊仍有能力運用這些武器。事實上，阿茲特克人已有自己的寬劍、矛、弓和盔甲，與柯提斯同盟的原住民已學會製造銅箭矢，為十字弓的箭提供無限供應。大砲和火繩槍需要火藥，雖然當地可以提供所有火藥的原料，阿茲特克人卻對其成分一無所知。但是他們可以學會騎馬，這點提供了阿茲特克騎兵隊成軍的可能性，美國人日後就在大平原上遇到類似的原住民騎士。西班牙人若是在維拉克魯茲建立貿易中心，刀劍和槍枝都有可能流入阿茲特克人手中——無論得到官方的准許與否。但是，要讓這些武器發揮效用，阿茲特克人需要倖存的西班牙人教導才行。

投效敵營其實已有前例。貴雷羅（Gonzalo Guerrero）在一五一一年於猶加敦半島發生船難後加入馬雅陣營，最後成為馬雅的部隊指揮官。儘管柯提斯一再懇求，貴雷羅始終拒絕加入西班牙軍。更重要的是，當時的西班牙還是一個剛剛誕生的個體，國王查理五世在荷蘭長大，根本是個外國人，許多西班牙人效忠的對象是城市、省分，而不是「西班牙」。而且，許多參加遠征的是葡萄牙人或義大利人，所以改投對方陣營是可以想像、可能、甚至必須的——如果他們不想被獻祭給阿茲特克神祇。但是，西班牙人可以教會阿茲特克人哪些尚未在作戰中學到的知識呢？答案是使用武器。舉例來說，西班牙的鋼劍有刀鋒和尖端，可以用來砍和刺，阿茲特克人則使用橡木製的寬劍，上有黑曜石製的刀鋒，只能用來砍殺。阿茲特克人甚至可以製造火藥，因為三種主要成分在當地都可以找到，不過他們能否使用炸藥則是另一個問題。除了引進新武器之外，如果阿茲特克人能完全學會西班牙武器和戰術的優缺點，必定可以改進自己的戰略和戰術。

西班牙俘虜能教給阿茲特克人的主要是改進，後者早已了解基本的知識。相較於戰術的進步，這些西班牙武器會對政治環境造成更大的影響。特拉斯卡蘭人最初與西班牙人結盟，就是發現這一小群人可以擔任突擊隊，穿越並破壞敵人防線，這是他們原有武器和戰術辦不到的。西班牙人的出現讓特拉斯卡蘭軍隊擁有決定性的優勢，但是在得到俘獲的西班牙武器之後，阿茲特克人也會擁有同樣的優勢。

如果西班牙人發動第二次進攻，眾多阿茲特克部落和盟邦恐怕不會比上一次團結，但是西班牙人不會再得到上次那樣的大好機會。當然，西班牙軍仍然可以擔任突擊隊，但是任何考慮與西班牙人聯盟的原住民都知道，擁有西班牙武器的阿茲特克人也會使用同樣的戰術。考慮到雙方軍隊的規模，勝利肯定是阿茲特克的。

等到西班牙人掌控安地斯山脈的人民，以疾病和剝削摧毀這些原住民之後，他們會在一五三〇年代中期或晚期重新進軍墨西哥，但是最好的時機已經過去了，西班牙只會找到少數盟友。面對強大的阿茲特克人，幸運的西班牙人會被逐回海上──其他人的人頭則會被掛在提諾齊提特蘭的神廟柱子上。再度發動遠征所需的人力、物力與馬匹都不是西印度群島能夠提供的。

時間會改變雙方的情況。雖然各城邦缺乏一致的泛墨西哥意識型態，南美洲原住民的命運早晚會傳到提諾齊提特蘭，在當地造成過去沒有的同仇敵愾，並且在政治和軍事上表現出來。

西班牙人的活動只限於貿易和傳教，得自搶掠秘魯的金銀仍會流入西班牙國庫，但是西班牙的動物和工具很快會被阿茲特克貴族採用，然後漸漸擴及一般人的生活，建立當地的牲畜和手工藝工業。這些事業雖然會由貴族掌控，帶來的利益卻還是會遍及整個社會。舉例來說，原住民的紡織業很快就採用了羊毛，原住民工匠製造和修理的產品原料則加入銅和鐵。此外，原住民經濟的成長會鞏固當地統治者的地位，讓西班牙殖民者更無機可乘。

西班牙人的入侵會受到阻止，但是傳教士會逐漸打進當地社會。面對官方支持的當地宗教以及發展中的學校系統，改變信仰的人數目會更少。西班牙傳教士帶入墨西哥的還有拉丁字母，如果各階層民眾都學會使用字母，將會帶來社會的動盪，所以當地貴族一定會掌控字母的知識，藉以加強自身的政治力量。但是，當地可能會出現更接近基督教的文化，即使不憑武力，傳教本身已足以造成影響，甚至終止活人獻祭的習俗；當地宗教也許不會成為一神教，但是基督教的上帝會與一或多個當地重要神明結合，佔有高於其他神祇的地位。

隨著當地經濟更加繁榮，還有發展出一套類似基督教的宗教，墨西哥會變得更難以征服。墨西哥可以成為地方強權，如果和歐洲人的有限接觸可以讓原住民具備疾病免疫力，而且日後能夠阻止歐洲人蠶食鯨吞，墨西哥將得以逃過中美洲與北美洲的歐洲殖民地擴張。這樣的國家會很像今日的墨西哥，只是國境僅限於墨西哥中部，這個國家會堅守原住民文化，但是可以從王國轉型為立憲君主制度。如果這種情況真的發生，美國的西進將提早受到阻礙——或許會停在密西西比河，因為法國無法佔有西岸的土地，日後再賣給美國。美國領土會比今日更小，緊鄰一個由真正美洲人組成的國家。

9 逐退英格蘭火船

假如西班牙無敵艦隊真的無敵，一五八八年八月八日

喬佛瑞・帕克

在歷史上，一五八八年西班牙無敵艦隊的失敗包括了會合失誤、火船猛攻破壞艦隊陣形、一場迫使西班牙船艦駛入北海的海戰，以及在風暴中環繞英倫三島等故事，三分之一的船艦與一半艦上官兵再也沒有回到西班牙。

我們都忘了西班牙國王菲利浦二世曾經多麼接近勝利。這位世上第一個「日不落國」的統治者決心推翻英格蘭的新教女王伊莉莎白，讓她的國度再度重回天主教懷抱。他希望結束英格蘭干涉西班牙統治下的荷蘭，還有阻止伊莉莎白女王在新世界取得立足點。為了這些目的，他派出一支擁有一百三十艘船艦的龐大艦隊，準備與帕瑪公爵麾下曾參與鎮壓荷蘭叛亂的大軍會合，然後載送這支軍隊在肯特（Kent）登陸。但是在加萊（Cakaus）海岸外，英格蘭艦隊搶先攔截無敵艦隊——整個故事就從這裡開始。如果一五八八年八月七日至八日夜晚的風向不同，使得英格蘭火船和戰艦無法接近無敵艦隊呢？如果無敵艦隊一直等待，直到帕瑪公爵和他的部隊抵達呢？如果

他們知道英軍的砲彈已經用盡呢？如果帕瑪公爵的部隊真的在肯特登陸呢？證據顯示，能征慣戰的西班牙軍會一路直搗倫敦，抵抗他們的只有心驚膽戰的士兵與裝備窳劣的民兵，菲利浦二世或許會輕易達成他的目標。但是，根據喬佛瑞・帕克的看法，他是他自己最大的問題。

喬佛瑞・帕克（Geoffrey Parker）是俄亥俄州立大學歷史教授，著作包括《荷蘭革命》（*The Dutch Revolt*）、《菲利浦二世》（*Philip II*）、《軍事革命》（*The Military Revolution*）、《西班牙無敵艦隊》（*The Spanish Armada*，與柯林・馬丁〔Colin Martin〕合著），最新著作是《菲利浦二世的大戰略》（*The Grand Strategy of Philip II*）。他是《軍事史讀者指南》（*The Reader's Companion to Military History*）的編輯（與羅伯・考利合編）。

如果某些英格蘭歷史學者如願以償，八月八日應該訂為英格蘭國定假日，因為在一五八八年這一天，伊莉莎白女王的都鐸海軍擊敗了菲利浦二世攻佔英格蘭的企圖。西班牙無敵艦隊的失敗使得美洲大陸對西北歐國家的入侵與殖民敞開大門，導致日後美國的誕生。

當時菲利浦二世統治著西班牙、葡萄牙、半個義大利、大部分荷蘭，以及全球各地的西班牙殖民地——從墨西哥到馬尼拉、澳門、麻六甲、印度的果阿（Goa）、莫三鼻克與安哥拉——轄下是一個真正的「日不落帝國」。此外，哈布斯堡王朝的魯道夫二世（Rudolf II）是他的堂兄，這位在西班牙宮廷長大的君主轄有日耳曼與奧地利。法國天主教領袖桂斯公爵（Duke of Guise）是西班牙的盟友，無條件支持菲利浦二世的計畫。唯一的麻煩來自西北歐的荷蘭，自從反西班牙叛亂於一五七二年爆發以來，荷蘭與濟蘭（Zealand）兩省就抗拒他的統治，儘管投入大量的人力物力，菲利浦二世還是無法解決這個問題。荷蘭人的堅決抵抗讓菲利浦二世與駐荷蘭總司令大為光火，後者正是國王的姪子帕瑪公爵法尼斯（Alexander Farnese）。他們逐漸認定，若不是英格蘭的支持，荷蘭叛亂不會持續如此之久。在一五八五年秋天，菲利浦二世決定把軍事目標從收復荷蘭與濟蘭轉為攻佔英格蘭。對於推翻伊莉莎白女王，改以另一位合適的天主教君王取而代之，其他天主教友邦紛紛表示支持。托斯卡尼提供一艘船和一筆捐款，曼圖亞（Mantua）提供無息貸款，教宗捐贈一大筆資金，並且保證完全赦免所有參與者。

在此同時，國王的軍事幕僚開始擬訂入侵計畫。一五八六年夏天，菲利浦二世收到一份地圖，上有註記說明不同入侵計畫的優劣點。地圖作者艾斯卡蘭特（Bernardino de Escalante）認為對英格蘭西北部（艦隊繞過蘇格蘭進入愛爾蘭海）或威爾斯發動海上登陸都過於危險，他提出一個聯合作戰計畫：一支大艦隊將由里斯本出發，載運遠征軍前往愛爾蘭南部，同時帕瑪公爵將率領駐荷軍對英格蘭南部的肯特發動突襲。這支部隊將利用英格蘭海軍出動保衛愛爾蘭的時機，搭乘一支小型運輸船隊越過海峽。菲利浦二世僅對計畫做了一項改變——後來證明是個致命改變——他命令從里斯本出發的艦隊必須駛向荷蘭，然後護衛帕瑪的軍隊越過海峽。他相信這支艦隊必將所向無敵：如果伊莉莎白女王的海軍試圖插手，肯定會遭到擊敗。帕瑪公爵只需艦隊抵達，就可大功告成。

對於部隊登陸後的行動，菲利浦二世發布了詳盡命令。西班牙軍必須穿越肯特，迅速拿下倫敦（最好連伊莉莎白女王與她的朝臣一起），希望英格蘭邊疆與愛爾蘭長期受打壓的族群會起而叛亂。如果天主教叛亂沒有爆發，或是倫敦未能失陷，帕瑪公爵必須利用他的軍力逼迫伊莉莎白女王接受三項條件：寬容羅馬天主教信仰、英格蘭船隻不可進入美洲水域，以及英格蘭軍撤出所有佔領的荷蘭城鎮。

整個作戰的第一階段大致依照計畫進行。在希多尼亞公爵（Duke of Medina Sidonia）指揮下，一百三十艘船艦於一五八八年七月二十一日發航——這是北歐有史以來最強大的艦隊——準備與帕瑪公爵麾下的兩萬七千名部隊會合，西班牙軍的三百艘運兵船艦已在西北歐港口內集結。無敵艦隊在七月二十九日進入海峽，儘管受到英格蘭海軍一再攻擊，這支艦隊仍在八月六日井然有序地於加萊外海下錨，此地距敦克爾克（Dunkirk）僅有二十五哩遠。然而，帕瑪公爵直到同一天才得知艦隊接近的消息，儘管部隊在八月七日開始登船，卻還是慢了一步。前一天夜晚，英方發動一次火船攻勢，成功破壞無敵艦隊的陣形。在八月八日的激烈決戰中，伊莉莎白女王的戰艦讓西班牙船艦蒙受慘重損失，迫使敵人艦隊北駛遠離會合地點。

無敵艦隊才剛進入北海，西班牙軍內部就開始爭執問題出在哪裡。波巴迪拉（Don Francisco de Bobadilla，希多尼亞公爵的軍事顧問）寫道：「艦隊的每個人都在說：『我早就講過吧！』或是：『我就知道會這樣。』這就像馬兒跑掉以後才去鎖上馬廄的門一樣。」對於慘敗的原因，波巴迪拉一方面承認：「我們在戰鬥中發現，敵人船艦在設計、火砲、砲手、船員等方面都勝過我方一籌……所以可以對我們為所欲為。」另一方面，大部分西班牙船艦嚴重缺乏彈藥。「儘管如此，公爵還是把這支艦隊帶到加萊泊地下錨。如果在我們抵達的那天，帕瑪公爵〔帶著他的軍隊〕同時抵達的話，我們早就發動進攻了。」

第一位認真考慮這些問題的英格蘭歷史學家是拉利（Walter Raleigh）爵士，他在一六一四年出版的《世界史》（*History of the World*）一書中完全同意以上看法。他寫道，英格蘭「完全沒有兵力抵抗帕瑪公爵登陸英格蘭的大軍」。從一五七二年以來，西班牙的法蘭德斯軍團一直不間斷地與荷蘭作戰，早已磨練成一支能征慣戰的勁旅；有些老兵已經服役達三十年，部隊擁有久經戰陣與思考靈活的軍官。過去十年內，他們征服了叛亂的法蘭德斯省與布拉班特省，最傑出的成就是在一五八七年八月，他們面對荷蘭與英格蘭精銳部隊的奮勇抵抗，成功攻下史呂港（Sluis）。接下來一年，帕瑪公爵一絲不苟地擬訂出登船計畫，包括每個單位從營區到港口的行軍路程與順序，甚至還進行過兩次操演。無敵艦隊抵達之後，兩萬七千名參與入侵的大軍立即在三十六小時內完成登船——這對任何時代的陸軍都是一大成就——足證部隊與指揮官的作戰效率。

帕瑪公爵的問題是缺乏足夠軍艦保護部隊越過海峽時不受荷英軍艦攻擊，以及缺乏圍城用的重砲。菲利浦二世已預見這兩個問題。對於第一個問題，無敵艦隊陣容內包括四艘火力強大的大型槳划戰艦，它們可以利用吃水淺的優點，趕走封鎖西北歐港口的荷蘭船艦。至於第二個問題，西班牙艦隊載來十二門四十磅圍城砲及全部相關器材，讓帕瑪公爵的部隊擁有充足火砲支援。

英格蘭東南部少有城鎮與城堡能夠抵抗這種武器的威力，只有構造堅實的城牆加上寬廣的護城河保護，才能抵擋重砲轟擊；在英格蘭東南部，僅有米德威河（Medway）的艾普諾（Upnor）城堡擁有這樣堅固的保護，肯特的大城（坎特伯里與羅徹斯特）仍然仰賴中世紀的城牆。在西班牙軍預定的灘頭馬爾蓋特（Margate）到米德威河之間，完全沒有防禦工事，單憑艾普諾城堡根本無法阻止帕瑪公爵的大軍。菲利浦二世真是挑上了敵人最脆弱的地方。

面對這樣容易的障礙，帕瑪公爵大可迅速進兵。當公爵在一五九二年率領兩萬兩千人進攻諾曼第時，儘管面對數量優勢敵人的頑強抵抗，還是在六天內進兵達六十五哩。這回，入侵者應該可以在一星期內走完灘頭到倫敦的八十哩路程。倫敦本身也是個防禦脆弱的目標，因為首都的防務仍然仰賴中世紀城牆。這點從一五五四年的叛亂以來就沒有改變，當時魏特（Thomas Wyatt）爵士率兵起事，抗議瑪麗・都鐸（Mary Tudor）——伊莉莎白女王的同父異母姊姊和前任英格蘭女王——與菲利浦二世成婚。叛軍越過肯特，在首都西邊渡過泰晤士河，不受阻攔地通過西敏寺，經由艦隊街一路進抵城牆下，缺乏火砲的魏特在這裡終於失去鎮定。

然而，帕瑪公爵很清楚一個城鎮的工事並非永遠是決定性因素。幾處荷蘭城鎮雖然只有過時的工事，但是在受困軍民的奮勇抵抗下，照樣未被攻克；相反地，數處擁有堅強防務的據點卻輕易被西班牙人攻下，原因是城內的市民、守軍或指揮官接受賄賂。一名在荷軍服務的英格蘭軍官聽到又一座城池輕易淪陷之後寫道：「每個人都知道，在身居要職的叛國賊心中，西班牙國王的金條能比圍城砲打開更大的缺口。」伊莉莎白女王駐荷蘭的部隊在這方面記錄尤其不佳。一五八四年間，駐阿斯特（Aalst）的英格蘭守軍以一萬英鎊向帕瑪公爵投降。一五八七年間，史坦利（William Stanley）爵士與羅蘭・約克（Roland Yorke）率領七百名英格蘭與愛爾蘭士兵，把託交他們防守的地方（德文特與一處俯瞰祖特芬的堡壘）獻給帕瑪公爵，並且加入西班牙陣營對抗過去的友軍。

伊莉莎白女王與朝臣仍然對英格蘭遠征軍信任有加，在戰爭前夕從荷蘭召回四千名官兵，成為反入侵部隊的核心。英方的後勤主官是羅蘭・約克的兄弟，排名第三的指揮官羅傑・威廉斯（Roger Williams）爵士曾於一五七〇年代在荷蘭為菲利浦二世而戰。我們當然不能排除某些人會效法他們在低地國的同胞、準備將城池賣給帕瑪公爵的可能性。

然而，伊莉莎白女王沒有別的選擇，她必須仰賴來自荷蘭的遠征軍，英格蘭幾乎沒有上過戰場的部隊。倫敦的地方部隊從三月以來每週操練兩次，屆時或許會有不錯的表現（不過，有些人甚表懷疑），但是對英格蘭各郡民兵沒有什麼可以指望的。只有少數民兵擁有火器，而且有些人只領到發射三、四發子彈的火藥。南方各郡民兵軍紀敗壞，指揮官擔心「在攻打敵人之前，他們會開始自相殘殺」。此外，女王必須在蘇格蘭邊界部署六千名軍隊，以防詹姆士六世加入西班牙陣營——英格蘭去年才處決了詹姆士六世的母親瑪麗・斯圖亞特・伊莉莎白。

英格蘭所有的準備進度嚴重落後。女王於七月二十七日下詔動員南方民兵——此時無敵艦隊已接近海峽——而且他們奉命移往艾塞克斯郡的提爾伯瑞（Tilbury），距離菲利浦二世選定的灘頭有七十哩遠，中間還隔著泰晤士河。英方在這條河上布下一道阻止敵艦的欄木，但是碰上第一次漲潮就告斷裂，再也沒有修復；一道連接艾塞克斯與肯特，供英軍使用的浮橋根本沒有完成。在英軍防務核心的提爾伯瑞，一直到八月三日才開始構築工事。當無敵艦隊於三天後在加萊外海下錨時，駐守肯特的部隊開始集體開小差。話說回來，這支部隊原本就只有四千人而已，想要利用他們擋住久經戰陣的西班牙軍根本不切實際，而且英軍完全沒有明確的戰略。當地指揮官史考特（Thomas Scott）爵士主張將部隊沿海岸展開，「在海邊對抗敵軍」；但是，英格蘭東南總司令諾里斯（Sir John Norris）爵士較為謹慎，他希望只在海岸部署少數部隊，將主力撤至坎特伯里固守，「阻止敵人迅速進兵倫敦或國家中心」。

英格蘭的缺乏準備與混亂要歸咎於國庫空虛與國際孤立。由於伊莉莎白女王無法在國內或國外借到資金（與西班牙戰爭造成國內經濟衰退，大部分歐陸金主認為西班牙會獲勝），迫使她將所有反登陸計畫拖到最後一刻才執行，以節省軍費。女王的財政大臣在一五八八年七月二十九日報告，他的桌上堆有四萬英鎊的帳單，「完全沒有可能找到資金」付清。最後他表示：「吾等期盼，如果和平無法維持，敵人就不要再拖延，趕緊前來就戮。」除了荷蘭之外，英格蘭在國際上完全陷入孤立。

相形之下，雖然菲利浦二世一度必須將家族珠寶典當籌款，卻還是為進攻英格蘭募得一大筆資金。在一五八七年至一五九〇年間，法國天主教聯盟從西班牙收到一百五十萬金元，法蘭德斯軍團在同一時間內收到兩千一百萬金元，國王本人宣稱他為無敵艦隊花掉一千萬金元。以四金元相當一英鎊換算，西班牙已花掉超過七百萬英鎊，當時伊莉莎白女王的年收入不過約二十萬英鎊而已。在此同時，菲利浦二世的外交官已贏得所有歐洲國家承諾支持或保持中立，一位充滿欽羨的外國使節在一五八八年七月這樣寫下：

> 天主教君王〔菲利浦二世〕可以高枕無憂：法國不能威脅他，土耳其人不能拿他怎麼辦，蘇格蘭國王也是如此，而且伊莉莎白女王處決王母的事冒犯了蘇格蘭國王。唯一反抗他的是丹麥國王，但是老王才剛去世，年輕的新王有許多問題要先處理……同時西班牙不必擔心虛有其表的瑞士人會造反，其他人也不會，因為他們現在全是西班牙的盟友。

他的結論是，沒有別的國家能夠阻止國王實現他的大戰略，達成征服英格蘭與創造歐洲安定的目標。

當時分析家的樂觀看法正確嗎？在一九六八年出版的小說《孔雀舞》（*Pavane*）之中，凱斯・羅伯斯（Keith Roberts）生動地描寫西班牙勝利帶來的光明榮景。

*　*　*

在一五八八年一個暖和的夏日夜晚，一位垂死的女人正躺在倫敦格林威治的宮殿內，刺客的子彈打中她的身體與胸部。她的面容僵硬、牙齒發黑，死亡讓她完全失去尊嚴；但是，她的氣絕震動了全歐洲，因為統治英格蘭的伊莉莎白女王已不在人世。

英格蘭人怒不可遏……英格蘭天主教徒仍在哀悼蘇格蘭王太后，而且對血腥的北方起義記憶猶新。他們早在沈重罰金下淪為赤貧，現在又要面對另一場屠殺。為了自衛，他們只好拿起武器對抗同胞，英格蘭立即陷入烽火連天的局面。

消息立刻傳開，傳到巴黎、羅馬……以及無敵艦隊的船艦上。此時西班牙艦隊正準備與帕瑪公爵的入侵軍會合……接下來的動亂讓菲利浦二世成為英格蘭統治者。在法國，桂斯公爵的追隨者受到勝利的激勵，終於推翻了積弱不振的瓦盧瓦（Valois）王朝。三亨利之戰以神聖聯盟勝利告終，天主教得以重建過去的權力。

對勝利者而言，分享戰利品的時候到了。在天主教權威確立之後，大不列顛的軍隊將投入教宗旗下，鎮壓荷蘭的新教徒，摧毀宗教改革時日耳曼城邦的權力。北美大陸的新世界人民會由西班牙統治，庫克將在澳大利亞土地插上教宗的深藍色旗幟。

* * *

乍看之下，西班牙從無敵艦隊勝利贏到的戰果並不離譜。伊莉莎白女王沒有子嗣，因此當時在歐洲層出不窮的暗殺是英格蘭朝臣最大的夢魘。在法國，遭到天主教極端分子殺害的除了新教領袖納瓦爾的安東尼（Anthony of Navarre，一五六三年）與柯里尼的加斯帕（Gaspard de Coligny，一五七二年）之外，還有亨利三世（一五八九年）與他的繼任人亨利四世（一六一〇年）。伊莉莎白女王本人至少逃過二十次暗殺：只要有一次成功，就會斷絕都鐸王朝香火，讓攝政會議忙著同時對抗進犯的西班牙大軍和找尋繼任人選。

即使伊莉莎白女王沒有遭遇不測，西班牙軍佔領肯特也會帶來嚴重後果。帕瑪公爵可以利用他的優勢地位，讓害怕北方與愛爾蘭發生動亂的都鐸政府做出重大讓步，對於英格蘭天主教徒的迫害將會停止。德瑞克（Francis Drake）爵士與其他船長的海外冒險會告一段落，讓北美洲牢牢落入西班牙手裡（傳教士已從佛羅里達進入維吉尼亞）。此外，英軍必須撤出荷蘭，拋下荷蘭人自己與西班牙談和。

荷蘭共和國內擁有強大的主和勢力。雖然荷蘭省與濟蘭省的政治領袖堅決反對談和，有些城鎮卻不做此想，尤其受戰禍之害最深的鄰近省分更是強力主和。根據伊莉莎白女王駐荷蘭的特使之一表示：「各省組成的聯邦包括多種信仰，其中有新教徒、清教徒、再洗禮教徒等等；可以確定的是，新教徒和清教徒僅佔不到五分之一。」而且他認為只有新教徒和清教徒願意繼續作戰。如果西班牙成功入侵英格蘭，剛誕生的荷蘭共和國只好獨自抵抗菲利浦二世，這樣內部求和的壓力將居於上風。

如果菲利浦二世不需要在荷蘭駐軍，西班牙大可像羅伯斯想像的一樣，在其他地方扮演決定性角色，十七世紀法國驅逐天主教徒以及羅馬教會收復許多日耳曼路德派地區等事件，無疑會提早數十年發生。在哈布斯堡王朝支持下，信心大增的反改革教會會把新教逐出歐洲。在海外，西班牙與葡萄牙帝國將會持續擴張，造就一個統一的伊比利帝國，將菲利浦二世與繼任者的權勢擴張到全球各地。

*　　*　　*

這些真的會發生嗎？歷史的轉向實驗應該永遠受到兩個限制：「維持最低程度改寫」（對於真實事件僅做最小與最可能的改變）以及「回歸歷史」（經過一段時間之後，過去的發生方式會繼續重演）。以菲利浦二世的例子來說，我們可以合理地想像在一五八八年八月七日夜晚，皇家海軍放出的火船未能擊破無敵艦隊的陣形——西班牙人確實成功攔下兩艘火船，將它們安全拖開。這樣的話，希多尼亞公爵可以留在當地，等待帕瑪公爵的部隊在八月八日登船前來會合，這支無可抵抗的大軍接著橫越海峽；過了這一點之後，我們的「改寫」就不限於「最低程度」了。

我們不能認定菲利浦二世會謹慎地擴張勝利戰果。身為瑪麗·都鐸的丈夫，他在一五五〇年代曾經統治英格蘭，因此自認為對英格蘭的事情無所不知。他曾經告訴教宗：「對於英格蘭王國的事務與人民，朕比任何人都能提供更好的訊息與建議。」這樣的絕對信心解釋了他為何要插手無敵艦隊戰役的所有細節，毫不謹慎地設計讓來自西班牙的海軍與來自荷蘭的陸軍會師，做為入侵英格蘭的序幕。他拒絕任何人——無論是顧問或將軍——質疑他的大計畫，反而要求部下「相信朕對所有地方事務的現狀擁有完整的資訊」。如果計畫遭遇阻礙，菲利浦二世就堅持上帝會帶來奇蹟。例如一五八八年六月間，無敵艦隊剛出發就被風暴趕回港口，希多尼亞公爵上奏稟告這或許是全能上帝的警告，因此應該放棄此次遠征。國王的回答擺明利用神旨要脅，他責備公爵：「如果這是不義之戰，我們確實可以認為這次風暴是上帝安排的跡象，要我們停止冒犯祂。但是對這樣一場正義之戰，我們無法相信上帝竟會拋棄我們，而非給予我們超乎期望的幫助……朕已將此次遠征獻給上帝。」國王最後語氣強烈地表示：「鎮定下來，克盡職責！」

菲利浦還堅持艦隊應該盡快趕到加萊，不需確認法蘭德斯軍團已經完成準備。他似乎完全沒有想到，海峽內眾多英荷軍艦會阻止希多尼亞公爵與帕瑪公爵取得聯絡，讓後者知道艦隊的進展、問題與估計抵達時間。如果艦隊裡有人想謹慎與放慢腳步，就要準備面對國王的嚴厲譴責。

我們沒有理由認為西班牙軍成功登陸英格蘭東南部之後，菲利浦二世會停止插手各種大小事；相反地，他會試著保留徹底控制權，要求由他負責所有決定——因而拖延兩到三個星期。他很可能堅持帕瑪公爵應該尋求完全勝利，不可與敵人妥協，就像他每次在荷蘭贏得大勝後都拒絕和談，造成一場消耗國庫的僵局，這樣會影響到歐陸上仍在進行的戰事。如果入侵英格蘭陷入僵局，荷蘭的抵抗會繼續下去，法國天主教徒的地位會愈來愈不利，更進一步消耗西班牙的資金，使國王更接近破產。事實上，西班牙國庫到一五九六年已無法付出任何款項。

當菲利浦二世於一五九八年以七十一歲高齡駕崩時，他的帝國傳給唯一在世的兒子——十九歲的菲利浦三世。之所以沒有一個更年長的繼承人，必須歸因於西班牙哈布斯堡王朝的遺傳。問題出在一代又一代的近親通婚。菲利浦二世的長子唐・卡洛斯（Don Carlos）因為情緒危險不穩，必須加以監禁。應有的八位祖父母之中，唐・卡洛斯只有四位，十六位曾祖父母則只有六位。他的同父異母兄弟菲利普（三世）的遺傳基因也沒有好到哪裡去，後者的母親奧地利的安娜身兼菲利浦二世的姪女、表妹與妻子。這樣的同族通婚——在敵人口中則是亂倫——起因於鞏固領土的欲望。唐・卡洛斯出自葡萄牙與西班牙王室的三代通婚，這項策略雖然在技術上成功（兩個王國於一五八〇年統一），卻埋下日後毀滅的種子。無怪乎再經過兩代通婚，西班牙的哈布斯堡王朝就告滅絕。征服英格蘭不但不會改善哈布斯堡王朝的血統，反而會為菲利浦三世與後代帶來更多問題；就歷史秩序而言，即使無敵艦隊成功，西班牙的霸權也無法長久維持。

然而，菲利浦二世的一五八八年勝利會在歷史上成為「聯合作戰」的典範。歷史學者會讚譽西班牙選定了理想的登陸點，訂下偉大的作戰計畫，動用龐大資源，運用成功外交消除敵人，然後高明地讓來自西班牙的無敵艦隊與來自荷蘭的無敵陸軍會師。如果一五八八年八月八日星期一，帕瑪公爵麾下身經百戰的部隊開始向倫敦進兵——無論最後結果如何——我們今日會認為無敵艦隊是菲利浦二世最偉大的傑作，美國人說的是西班牙語，全世界可能會以八月八日為國慶日。

10 夭折的美利堅合眾國

美國輸掉獨立戰爭的十三種可能

湯馬士・佛萊明

美國革命的故事是個最佳的「如果這樣會如何」的實驗室，在八年的戰爭（一七七五—一七八三）之中，充滿了將歷史轉向的機會。如同湯馬士・佛萊明所寫的，唯一確定的東西就是出乎意料的轉折。有的時候全是運氣，例如一名英國射手瞄準了華盛頓，卻沒有扣下扳機。有時指揮官太大膽或太膽小，例如英軍在曼哈頓島做了一次完美的登陸，卻停下來等待援軍，任憑華盛頓和美軍逃脫。在考本斯（Cowpens）戰役中，塔勒頓（Banastre Tarleton）和亞德里安諾波的瓦倫斯皇帝一樣過於衝動，讓美國得以守住南方（短暫的休息和一頓豐盛的早餐有時效果非凡）。有時賭博成功，例如華盛頓在聖誕夜風雪中攻擊特倫頓（Tronton），重振了革命陣營士氣。有時其他人在壓力下做出好或壞的決定，阿諾德（Benedict Arnold）在薩拉托加（Saratoga）戰役中抗命，結果美軍獲勝。要是美軍戰敗，法國還會派軍參戰嗎？個人恩怨有時誤事，例如英軍總司令克林頓爵士（Sir Henry Clinton）下令給南方指揮官康瓦里斯勳爵（Lord Cornwallis），要他撤退到維吉尼亞州一個藉藉無名的菸草港口約克鎮，在那裡建立工事固守，然後把大部分兵力運到北邊。當然，佛萊明也提到了天氣對軍事行動的一貫影響，例如一七八一年十月，兩場暴風雨決定了困守在約克鎮的英軍命運：第一場暴風雨讓援救艦隊無法離開紐約港，第二場則破壞了渡過約克河口突圍的計畫。如果英軍脫困，革命的結果會變成怎麼樣呢？

佛萊明運用合理的想像力提醒讀者：美利堅合眾國應該在出生時就夭折，美國的存在不是理所當然的。

湯馬士・佛萊明（Thomas Fleming）的歷史著作包括：《一七七六年：幻想的一年》（*1776: Year Of Illusion*）、傑佛遜與富蘭克林的傳記《來自蒙提西洛的人》（*The Man From Monticello*）與《勇於碰觸閃電和自由的人：美國革命》（*The Man Who Dared the Lightning, Liberty: The American Revolution*），最新著作為《決鬥：漢彌頓、布爾與美國的未來》（*Duel: Alexander Hamilton, Aaron Burr and the Future of America*）。他曾經寫過多部歷史小說，其中兩部關於革命戰爭的是《自由客棧》（*Liberty Tavern*）與《光榮夢想》（*Dreams of Glory*）。佛萊明是美國革命圓桌會議主席，並曾任國際筆會美國中心的主席。

歷史學家探討美國革命的「如果」時，真是會心驚膽戰。有太多次機會，革命的理想似乎已到了災難邊緣，卻突然被最不可能的意外或巧合或是處於衝突中心的人匆忙做出的決定所挽救，歷史上少有一場戰爭可以如此改變歷史的方向。想像如果沒有美國，過去兩百年內、甚至一百年的世界會是什麼樣子？我們可以想像一個不但控制印度、還加上整個北美洲世界的大英帝國。

另一個吸引人的題目是革命失敗所造就的社會。如果美國在開戰之初就失敗，英國或許會准許有限度的自治，只有少數人會遭到處決或抄家。如果英國歷經長時間作戰才勝利，讓人民對革命分子充滿憤恨，美國人或許會被貶為次等民族，遭受英國駐軍的野蠻鎮壓，並由傲慢的當地貴族統治。在心胸狹隘的國王支持下，保守貴族會打造出一個毫不容忍民主的政治環境。

在這些極端狀況之下，還會有其他結果，其中一個最引人想像的情況發生在戰爭爆發之前。如果某些革命先驅沒有體認到他們的影響力遠超過波士頓一角，革命或許會在搖籃裡就遭到扼殺。

如果山姆・亞當斯在「波士頓屠殺」之後的企圖得逞

在邁向獨立的漫漫長路上，山姆・亞當斯（Sam Adams）是主要的策動者，但是他有走極端的壞習慣，最好的例子就是他對「波士頓屠殺」的不當處理。當時波士頓已由兩團英軍佔據，但是亞當斯認為，手下來自波士頓北區的武裝流氓可以把皇家陸軍嚇得望風而逃。一七七〇年三月五日晚上，四百名全副武裝的暴民丟擲冰塊和木棍，攻擊戍守海關的七名英軍。他們一邊喊著侮辱字句，一邊前進到士兵槍口之前。亞當斯曾向暴民保證，除非一名法官先宣讀鎮暴令，認定暴民已經破壞和平，並且警告他們離開，否則士兵絕不會扣下扳機。波士頓絕對沒有法官敢做這種事，不然自宅會被人放火燒掉。

這時有人用木棍痛擊一名士兵，把他打倒在地。這名士兵站立起來，又被另一根拋過來的木棍打中，他立刻舉起步槍開火。幾秒鐘之後，其他守衛也跟著開槍，暴民四散奔逃。硝煙飄散之後，地上有五人死亡或垂死，另外六個人負傷。

雖然亞當斯宣稱對流血大感震驚，私底下倒是非常高興。他認為士兵會受審，然後被判有罪。為了避免他們被處絞，英方會插手推翻殖民地陪審團的判決；在此同時，亞當斯的宣傳機器會全力開動，譴責英國殺人犯和遠在倫敦的幕後支持者。亞當斯從未想到，英國與其他殖民地的溫和派會把這些譴責視為波士頓已落入暴民手中的證據，英國政府大可藉機動用嚴酷手段恢復法律與秩序。

幸運的是，波士頓有個人預見這種情況，他就是山姆・亞當斯的表兄約翰・亞當斯（John Adams）。約翰一直積極參與山姆的運動，但是他從士兵的朋友那兒得知波士頓沒有律師願意為他們辯護時，還是大感震驚，顯然律師們都害怕自己的窗子或腦袋被流氓搗毀。約翰於是宣布願意代表士兵出庭。他運用高超的辯護技巧，讓被告以自衛的名義脫罪，卻又沒有讓庭上發現山姆是背後的主使者。此後終其一生，約翰一直堅稱：「這是我對國家最重要的貢獻之一。」他當然是對的，英國、紐約和維吉尼亞的溫和派人士總算相信波士頓人值得他們支持。

如果山姆・亞當斯引起英國激烈的反應，波士頓茶葉黨或許根本不會出現。在一個駐有六、七個團的市鎮中，任何暴動都不會被容忍。從屠殺案到茶葉倒進港口的三年中，山姆・亞當斯和他的手下會被英軍嚴加看管。在真正歷史上，茶葉事件中微不足道，但是具有重要象徵性的進口茶稅卻讓外人見到英國自大和愚昧的一面。對於這次事件，溫和派人士對茶葉黨大加揶揄，但是無人視之為另一次目無法紀的示威。英國政府關閉了波士頓港，重組麻薩諸塞政府，並且將民主派人士趕出政壇，溫和派人士將這些舉動視為過度反應以及向暴政跨出的另一步。很快地，山姆和約翰就準備在費城召開第一次大陸會議。

回到一七七五年初的麻薩諸塞，波士頓已經被四千五百名英軍圍困，在鄉間與英軍對峙的則是全副武裝的美洲義勇兵。但是山姆顯然沒有從屠殺事件的慘敗中學到教訓，他提議進一步升高情勢，對英國正規軍全面進攻。不過，其他人比較冷靜，主張全美洲都不會支持這樣的行動，只有英國會歡迎，這樣他們就可以證明麻薩諸塞發動的叛亂其性質與愛爾蘭或蘇格蘭的叛亂並無二致。

冷靜人士的看法無疑是正確的。在缺乏耐性的上級命令之下，駐波士頓英軍指揮官蓋治（Thomas Gage）少將在夜裡派出七百名部隊前往康考德（Concord）沒收叛軍的火藥和其他物資，意圖解除叛軍武裝。在勒辛頓草坪，英軍遭遇了該鎮的民兵。雙方一陣交火，互有傷亡。英軍繼續推進，在康考德發生更激烈戰鬥。在回到波士頓的路上，且戰且走的英軍必須面對蜂擁而來的義勇兵。山姆・亞當斯終於得到一次讓美國人團結起來的事件——而且讓英國的溫和派人士有理由在國會與報紙上攻擊政府。

如果英軍在邦克山的計畫行得通

兩個月之後，這場還在萌芽的戰爭在邦克山（Bunker Hill）面臨考驗。一般流傳的說法是，英軍愚蠢地走上山，被美軍射手打得落花流水。事實上，英軍原本有個複雜的作戰計畫，只要順利執行，馬上就可以結束戰爭。

英軍敵前指揮官何威（William Howe）少將打算迂迴邦克山的堡壘，派遣精銳的輕步兵在神秘河河口登陸，切斷查爾斯頓半島的頸部，這樣美軍就會淪為甕中之鱉。在此同時，另一半英軍會對劍橋周圍的美軍防線發起突襲，這裡是美軍彈藥的儲存地。如果一切進行順利，美軍到日落時將會潰不成軍。

對尚未誕生的美國而言，幸運的是史塔克（John Stark）上校在場。這位曾參與英法戰爭和印地安戰爭的老兵是一個新罕布夏團的團長，他在美軍防線上發現一處無人防守的危險海灘，於是調動兩百名部下前往警戒，並且在場親自指揮。何威發現敵軍出現以後，曾要求波士頓軍區的海軍指揮官派出一艘軍艦沿神秘河而上，用幾發葡萄彈嚇跑史塔克的士兵。這位海軍指揮官表示歉難照辦，因為他沒有這條河的航道圖。

何威還是把他的輕步兵派了出去，希望在訓練有素的英軍士兵端著刺刀殺上來之前，美軍菜鳥只來得及開上一槍。結果並不是那樣。史塔克的新罕布夏州神射手讓海灘上布滿英軍屍首，走投無路的何威只好發動正面攻擊，以傷亡近半的代價拿下邦克山的堡壘。

如果英國海軍指揮官肯動點腦筋，或是史塔克沒有發現海灘的重要性，邦克山的故事將會完全改寫。除了維吉尼亞和幾個殖民地的零星抵抗之外，美國革命會在一七七五年六月十七日結束；相反地，讓敵軍蒙受慘重傷亡大大鼓舞了美方的士氣，英方反而顏面盡失地被迫退守波士頓。

如果華盛頓在一七七六年初進攻波士頓的英軍

華盛頓在一七七五年七月於波士頓城郊接掌美軍之後，心裡一直有個吸引人的主意。由於美軍缺乏火砲，加上大部分士兵於一七七六年一月一日服役期滿退伍，使得雙方對峙達九個月之久。一七七六年三月間，華盛頓的間諜報告多艘港內船艦正在裝載飲水和補給品，準備從波士頓撤退。它們的目的地應該是紐約。

這個時候，華盛頓已從被攻佔的提康德羅加堡擄獲充足的火砲，他的部隊人數也大幅增加。於是他決定先發制人，制止英軍攻佔紐約的計畫。否則英軍到了紐約之後，會比守在波士頓對革命大業造成更大的威脅。

華盛頓擬定了一個大膽的高風險計畫。首先，他會攻下城南的多徹斯特高地，在上面安置火砲。當英軍進攻這處陣地時，他會派遣四千名步兵搭乘四十五艘平底船，由架設在木筏上的十二磅砲支援，從查爾士河突襲波士頓。這支兵力有一半奉派奪取信標山與城內的高地，另一半則進攻波士頓陸峽的英軍工事，和正在羅斯貝瑞等待由陸路進攻的部隊相呼應。華盛頓相信擊潰何威的部隊將重創英方，因而迅速帶來和平。

行動一開始時，一切都按計畫進行。三月四日晚上，華盛頓奪取了多徹斯特高地，並且在一連串堡壘內架設火砲。英軍若不奪下這些堡壘，就只有放棄波士頓一途。何威將軍命令部隊準備在三月五日進攻。身為一位充滿野心的賭徒，何威計畫以四千人攻擊華盛頓在羅斯貝瑞的防線，另外約兩千兩百人向多徹斯特高地前進。在波士頓的另一邊，只剩四百名英軍對抗華盛頓的兩棲突襲。

這次對決即將上演。但是三月五日入夜之後，吹起了刺骨的強風，其間夾雜雪花與冰雹。據華盛頓手下的一名低階軍官形容，當時情況有如一場颶風。何威取消了英方的計畫，華盛頓也只好將自己的計畫束諸高閣。他的計畫會成功嗎？當英軍在十三天後從波士頓撤走之後，華盛頓仔細檢視了原本要突襲的工事，這些工事的堅實使他大感震驚。他承認：「波士頓市幾乎是固若金湯。」在一封寫給弟弟傑克的信中，華盛頓認為這次風暴是「上帝的神奇保佑」。

如果華盛頓在這時戰敗，並不見得會結束戰爭，但是對他的聲望必定是重大打擊。此時大陸議會與陸軍中的敵對人士已經在找他的麻煩，批評他膽小且缺乏決斷。華盛頓的勝利會如他所希望的結束戰爭嗎？也許不會，英國政府正將一支比波士頓守軍大上四倍的遠征軍運往美洲。

如果英軍在長島或曼哈頓圍困華盛頓的軍隊

華盛頓要求大陸議會批准成立四萬人的大軍，服役期到戰爭結束為止，但是議會卻寧願相信山姆・亞當斯在勒辛頓和康考德事件後從波士頓製造的幻想：志願的農民已經拿起武器打敗英國正規軍。事實上，麻薩諸塞只有一支受訓僅九個月、還在襁褓中的義勇軍，然而駐守波士頓的英軍兵力卻有五倍之多。華盛頓得知他的軍隊兵力僅限兩萬人，服役期一年，此外他只能仰賴民兵——和義勇兵相比，民兵是僅有少許訓練的業餘軍人。接著議會更進一步削減華盛頓的兵力，要求抽兵援助在加拿大那場必敗的戰事。

結果華盛頓抵達紐約時，手下只有略多於一萬名正規軍——現已正名為「大陸軍」——他只好徵召來自新英格蘭、紐約、紐澤西與賓夕法尼亞的民兵加強兵力。英軍總數將近三萬人，其中包括約一萬兩千名日耳曼傭兵。在八月二十七日的長島會戰中，英軍指揮官何威將軍成功迂迴美軍；當天結束之時，華盛頓的部隊已被圍困在布魯克林高地的堡壘內。

兩晚之後，在有利的風向和幸運的大霧幫助之下，美軍偷偷撤至曼哈頓，華盛頓在那裡又有兩次驚險遭遇。九月十五日，英軍在基普斯灣（今日的三十四街）登陸，擊潰數千名康乃迪克民兵。但是英軍過分小心，未能及時將三分之一的大陸軍圍困在下曼哈頓。

十月十八日，英軍在威徹斯特的佩爾角登陸，一個七百五十人的麻薩諸塞旅且戰且退，讓華盛頓的大軍有時間撤出曼哈頓島。到了這個時候，華盛頓對民兵已不存指望，大部分民兵一見局勢不對，乾脆開小差回家。雖然許多美方領袖陷入悲觀，華盛頓還是保持冷靜，繼續指揮作戰。他告訴大陸議會，美軍不再尋求一場結束戰爭的決戰。「我們將永遠不尋求決戰，」他這樣告訴大陸議會主席漢考克（John Hancock）：「我們會延長抗戰。」這個表面看來簡單的戰略改變，將整場衝突變成消耗戰，這正是英國最沒有準備的作戰方式。

如果華盛頓的大軍被圍困在布魯克林高地或曼哈頓，這場戰爭將會很快結束，此時每個人都看得出，大陸議會要仰仗民兵是多麼愚蠢。在長島會戰和基普斯灣之後，美方要成立另一支軍隊將非常困難。更糟的是，尋求決戰的戰略代表重演邦克山戰役，這是美方將領根深柢固的想法，但是英軍絕不會再犯同樣的錯誤。沒有華盛頓的新戰略，革命陣營將會陷入絕望中。

如果華盛頓決定不進攻特倫頓和普林斯頓，或是不幸失敗

撤入紐澤西州之後，華盛頓眼見英方開始綏靖這個重要的州。英方公告要求平民對喬治三世宣誓「和平效忠」，並且「接受保護」，這樣可以保障他們的生命或財產不會被剝奪。數千名民眾接受了這份公告，拋棄前途無望的獨立大業。文件上多達一萬七千人的紐澤西州民兵當下分崩離析，回營報到的只有一千人，這正是英國打算結束其他殖民地抵抗的方式。

為了保護效忠英國的民眾，英軍在該州多個城鎮派駐守軍。華盛頓認定他們「實在太分散了

一些」，正好讓美軍利用優勢兵力一個接一個吃掉。一七七六年聖誕夜，華盛頓在暴風雪中橫越德拉瓦州，在特倫頓一舉俘獲三個日耳曼團。引用一位驚慌的英國人的說法，紐澤西和全美各地又再度「瘋狂地要自由」。

十天之後，華盛頓做了一個更大的賭博。他回到鄰近紐澤西州的德拉瓦州，想要鼓舞該州民心，結果發現康瓦里斯勳爵麾下的七千名英軍已經等在那裡。華盛頓利用夜行軍漂亮地繞過敵人，擊敗駐守普林斯頓的英國守軍，然後帶著戰利品和戰俘撤退到莫里斯鎮的高地上。英軍害怕華盛頓打算進攻新布朗斯威克的英軍基地，於是退縮到該鎮周圍的防禦工事內，將大部分紐澤西州拱手讓給叛軍。

如果華盛頓對於使用麾下衣衫襤褸的赤腳部隊發動這兩次大膽奇襲有所遲疑，或是在戰場上吃了敗仗，中殖民地——紐約、紐澤西、賓夕法尼亞、馬里蘭與德拉瓦——立即會投降，南方和維吉尼亞或許要多花一點時間，頑固的新英格蘭人則要更久才會屈服，但是溫和派人士很快就會向「英國式自由」的保證靠攏。一到兩年之內，美國人會開始像加拿大人一樣，變成大英帝國屬下恭順的殖民地子民，完全失去美國立國的獨立精神。

如果阿諾德將軍沒有在香普林湖上充當水師將領

如果在一七七六年秋天的另一個戰場上發生了不一樣的結果，以上的狀況也會發生。如果阿諾德將軍沒有海軍方面的知識和難以置信的勇氣，於一七七六年夏末在香普林湖上建起一支美國艦隊，英軍或許會在阿爾巴尼過冬，然後在一七七七年春對新英格蘭發動清勦作戰。

在加拿大被英國援軍打得落花流水之後，阿諾德率領北方軍的殘兵敗將退回香普林湖南端的提康德羅加堡。他的情況已經不能再糟，英軍指揮官卡勒頓（Guy Carleton）正準備動用一萬六千名英軍和眾多原住民，攻克這處所謂的「美州直布羅陀」，美軍卻只剩下三千五百名士氣低落、飽受天花和戰敗摧殘的部隊。

徒步越過香普林湖長達一百三十五哩的森林湖岸是不可能之舉，卡勒頓準備以水路進兵，同時由艦隊支援。阿諾德當下決定轉行水師，建立一支自己的艦隊，他曾經以商人身分多次前往西印度群島和加拿大，對於船隻知之甚詳。他下令建造十三艘笨拙的划艇和一艘平底船，並且命令從來沒有上過船艦的士兵擔任水手。阿諾德毫不在乎地將這支拼湊而成的戰隊開進湖內，準備同英軍一戰。

到了這個時候，這位臨時披掛上陣的水師將領才曉得，卡勒頓正在建造一艘一百八十噸的帆船「不屈號」，單是這艘軍艦的火力就已足以消滅美方的脆弱戰隊，阿諾德只好撤退到南邊的瓦柯島。在英方陣營中，多位軍官要求卡勒頓不要等待「不屈號」完成，現在就發兵南下，此時已是九月，一個月之後就會開始下雪。英軍有二十四艘砲艇、兩艘雙桅帆船，以及一艘裝有大砲的大型木筏；但是阿諾德的大膽行徑嚇住了謹慎的卡勒頓，後者在香普林湖北端頓兵四個星期，等待「不屈號」完成安裝帆桅和火砲。

卡勒頓的艦隊於一七七六年十月十一日出動，阿諾德的戰隊則在瓦柯灣口下錨迎戰。經過六小時的激烈混戰，折損慘重的美方守住了陣線。天黑之後，阿諾德率領船隻撤退，但是被英艦追上。接下來三天中，英軍將美國船艦摧毀殆盡，阿諾德的兵力只有五艘倖存。卡勒頓在火砲和人員上佔有五比一的優勢，提康德羅加堡已成為他的囊中之物。

美國守軍裝出急於求戰的姿態，對英軍斥候開砲和開罵。卡勒頓記取邦克山的教訓，否決發動正面攻擊，但是現在要開始圍攻為時已晚。在英軍撤往加拿大過冬的路上，一名卡勒頓手下軍官惋惜地寫下：「如果我們提早四星期發動遠征就好了。」卡勒頓等待「不屈號」下水的時間正好是四星期，阿諾德和手下的船艦打亂了英軍從北方反攻的步調。

如果卡勒頓在一七七六年秋天攻下提康德羅加堡，擊潰北方軍，他會輕易地在下雪前攻佔阿爾巴尼。到了來春，他可以直搗新英格蘭任何地方，就像薛曼（Sherman）在美國內戰時從西邊橫掃南方邦聯一樣。在動兵之前，卡勒頓可以將阿爾巴尼轉為忠英派抵抗大陸議會的據點。這位將領比何威還要正直，他善待所有在加拿大俘獲的戰俘，讓他們假釋返家。忠英派在紐約州北部原本就實力堅強，長達五年的血腥「邊界戰爭」很快就會證明這點。

如果阿諾德在薩拉托加服從命令

一年之後，阿諾德將軍在瓦柯灣的英勇奮戰似乎已經意義全失。柏戈因（John Burgoyne）將軍取代卡勒頓出任英軍北方司令，在七月初搭船南下香普林湖，不費吹灰之力地攻佔提康德羅加堡。阿諾德奮勇贏來的幾個月時間全被組織失當的美軍平白浪費掉了。

大陸議會指派蓋茲（Horatio Gates）將軍對抗柏戈因的九千英軍。蓋茲曾任英軍參謀，沒有值得一提的作戰經驗。為了輔佐他作戰，華盛頓派出已擢升少將的阿諾德、驍勇善戰的摩根（Daniel Morgan）上校，以及後者麾下的維吉尼亞步兵。蓋茲在阿爾巴尼北方二十八哩處的貝米斯高地構築起嚴密工事，躲在裡面等待柏戈因來攻，他似乎認為可以在樹林內重演邦克山戰役。

柏戈因並沒有配合的打算，他已經花費大量人力物力把提康德羅加堡的四十二門重砲穿越森林拖來。柏戈因計畫發動迂迴攻擊，讓火砲部署在高地上，轟垮蓋茲的堡壘和部隊。阿諾德預見到此一危險，經過極力爭取之後，膽小的蓋茲終於讓他在樹林內作戰。兩軍在佛瑞曼農場周圍爆發一場轟轟烈烈的大戰，結果損失慘重的英軍只有撤退一途。

三個星期之後，柏戈因於十月七日再度來攻，這回他已到了山窮水盡的地步，部隊口糧減半發給，疾病和悲觀充斥於行伍間。出於妒忌和愚蠢，何威將軍已棄他於不顧。何威決定不在紐澤西與華盛頓作戰，留在能夠以強行軍援助柏戈因的地方；相反地，何威帶著部隊從紐約登船，前往南邊的乞沙比克灣登陸進攻費城。在何威看來，相較於柏戈因計畫攻下紐約，讓新英格蘭和美國其地方分割，攻佔美國首都才是結束戰爭的方法。何威身為英軍總司令，麾下兵力要比柏戈因大上三倍，當然不打算讓柏戈因成為贏得戰爭的英雄。這正是當權者之間的敵意和間隙如何改變歷史的最好例子。

在美國這邊，卑劣的蓋茲讓阿諾德火冒三丈，因為他完全不把第一次佛瑞曼農場戰役（又稱薩拉托加戰役）的功勞算在阿諾德頭上。彼此一陣互罵之後，蓋茲解除了阿諾德的指揮權，把他關在帳篷內，但是當第二次戰役爆發時，阿諾德違抗命令跳上戰馬，衝向砲聲響起的地方。他在戰場上的出現再度振奮軍心。在戰鬥的決定時刻，他領軍發動正面衝鋒，拿下一處關鍵的英軍據點，一發子彈就在此時打斷了他的腿。接著蓋茲終於從帳篷中出現，下令「不惜代價」守住這處據點，英軍營地完全暴露在此地的大砲砲口下。

英軍在隔夜試圖撤退，但是蜂擁而至的民兵已經擋住英軍去路，柏戈因於是在一七七七年十月十七日向蓋茲投降，他的投降在軍事和外交上造成了驚天動地的影響。在法國，路易十六的朝臣認定美方可以贏得戰爭，於是開始提供美國亟需的金錢與火砲。英國因而對法宣戰，將這場衝突擴展到西印度群島、非洲與印度。

如果阿諾德在第一次薩拉托加戰役中遵照蓋茲的計畫，較卡勒頓積極進取的柏戈因必定會摧毀蓋茲的部隊，奪得哈德遜河河谷的控制權。如果何威留在紐約，然後沿哈德遜河而上與柏戈因會師，無論阿諾德表現得如何英勇，都無法挽救蓋茲的命運。事實上，英軍在最後一刻才不甘不願地從紐約派出四千人援軍，此舉雖然毫無成果，卻已把美方嚇得陷入恐慌。

沒有阿諾德在瓦柯灣與薩拉托加的英勇奮戰，戰爭可能會在一七七七年結束。沒有柏戈因與何威之間的不合，戰爭不會拖到一七七八年之後；到了那個時候，忠英派和獨立派之間的對立將更為嚴重。許多英國人和忠英派已將一七七七年稱為「絞刑之年」，美國在英國統治下的未來，已經從加拿大式的和平統治逐漸變成另一場類似愛爾蘭叛亂的悲劇。隨著戰爭拖延下去，雙方的仇恨只會愈積愈深。

如果佛古森上尉扣下扳機

在此同時，華盛頓為了保衛美國首都費城，輸掉了布蘭迪溫與日耳曼鎮兩仗。在這些衝突的頭一仗中，曾經有人得到一扣扳機就會永遠改變歷史的機會。當時華盛頓正在鄉間偵察地形，尋找適於阻止何威從乞沙比克進軍的地點。當他通過布蘭迪溫溪附近的一片樹林時，遭遇了英國陸軍上尉佛古森（Patrick Ferguson）。

佛古森是後膛步槍的發明人，當時手上正好有一把這樣的致命武器。他的後膛步槍每分鐘可以射出六發子彈，而且比雙方當時使用的前膛步槍更準確。華盛頓當時由一名衣著亮麗的騎兵軍官護衛，佛古森渾然不知華盛頓就在眼前，大喊要兩人停下。那位騎兵軍官喊出警告，華盛頓立刻調轉馬頭急馳而去。佛古森舉槍瞄準，然後放下槍來，他實在無法對著手無寸鐵的敵人背後開槍，而那個人面對突然死亡時的冷靜更是讓他印象深刻。

如果華盛頓在一七七七年身亡，美方陣營的士氣會受到重大打擊。在許多人心目中，這位高大的維吉尼亞人已成為獨立戰爭的象徵，只有他能夠堅持革命的理想，在大陸軍中激起官兵的忠誠心。特倫頓之戰前夕，大陸議會曾授予華盛頓便宜行事的獨裁權力，但是謙虛的華盛頓在六個月之後就將之交還政府。想要找到另一個像華盛頓這樣的人物根本是不可能的事。

如果蓋茲取代華盛頓出任總司令

華盛頓從佛古森上尉槍口下逃出鬼門關的幾個月後，軍方和議會內部發生了一場密謀，要以薩拉托加戰役的勝利者蓋茲少將取代他。如果這次密謀成功，後果會比佛古森的子彈射殺華盛頓更為嚴重。

蓋茲是個自私自利的狡猾人物，幕僚和朋友的奉承使他以為自己應該爭取最高指揮權力。再怎麼說，華盛頓已經輸掉兩場重要戰役，讓費城落入英方之手，飢寒交迫的大陸軍正在佛治谷過冬。表面上來看，這時已經有理由要求指揮權易手。

密謀的主角之一是出生於愛爾蘭、從法國陸軍志願投效過來的康威（Thomas Conway）將軍。事實上，「康威陰謀」是一次新英格蘭發起的密謀，大陸會議內的主使者是山姆・亞當斯（再一次展現他糟糕的政治判斷），幕後鼓動者之一則是約翰・亞當斯，因為他非常討厭華盛頓如此受到歡迎，康威只是真正密謀者操控的大嘴巴而已。很快大家就發現，密謀在軍隊與國會內部都缺乏認真支持者，但是有幾個月的時間，華盛頓的總部還是被危機弄得焦頭爛額。

如果密謀成功，讓蓋茲成為美軍總司令，革命非常可能立刻崩潰，這位矮小的英格蘭人（部隊稱他「阿公」）絕不可能取代華盛頓的領袖地位。更糟的是在一七八〇年，為了逐退攻佔查爾斯頓與大部分南卡羅萊納的英軍，蓋茲率軍進入南方，結果在坎登之戰慘敗。他跳上一匹最快的馬兒，一路奔逃到距離戰場一百六十哩遠的地方才停下。

此時大陸紙幣已經貶值成廢紙，南方各州面臨淪陷的危險，慌亂的大陸議會原本可以起用另一位英勇善戰的將領阿諾德，但是這位不滿的薩拉托加英雄已和英方掛鉤，正在商量如何背叛美國革命。想像他會多麼高興出任大陸軍總司令！在部分寄給英方的早期信件中，阿諾德的簽名是「蒙克將軍」，這個筆名顯示阿諾德想成為另一位蒙克（George Monk）將軍，後者在克倫威爾（Oliver Cromwell）過世之後於一六六〇年投奔復辟的斯圖亞特王朝，感激的查理二世賜予蒙克豐厚的財富與頭銜。這段故事無疑對阿諾德意義重大。

即使沒有成為總司令，阿諾德的背叛差點就毀了美國革命，他計畫在一七八〇年秋天將西點的重要堡壘獻給英軍。這個計畫功敗垂成，因為英軍情報處長安德瑞（John André）少校在返回紐約的路上被一批正在閒晃的美國民兵俘虜，他的靴子內被發現藏有關於堡壘的計畫（譯註：阿諾德因此被處絞刑，這是美國革命史上最轟動的事件之一）。如果英軍進佔西點，將會取得期盼已久的哈德遜河谷，把新英格蘭和其他殖民地分割開來。此時阿諾德的叛變已震撼冬季營房中的美國陸軍，英國和忠英派軍隊正在南方攻城掠地，大陸紙鈔已經貶值到崩潰邊緣，英軍一次重大的勝利很可能足以打垮美國的民心士氣。

如果英軍在法國遠征軍抵達數天之內擊滅法軍

華盛頓的諜報本領拯救了另一個重大危機。在出身長島的騎兵少校托馬奇（Benjamin Tallmadge）襄助之下，華盛頓自任情報首長。他在紐約州內擁有數個諜報網，其中之一於一七八〇年七月傳來一則驚人消息：六千名英軍正在登船，準備對剛抵達羅德島州新港的法國遠征軍先下手為強。

沒有一件事會比消滅這支五千五百人的法軍更快結束戰爭。通貨膨漲和厭戰已經讓大陸軍軍心萎靡不振，由於貨幣貶值，招募新兵幾乎是不可能的事。至此為止，法國盟軍只帶來一連串的失望。法軍在一七七八年進攻英軍據守的新港，結果以慘敗收場。一七七九年突襲喬治亞州的塞凡納，被英軍打得落荒而逃。英方希望再一次大勝，就會讓受夠苦頭的法國退出戰爭。

華盛頓不可能比英國艦隊更早抵達新港，於是決定改採諜報手段。一名雙面間諜拿著一批文件走進英國哨站，宣稱這些東西是在路上發現的，文件內有美軍大舉進攻紐約的計畫。英軍的護航艦和運輸艦此時正在長島海峽駛向大海，長島海岸上的各戰略要點立刻發出信號，艦隊趕忙駛入杭丁頓灣，收到由快差送來「俘獲」的美軍作戰計畫。大吃一驚的英軍於是放棄進攻新港，兼程趕回紐約，進入堡壘等待美軍來攻。等到英方知道被華盛頓耍了一計時，法軍已在新港建好工事，突襲的希望變成泡影。

由於未能讓法軍退出戰爭，英國只好在紐約維持強大軍力，使得征服南方的新戰略更為複雜。

如果摩根輸掉考本斯戰役

當戰爭在北方陷入僵局之時，南方各州卻接連落入英軍手中。喬治亞於一七七九年重新對英王宣示效忠，查爾斯頓的五千名守軍在一七八〇年春天投降，把柏戈因在薩拉托加的失敗完全彌補了回來。經過坎登的慘敗之後，南方的大陸軍只剩下八百名食糧短缺的官兵，新任指揮官葛林（Nathanael Greene）少將試圖說服包括桑穆特（Thomas Sumter）在內的游擊隊領袖接受他的指揮，但是沒有成功。

葛林預見英軍會一個接一個消滅這些游擊隊。塔勒頓中校組成了一支步騎混合的快速打擊部隊，一日可以行軍遠達七十哩，經常成功襲擊游擊隊營地，而要求平民加入皇家民兵、否則就燒毀穀物房舍的蠻橫政策也非常有效。到了一七八〇年底，南卡羅萊納的抵抗已經幾乎敉平，英軍正在討論迅速佔領北卡羅萊納，然後進兵維吉尼亞。

一半出於戰略考量，一半是業已無計可施，葛林命令已擢升准將的摩根率領六百名正規軍，以及由威廉・華盛頓中校（華盛頓的堂弟）率領的七十名殘餘騎兵，進入南卡羅萊納西部，希望鼓舞州民士氣。英軍指揮官康瓦里斯勳爵派遣塔勒頓中校的部隊出動，希望一舉了結摩根麾下的殘兵敗將。

沒有人懷疑衝動暴躁的塔勒頓會不會完成任務。他不顧十二月的淒風苦雨，以一貫的速度追擊摩根的部隊。身高六呎二吋、身材壯碩的「老篷車夫」摩根別無選擇，只好趕緊撤退，此時只有三百名民兵願意留下。當摩根抵達布羅德河時，塔勒頓的斥候已追至後方五哩處。當時布羅德河河水暴漲，摩根知道渡河可能讓他損失一半兵力。

附近有一片樹木稀疏的草地，當地農民用來讓牛隻過冬。摩根決定在這片荒廢的草地上與敵人交戰，他的最後呼籲說動了另外一百五十名民兵加入。這位高大的維吉尼亞人擬出一套作戰計畫，讓這些臨時士兵發揮最大用途，卻又不過分仰賴他們。他命令這些民兵在正規軍之前排成兩列，民兵奉命只要「開兩槍就好」，然後就可以逃命——反正他們一定會這樣做。

在第二列之後約一百五十碼處，摩根在一道低矮的山丘上親自指揮正規軍，並將威廉・華盛頓的騎兵部署在在山丘背面。前一天晚上，摩根從一處營火走到另一處營火，親自向每個人解釋作戰計畫，並且保證如果他們好好表現，他一早就會給塔勒頓一個難忘的教訓。

經過徹夜行軍，塔勒頓在一七八一年一月十七日黎明抵達戰場。他不待部下休息早餐，立即下令編成作戰隊形前進。這是他的第一個錯誤，第二個錯誤則是他完全不理會民兵的射擊，使得側翼的騎兵和各連領頭的軍官損失慘重。

民兵在這時向後奔逃，讓塔勒頓以為這一仗已經贏了，但是美國正規軍很快就出現在眼前，以排槍猛射英軍行列，塔勒頓於是派出預備隊——第七十一蘇格蘭高地團——迂迴美軍。為了對抗此一威脅，美軍側翼各連轉向後退，面對來襲的蘇格蘭團。在這場混亂中，整個美軍陣線開始後退，塔勒頓以為敵軍即將潰退，下令白刃衝鋒，整個英軍陣線立即在歡呼聲中向前推進。但是摩根仍然掌握著全局。位在英軍右翼的威廉・華盛頓傳來一則訊息：「他們像一群暴民一樣直衝而上，賞給他們一次排槍，我會向他們衝鋒。」摩根大聲下達命令，步兵轉過身來，發射一次排槍，然後向英軍衝鋒。在此同時，美軍騎兵從後面攻上，以可怕的軍刀砍倒眾多英軍士兵。

筋疲力竭、許多連隊無人指揮的英軍陷入恐慌，有些人丟下步槍投降，其他人死命逃跑。五分鐘之內，考本斯戰役宣告結束。摩根的勝利摧毀了塔勒頓的部隊，並且戲劇性地扭轉了南方戰事的局面。如果塔勒頓的正面進攻成功，南北卡羅萊納很快就重回英國政府懷抱，已經出現不穩跡象的維吉尼亞將會跟進，馬里蘭也會變得搖搖欲墜。民窮財盡的法國政府已向英國試探和談的可能，若是英國贏得南方，或許就會決定戰爭結果。數年之內，英軍就會從這處新基地向獨立的北方殖民地發起新的攻勢。

如果華盛頓拒絕進軍維吉尼亞，將英軍圍困在約克鎮，或是英軍在圍攻開始之後成功逃脫

在北卡羅萊納打完折損慘重的基佛德郡府戰役之後，英軍南方指揮官康瓦里斯勳爵沿著海岸撤退，並且決定放棄皇家陸軍的一州接一州戰略。只有消滅富饒、人口眾多的維吉尼亞，才能迫

使南方投降。下定決心之後，他率領英軍北上，並且接掌正在襲擊維吉尼亞海岸的部隊。拉法耶特侯爵（Marquis de Lafayette）麾下的少許部隊根本無力抵抗。

但是英軍總司令克林頓爵士反對康瓦里斯勳爵的意圖，因為他認為勳爵閣下侵入他的地盤，而且冒著將南部各地讓給葛林將軍的危險。幾封言詞尖銳的信件很快就讓康瓦里斯知道誰在當家，後者只好不甘不願地撤往菸草小港約克鎮，奉命在當地建立工事固守，並將大部分兵力交還紐約的克林頓。

康瓦里斯勳爵憤怒地通知克林頓，他必須將整支七千五百人的部隊留下來構築工事。戰爭就這樣拖到一七八一年夏末，北方依然陷入僵局，南方的情況也只是略好一點而已。愈來愈明顯的跡象顯示，下個贏得一場大勝的一方，將會一舉贏得戰爭。

此時在紐約市郊外，華盛頓與法國遠征軍指揮官侯尚波伯爵（Comte de Rochambeau）正在商討應該在哪裡痛擊英軍。華盛頓希望攻取紐約市，但是即使有法軍支援，他的部隊還是實力不足。法軍指揮官主張向南移動，試圖將康瓦里斯圍困在約克鎮。華盛頓以為只要英國海軍控制著美國海岸，這種策略只是浪費時間和精力而已；在美法聯軍能夠迫使英軍投降之前，英國海軍可以好整以暇地救出康瓦里斯。

侯尚波伯爵告訴華盛頓，法國西印度群島艦隊已經奉命北駛，躲避颶風季節。為什麼不讓陸海軍在乞沙比克灣會師呢？華盛頓不情不願地同意，但是心裡認定英國海軍會和過去一樣輕易消滅法國艦隊。他還擔心許久未領餉的厭戰士兵會開小差。

如果華盛頓拒絕進兵約克鎮，法方或許會放棄這場戰爭。革命看來已經走入了死胡同，大陸幣完全失去價值。華盛頓難過地提到，現在要用「一牛車的金錢才能買到一牛車稻草」。募兵官報告民眾對於投身軍旅毫無興趣，法國已經準備撤回遠征軍，透過外交途徑認輸。

結果華盛頓率軍南進，一連串的奇蹟就此發生。由於法軍趕忙提供軍費，只有少數美軍開小差；法國艦隊也及時抵達，將康瓦里斯圍困在約克鎮。英國救援艦隊從紐約發航，在九月五日那場少為人知的乞沙比克灣海戰中，皇家海軍的三流指揮官葛瑞夫斯（Thomas Graves）將軍犯了所有錯誤，法國海軍則表現出色。飽受痛擊的英國艦隊逃回紐約，康瓦里斯繼續被圍困在約克鎮，成為聯軍重砲的絕佳目標。

假如葛瑞夫斯贏得這場海戰，救出康瓦里斯，美國對法國的失望會達到最高點，無心再戰的大陸議會或許會求和，試圖從英國手上得到最好的條件。如此一來，美國會被迫放棄一大片紐約州和大部分南方土地，英國或許會拿下西邊阿帕拉契山地一帶的土地，他們的原住民盟友正在那裡進行一場慘烈的戰爭。美法同盟也會告吹，讓剛誕生的共和國在英國主宰的世界中自生自滅。

回到紐約，慌亂的克林頓爵士提出一項計畫。滿載陸軍官兵的船艦將突入乞沙比克灣，讓陸軍上岸加入康瓦里斯，然後對美法聯軍發動決定性的最後一戰。對克林頓而言，不幸的是葛瑞夫斯將軍根本無心從事這樣的冒險。他堅持修理受損船艦優先，然後以一連串藉口將南進計畫拖延了數星期之久。

艦隊原訂於十月十三日出港，但是當天一陣猛烈的雷雨橫掃紐約港。在強風吹襲下，有一艘船的錨纜斷裂，撞上另一艘船，兩艘船皆告受損，葛瑞夫斯將軍決定在修理完成前不能出海。這不是第一次、也不是最後一次天候在獨立戰爭中扮演關鍵角色。

到了十月十五日，美法聯軍的大砲已將康瓦里斯的防務轟得粉碎，英軍有兩處重要碉堡失陷，使得聯軍得以迂迴康瓦里斯的防線。聯軍發動決定性正面攻勢的時刻已經迫在眉睫，走投無路的康瓦里斯想出一個大膽的脫逃計畫。在約克河對岸的格洛斯特有一處英軍前哨，當地面對英軍的只有約七百五十名法軍與少數維吉尼亞民兵。或許是從華盛頓在布魯克林高地逃脫得到的教訓，康瓦里斯決定讓大部分部隊於十月十六日晚上渡河，於黎明時分從格洛斯特突圍。然後英軍會以強行軍向北走到德拉瓦，這樣很容易就可以和紐約取得聯絡。

在聯軍火砲的無情砲轟下，康瓦里斯撤下第一線的輕步兵，讓他們走到河邊，登上十六艘由皇家海軍水兵操作的大型平底船，接著上船的是禁衛步兵以及同樣精銳的皇家威爾斯火槍團。越過河面來回的航程至少需兩個小時，船隻在午夜返航，準備讓第二批部隊登船。

十分鐘之後，河上吹起了一陣猛烈的風暴，五分鐘之內就已經是狂風怒號。根據多人的日記記述，這場風暴和英軍船艦在紐約遭遇的風暴一樣嚴重，全身濕透的陸海軍官兵只好回到約克鎮岸上。風勢直到凌晨兩點才減緩下來，但此時要讓其他部隊渡河已經太晚了，失望的康瓦里斯只好命令輕步兵和禁衛步兵回到陣線上。十月十七日上午約七點，康瓦里斯、副指揮官奧哈拉（Charles O'Hara）准將與參謀同赴火線，憂心忡忡地觀察聯軍砲轟的威力與範圍。英軍砲兵指揮官報告說，他只剩下一百枚迫擊砲彈，傷亡數字每個小時都在增加。

康瓦里斯詢問手下軍官應該如何才好，戰到最後一兵一卒嗎？每位軍官都回答為了拯救官兵生命，他應該投降，畢竟他們已經克盡使命。康瓦里斯無言地點頭同意，他轉向一名副官，口述了一封歷史性信函：

鈞座：本官提議停火二十四小時，雙方各指派兩位軍官……商討約克與格洛斯特守軍投降的條款。

不少人認為要不是那場風暴，康瓦里斯的脫逃計畫可能會成功。如果沒有紐約港那陣狂風驟雨，克林頓爵士應該能在十月十三日迫使葛瑞夫斯將軍出動；如此一來，英軍艦隊會在康瓦里斯於十九日簽字投降之前趕到乞沙比克灣。兩種情況都會帶來不同後果：如果康瓦里斯脫逃，美法兩國恐怕已無面對另一場僵局的金錢與意願，美國的獨立或許會在和談中被犧牲掉。如果克林頓登陸乞沙比克灣，或許會在一場海陸會戰中贏得勝利，讓英國對美法兩國提出最嚴苛的和平條件。結果，贏得最後勝利的反而是美法聯軍。

如果華盛頓未能阻止新堡陰謀

隨著戰爭逐漸沈寂，演變成南方、西方與紐約州北邊的小部隊衝突，美國革命遭遇最後一次足以前功盡棄的危機，這回挽救革命大業的又是喬治・華盛頓。

根據一七八三年初從歐洲傳來的消息，富蘭克林率領的美國代表已經在巴黎簽定一份和議，不但確立美利堅合眾國的獨立，更將美國主權擴及密西西比河東岸。一切只差英國和法國簽訂另一份和議，但是這個好消息並未在大陸軍內部帶來應有的喜悅。

相反地，和平在望讓軍官團陷入憤慨之中，因為大陸議會已經數年未付薪餉。他們曾在一七八〇年得到保證，可以終生領取半薪。據說大陸議會覺得不再需要他們，因此想要推翻以上協議。立法諸公與軍官之間的對立早已不是新鮮事，於是軍官團決定趁槍桿子還在手上時一勞永逸地解決這個問題。

軍官團派出一個代表團前往大陸會議，領頭的是來自紐約州的麥道格（Alexander McDougall）少將。派出麥道格之舉有其意義，早在一七七〇年代初期，這位口無遮攔、善於煽動的紐約人曾是僅次於山姆・亞當斯的革命鼓動者。軍官團要求先領一筆前金，取得付清剩下薪餉的保證，並且商討以一大筆金錢或是連續數年領取全薪的條件，取代終生半薪的承諾。

麥道格於一七八三年一月十三日與麥迪遜（James Madison）、漢彌爾頓（Alexander Hamilton）以及其他議員會面。麥迪遜認為麥道格的語氣「非常激昂」，另一位軍方代表布魯克斯（John Brooks）上校則警告，談判失敗會讓軍方變成「走上極端」。漢彌爾頓遂於二月十三日致函華盛頓，警告情勢已到爆炸邊緣。

漢彌爾頓的信函來得正是時候，新堡營區的軍官團和費城的軍方代表正在策畫一次危險的陰謀，陰謀的領導人之一是華盛頓死對頭蓋茲少將的副官阿姆斯壯（John Armstrong）少校。阿姆斯壯從費城致函蓋茲，宣稱如果領導部隊的不是華盛頓，而是某個像「瘋子韋恩（Anthony Wayne）這樣的人，我不知道弟兄們要如何才會罷手」，尤其如果部隊「能夠學會像政客一樣思考」。

另一個蓋茲派的賓夕法尼亞上校史都華（Walter Stewart）與阿姆斯壯聯手，開始在新堡軍營中散布一封匿名信，要求陸軍不能在「得到公平對待」之前解散。另一封匿名信要求軍官集會，對於這個「踐踏你們的權利、不顧你們的呼聲、侮辱你們的傷痛」的國家採取行動。

收到漢彌爾頓的信函之後，華盛頓立即對匿名信做出明快的反應。他譴責未經許可的集會，並且宣布他決心「逮捕任何在重大關頭動搖的軍官」。在這個和平即將降臨的時刻，華盛頓深知他們正為一個新國家立下典範；如果陸軍成功威嚇國會屈服，美國的未來將後患無窮。

一七八三年三月十三日這天，華盛頓在新堡營區的一棟大樓內召開正式會議，發表了一篇文情並茂的演說，要求部下「信守自己的神聖榮譽」，不要理會匿名信上進軍議會的要求。他要求大家拿出「最大的憎惡與嫌棄」，看待任何「利用各種似是而非的藉口，想要推翻我國自由的人」。

台下與會軍官的臉色依然凝重。演說結尾時，華盛頓懇求軍官謹守崗位，讓後代子孫能夠稱讚：「在這樣一個時刻，世上從未見過人性臻於如此完美的境界。」但是房內的反抗情緒仍然紋風不動。

華盛頓接著拿出一封維吉尼亞議員瓊斯（Joseph Jones）的來信，信上保證大陸議會將對軍方的抱怨有所回應。遲疑了一會兒之後，他拿出一付眼鏡，除了幕僚之外，沒有人知道他在過去幾個月中戴著眼鏡。他說道：「各位，請容許我戴上眼鏡，因為軍旅生活不但讓我白髮蒼蒼，更讓我幾乎失明。」

一股激動情緒橫掃台下的軍官，這段簡單聲明要比華盛頓說過的任何話更感動人心，許多人開始當場哭泣。華盛頓宣讀瓊斯的來信後離開，讓軍官自己做出決定。他們投票對總司令表達謝忱，不理會匿名信，並對議會表達信心。

華盛頓對新堡會議的報告及時送抵議會，阻止了議員對軍方宣戰。麥迪遜在日記中提到，華盛頓的報告驅散了「正在聚集的烏雲」。康乃迪克州議員戴爾（Eliphalet Dyer）隨即提議，提供軍人相當五年薪餉的債券，當美國政府有能力時予以償付。軍方接受了這項條件，美國開國短暫歷史上最糟的一次危機終告化解。

華盛頓以「重大關頭」形容新堡陰謀並非誇張之語，如果他未能改變軍方的態度，美國革命會功敗垂成。陸軍可能進軍國會，在槍口下制定條件；各州絕不會批准這樣的協議，尤其維吉尼亞和麻薩諸塞等大州更是如此。如果陸軍試圖以武力迫使政府就範，將會導致內戰爆發，搖搖欲墜的美利堅合眾國可能就此崩潰，當時仍駐在紐約的英軍可能會重啟戰事。很難想像會有任何一州想要回歸英國統治，但是某些忠英派勢力強大的州──像是紐澤西與紐約──可能會與英國締結防衛同盟，保護自己不受大陸軍的侵略，這樣將會對美國獨立產生致命的後果。

*　　　*　　　*

據說許多年之後，華盛頓與大陸議會祕書湯馬森（Charles Thomson）在信中談到撰寫回憶錄。從大陸議會在一七七四年成立到一七八八年解散，湯馬森幾乎參與了所有會議，這兩個人所知的秘密要比整個大陸議會與大陸軍加起來還要多。他們認定回憶錄不是一個好主意，如果美國人民得知光榮的革命曾經多麼接近災難，一定會讓他們失望。他們一致同意，美國在這八年的戰爭中得到的最後勝利只能用四個字形容：上天保佑。

喬治・華盛頓的豪賭

伊拉・格魯伯

一七七六年十二月下旬，英軍把華盛頓麾下兵力遞減、士氣不振的軍隊逐出曼哈頓，一路趕到紐澤西的另一邊。除了一千四百人之外，華盛頓手下士兵的役期將在年底屆滿。絕大部分士兵飽受缺乏食物、衣物、毯子與帳篷之苦，數千名紐澤西平民已宣誓效忠英國，大陸議會預料費城將會失守，已經撤退到巴爾的摩。引用潘恩（Thomas Paine）的話，這真是一個「試煉靈魂的時刻」。

如果在這個時候，華盛頓對特倫頓與普林斯頓的最後一搏以失敗收場，或是英軍能夠消滅美軍，美國獨立會馬上崩潰。事實上，如果大陸議會在此時向英國求和，他們會驚訝地發現英方提供非常寬大的條件（英國提議以有限的殖民地國防捐取代國會徵稅）。在這種情況下，英國的條件想必會吸引許多美國人民。

面對賭注重大的特倫頓與普林斯頓之戰，我們應該要問：華盛頓是否可能輸掉他的最後一搏？在特倫頓也許不會，他佔有出奇不意與兵力優勢，攻勢經過仔細協調，忙著慶祝聖誕夜的敵軍喝得酩酊大醉。但是一個多星期之後，他在普林斯頓突襲英軍的行動卻可能以慘敗收場。如果華盛頓在迂迴康瓦里斯的夜行軍途中行跡敗露，如果普林斯頓的守軍在美軍抵達時集合起來，或者如果守軍能夠堅持更久，康瓦里斯或許會及時抵達消滅美軍。如果美軍在普林斯頓敗北，華盛頓的名聲、殘餘的美軍和美國革命可能都會跟著迅速崩潰。

伊拉・格魯伯（Ira D. Gruber）是德州萊斯大學歷史教授。

11 一場濃霧的後果

美國革命的敦克爾克大撤退，一七七六年八月二十九日

大衛・麥庫洛

無論歷史的決定論——亦即艾略特所說的「巨大的非人力量」——有多麼重要，機會與運氣（兩件相關卻完全不同的事情）向來在歷史上佔有一席之地，不然我們該如何解釋一七七六年八月的事件呢？華盛頓的軍隊在長島會戰（事實上發生在布魯克林）慘敗之後，即將被全世界最精良的英軍徹底消滅，如同大衛・麥庫洛所指出，當時美國的獨立已危在旦夕，但天氣變化實在無法預料。對於這個例子，或許我們只能說華盛頓向來有選對時間的本領。

大衛・麥庫洛（David McCullough）是當代最受歡迎的歷史學家之一，其《杜魯門傳》（*Truman*）曾獲頒美國國家書卷獎與普立茲獎，關於建造巴拿馬運河的故事《海洋間的通道》（*The Path Between the Seas*）同樣贏得國家書卷獎。其他著作包括《約翰鎮洪水》（*The Johnstown Flood*）、《大橋》（*The Great Bridge*）和《馬背上的早晨》（*Mornings on Horseback*），數百萬觀眾從《美國經驗》等電視節

目認得這位主持人。麥庫洛曾任美國歷史學會主席，曾獲頒法蘭西斯．帕克曼獎和《洛杉磯時報》好書獎，目前正在撰寫亞當斯夫婦（John and Abigail Adams）的傳記。

「決定美國命運的審判日已經近在眼前。」喬治・華盛頓將軍於一七七六年八月中在紐約的總部寫下這段話。

僅在數天前的八月八日——並不是一般人以為的七月四日——《獨立宣言》才剛在費城簽署，過去六個星期間，一支英國史上人數空前的遠征軍方才運抵下紐約港。

第一批英國船艦出現在六月底，某人記得這支大艦隊看來就像「浮在海上的倫敦」，這是美洲水域從未出現的景象，船艦在這個夏天不停地抵達。八月十三日，華盛頓報告單單在這天就來了九十六艘船；隔天又有二十艘下錨，讓總數打破四百大關，其中包括十艘戰艦、二十艘巡防艦，以及數以百計的運輸船。總計有三萬二千名裝備精良的英軍和日耳曼傭兵抵達史泰登島——當時新成立的美利堅合眾國的最大城市是費城，但是費城的人口還比不上這支大軍。

出於政治理由，大陸議會認為保衛紐約至為重要，但是華盛頓也歡迎這個與敵人決戰的機會——亦即他所說的「審判日」。不過，他只有大約兩萬名部隊，而且全無海軍船艦。他的軍隊是由剛徵召的志願兵組成，武器窳劣、補給不繼。舉個最明顯的例子，士兵沒有營帳，只有少數人配備刺刀，但是英軍卻能將刺刀威力發揮得淋漓盡致。華盛頓麾下的一名醫官寫道：「就數量、紀律、作戰經驗而言……敵人佔盡決定性優勢；此外，敵人還擁有一支強大艦隊的支援。」

在因病無法作戰的眾多官兵中，包括華盛頓手下最優秀的指揮官葛林。少有美國軍官擁有大規模作戰的經驗，在此之前，華盛頓從來沒有領軍作戰過，即將到來的戰役將是他身為指揮官的第一仗。

由於不知道英軍將在哪裡進攻，華盛頓決定分兵部署，一半留在曼哈頓島上，另一半越過東河進入長島，在河邊的布魯克林高地掘壕固守。這種做法完全違反戰場上的金科玉律──絕不在數量佔優勢的敵人面前分兵。英軍從八月二十二日開始派兵前往長島，登陸地點在布魯克林村落南邊八哩處，他的對策是派遣更多部隊渡過東河。這裡應該說明的是，東河並不是一條河，而是寬達一哩、潮流湍急的海峽。

「我相信重要事件很快就會發生。」華盛頓這樣致函大陸議會主席漢考克。

事實上，即將到來的是美國的一場大災難。華盛頓在長島上擁有一萬兩千名部隊，面對多達約兩萬人的敵軍；如果無法擋住英軍，他和手下的菜鳥部隊將會無路可退。當時發生的情況正是如此。

慘烈的長島會戰於一七七六年八月二十七日星期二爆發，地點在布魯克林高地以東數哩處。要不了多久，何威將軍指揮的英軍已經完成迂迴，將美軍殺得片甲不留。在何威的指揮下，包括格蘭特（James Grant）、克林頓、康瓦里斯勳爵等英國軍官全部表現出色。如同約翰・亞當斯的尖刻評語：「整個來說，我方的將領被人家比下去了。」

騎在灰馬上的華盛頓從山坡上觀看戰事進行，據說他當時難過地說道：「天啊！我在這一天損失了多少勇敢的弟兄。」根據戰後統計，他的損失比當時知道的還要高：美軍有超過一千四百人傷亡或被俘，兩名將領遭到生擒；許多優秀軍官陣亡或失蹤，英軍毫不留情地使用刺刀，甚至對投降的美軍也是一樣。一位英國軍官驕傲地解釋：「各位知道在戰爭中一切合法，尤其在對付國王和國家的敵人時更是如此。」華盛頓手下筋疲力竭的部隊只好回到高地的工事內，背對河水等待英軍在晚上發動最後進攻。

美國獨立大業在這一刻危在旦夕，華盛頓似乎沒有想到英軍已經將他關進完美的陷阱。英方只需派出幾艘軍艦進入東河，美軍就會成為甕中之鱉。要不是天氣的關係，這一戰的後果一定截然不同。

接下來發生了最不尋常的事件，原本可能發生的情況和日後造成的深遠影響將不難想像。當然，兩軍指揮官的個性也扮演了重要角色。無疑是受到邦克山之戰經驗的影響，何威將軍不願意在隔天趁勝追擊，拿下布魯克林高地上的美軍防線。他不認為需要無謂犧牲官兵生命，而且他也沒有著急的理由。何威幾乎從未著急過，但是這次他有很好的理由——因為華盛頓就在他希望的地方。

儘管撤退是唯一的合理選擇，華盛頓似乎沒有考慮過撤退，他的直覺反應是戰鬥。在食糧與時間即將耗盡之下，他卻在八月二十八日與二十九日下令更多部隊從紐約划船前來增援，這個決定完全讓人無法理解。

儘管官兵都能勇敢作戰和服從領導，但是華盛頓的部隊已經又累又餓，而且士氣低落。氣溫在八月二十九日突降，傾盆暴雨落在毫無遮蔽的美軍頭上。到了下午，根據一位布魯克林當地牧師的日記：「我不記得下過這樣大的雨。」毛瑟槍和火藥都被淋濕，在某些地方，士兵站在水深及腰的戰壕內。由於敵軍隨時可能進攻，美軍必須保持警戒，許多官兵已經數日未眠。一位在戰役結束後見到他們的紐約人記得，他一輩子沒見過這樣疲憊的可憐人。

官兵知道華盛頓日夜在營中來回，不斷地關心部下，幾乎沒有下馬。八月二十八日和二十九日兩天中，華盛頓似乎從未休息。

但是他們遭受的痛苦也解救了他們。強烈的東北風吹了將近一星期，儘管這場風雨帶來諸多苦難，卻使得英軍船艦無法溯東河而上；對這個新誕生的國家而言，這場狂風吹得愈久愈好。

對於當時景況，英國歷史學家屈維廉（George Otto Trevelyan）爵士後來如此描述：「肩負著國家最後的希望，這九千名士氣不振的官兵被釘死在陣地內，背後就是大海，前面則是一支常勝軍。在這片一平方哩的開闊地上，毫無遮蔽的士兵飽受冷冽的東北風吹襲……。」

在關鍵的八月二十九日，華盛頓於早上四點致函漢考克，信中只談及天氣的惡劣，以及大陸議會未能提供帳篷，此外完全沒有提到撤退。他已經見到五艘英艦試圖逆流而上，但是沒有成功，所以似乎賭注風向不會改變。他還可能以為港內的沈船已經擋住航道，只有小船才能通行，這個想法後來證明大錯特錯。無論如何，在陸地上遭到迂迴之後，他現在正面對著海上迂迴的嚴重危險。

一直到當天稍後，華盛頓得知英軍正在利用夜晚「推進」——英軍在夜色掩護下挖掘的戰壕正在逼近美軍防線——還有終於了解被英艦封鎖的可能性之後，才做成撤退的重大決定。重要的是，他強調此一決定「是在我的將領建議下」做成的。

根據一位在場人士的回憶，要求最力的是來自費城的米夫林（Thomas Mifflin）將軍，他是一位三十二歲來自費城「好戰的貴格教徒」。米夫林是前一天最後一批抵達援軍的指揮官，也是在夜間巡邏時發現英軍戰壕正在逼近的人。他明白告訴華盛頓，立即撤退不但必要，而且是僅剩的選擇。為了不讓別人質疑他的提議動機，米夫林請纓出任後衛指揮官，這是撤退時最危險的位置。

在滂沱大雨中，華盛頓與他的將領在李文斯頓（Philip Livingston）的夏季別墅召開作戰會議。李文斯頓是《獨立宣言》的簽署人之一，當時正在費城參加大陸會議。此時剛過中午不久，根據官方的記錄，此次會議的目的是斷定：「是否在各種情況下我軍都應該離開長島。」同意的兩個理由是東北風或許會轉向，還有原先以為港內布滿障礙的想法已被認定是錯誤的。

做成決定之後，美軍立即開始準備工作，紐約收到華盛頓傳來的命令：「無論是帆船或划艇，所有能夠浮動的船隻於天黑時在港口東邊集合。」

集結船隻的藉口是用來運送傷兵，以及將更多援軍運至布魯克林。在此同時，高地上的軍官奉命「讓部隊攜帶所有武器、裝備與背包，於晚上七點在營地前面集合待命。」

當然，以上全是華盛頓的謊話，目的是到最後一刻才讓官兵知道事實，藉以減少發生恐慌的機會，並且欺騙英方。因為一旦船隻開始集結，紐約市內眾多的英國間諜一定會得知消息。

大部分接到命令的官兵以為他們即將發動攻勢。一名來自賓夕法尼亞的年輕志願上尉葛瑞登（Alexander Graydon）回憶，當時大家都奉命寫下遺囑，但是他發現事情有點不對勁：「一個念頭突然閃過我的腦際，我軍的目的其實是撤退，這道命令……只是掩護真正目的而已。」然而，沒有其他軍官相信他的意見。以後多年中，只要想到這次漫長的等待，他就會想起莎士比亞在《亨利五世》劇中形容艾金考之戰前夕「疲憊的長夜守望」的合唱。

天色變暗之後，第一批船隻立即開始渡河，我們實在無法想像這次撤退是如何辦到的。美方動員了所能想到的各種船隻，船員是由行伍中的麻薩諸塞士兵充任——他們的本行是水手或漁夫——並由葛洛佛（John Glover）將軍與赫金森（Israel Hutchinson）上校指揮。美國陸軍的命運可說握在他們的手上，他們則比任何人都清楚這一夜是多麼容易變成一場災難。

每一樣東西——包括人員、給養、馬匹、大砲——都要渡過河。美軍採取了一切措施保持肅靜，槳和車輪都包上布，命令以低聲細語傳達。在夜晚的大雨中，每一艘渡河的船隻都在與時間賽跑。

這次行動一度看來會以失敗收場。快要九點時，東北風突然在低潮時增強；即使有經驗豐富的水手操作，帆船還是無法對抗風和水流的力量，當時的划艇數目又不足以在天亮前載運所有人渡河。但是過了大約一小時之後，風力開始減弱並轉向西南，這正是最有利的風向，於是所有船隻再度全力投入撤退。

渡河作業毫無差錯地進行了數小時，如果說運氣特別眷顧勇者，當夜在東河上就是最好的例子。雖然華盛頓第一次領軍作戰的表現實在不讓人敬佩，他在第一次大撤退中卻表現出高超的鎮定與敏銳。他的部下也許訓練不良、缺乏作戰經驗，但是無論處境多麼可憐，他們當天都能振作起來。官兵必須站立等待數小時，接到命令後才安靜地出發，在伸手不見五指的黑夜中走下布魯克林渡口的斜坡（位置大約在今日布魯克林大橋的所在地）。

隨著一個團接一個團登船離開，前線變得愈來愈薄弱，如果撤退行動被發現，前線將無人抵擋敵軍進攻。米夫林指揮的後衛忠實地留到最後，讓營火繼續燃燒，並且製造出各種聲音，讓英軍以為美軍仍然守在原處。

唯一的錯誤發生在凌晨約兩點時，米夫林接到命令開始後撤，但是在前往渡口的路上得知這是個天大的錯誤，他和部下必須立即返回崗位。其中一位後來寫道：「這對於年輕弟兄真是個折磨時刻，不過我們還是遵守了命令。」他們在英軍察覺有異之前及時回到前線。

另一位軍官托馬奇上校回憶：「第二天黎明將至時，我們這些留在戰壕中的人開始非常擔心自己的安危。」

此時仍有許多部隊尚未過河，以目前進行的速度，勢必無法在天亮前讓所有人平安離開。但是天氣再度伸出援手，這次出現的是濃霧。

這場濃霧被稱為「上帝的特別賜予」、「上帝恩典」、「對計畫大有幫助」、「不尋常的霧」、「友善的霧」、「一場美國的霧」。托馬奇記得：「當時霧濃到我無法認出六碼外的人是誰。」天亮之後，濃霧並未散去，如同黑夜一樣繼續掩護此次撤退行動。

托馬奇回憶當後衛部隊終於奉令撤退時，「我們非常高興地向戰壕道別」，霧還是一樣「濃到最高點」：

當我們抵達布魯克林渡口時，船隻還沒有從上一趟回來，但是它們很快出現，將整個團載到紐約。在部隊登上最後一批船隻的時候，我想自己見到華盛頓將軍還站在碼頭上。

這場霧在上午七點散去之後，英軍震驚地發現美軍已經消失得無影無蹤。讓人訝異的是，超過九千名部隊加上背包、給養、馬匹、野戰砲竟然在一夜之間完成撤退，而且他們搭乘的是一支在數小時內緊急召集的船隊，沒有帶走的只有五門陷在泥沼內的重加農砲。整次行動無人喪生，甚至連受傷的人也沒有；而且如同托馬奇記得的，華盛頓冒著被俘的危險，待到最後一艘船啟航。事實上，被英軍俘獲的只有三名留下來搶掠的士兵。華盛頓預見將決定美國命運的「審判日」最後變成「審判夜」，這一夜對於美國命運的影響不下於任何一場戰役。

這是美國革命史上的敦克爾克——一支受困的大軍在大膽的救援行動中獲救，得以來日再戰——華盛頓更受到來自各方的讚譽，包括士兵、軍官、大陸議會代表、軍事專家、歷史學者等等。當時的一位英國軍官宣稱這次撤退「非常傑出」，另一位後世的學者寫道：「這種行動不可能執行得更好了。」

不過，這也是一次非常驚險的行動，可以出錯的地方無所不在。在長島會戰那天，阻擋英國艦隊的東北風可能沒有出現；或者風向在八月二十九日沒有轉為西南風；或者幸運的濃霧沒有在那天破曉時分出現。

如果英艦得以停在布魯克林高地岸外，會有什麼後果？數週後英軍就做了最好的示範。在風向與潮流幫助下，五艘英艦——其中包括配備五十門大砲的「名聲號」——溯東河而上抵達基普斯灣，從兩百碼外對曼哈頓島上的美軍防務展開一場驚天動地的砲轟。「陸海軍官兵中很少有人聽過這麼可怕的不間斷砲聲。」一位英國海軍軍官寫道。美軍的工事與戰壕立即塌陷，部隊嚇得四散奔逃。

如果美軍在布魯克林遭遇這樣的壓倒性火力，陷阱會完全關死，華盛頓與一半的大陸軍只有投降一途，美國革命會跟著崩潰。未來的故事一再顯示，沒有華盛頓就沒有革命。如同歷史學家屈維廉後來所寫的：「一旦風向轉變，英軍巡防艦……會進抵布魯克林的後方，美國的獨立將無限期延後。」

值得一提的是，布魯克林的情況會在五年後重演，只是角色互換而已。一七八三年，華盛頓與侯尚波指揮的美法聯軍將英軍圍困在約克鎮，一支法國艦隊擋住英軍背後的脫逃之路。英軍指揮官康瓦里斯勳爵別無選擇，只好率領麾下七千多名官兵投降。

「噢，天啊！全都完了！」據說聽到約克鎮傳來的消息時，英國首相諾斯勳爵（Lord North）這樣驚叫。要不是霧和風在布魯克林改變歷史，這句話或許會在一七七六年夏天的大陸議會廳內響起。

12 稱霸歐陸的法蘭西帝國

拿破崙失去的機會

亞歷斯泰・霍恩

即使你不得不承認拿破崙是十九世紀的主宰人物，他還是有些不太能讓人接受的地方：為了個人光榮，拿破崙毫不遲疑地犧牲一整個世代的歐洲青年。那些成就過度的歷史人物一生充滿讓歷史掉頭的機會，而拿破崙更甚於大部分人：直到希特勒為止，世界上再也沒有出現這樣一個人物。他是個不知道何時該停止的人，誰知道他最後可能會走到哪裡呢？

在這一章中，英國歷史學家亞歷斯泰・霍恩討論了拿破崙功業中吸引人的「如果這樣會如何」。他可以在一八〇五年入侵英國嗎？他將路易斯安納賣給剛誕生的美利堅合眾國是正確決定嗎？在拿破崙最負盛名的奧斯特利茲（Austerlitz）會戰前的戰役中，這位大賭徒多麼接近在中歐慘敗？結果又會如何？（有趣的是，德國統一和整個世紀的衝突可能都不會發生。）如果拿破崙決定不進攻俄羅斯，改從土耳其攻往近東——這是亞歷山大大帝的征服之路——威脅英屬印度呢？如果威靈頓公爵（Duke of Wellington）接受指揮北美洲英軍的任命呢？他或許會為英國贏得一八一二年的戰爭，但是卻無法參加滑鐵盧會戰，因而帶來不同的結局。如果拿破崙在滑鐵盧實現「奇蹟」，日後的歐洲和全世界會變成什麼樣子？

亞歷斯泰．霍恩（Alistair Horne）著有兩本關於拿破崙的著作：《拿破崙：歐洲的主人，一八〇五—一八〇七》（*Napoleon: Master of Europe 1805-1807*）和《距離奧斯特利茲多遠？》（*How Far from Austerlitz?*）。他的重要著作包括《巴黎的淪陷：圍城與公社，一八七〇—一八七一》（*The Fall of Paris: The Siege and the Commune 1870-1871*）、《光榮的代價：一九一六年的凡爾登會戰》（*The Price of Glory: Verdun 1916*）、《輸掉的戰役：一九四〇年的法國戰役》（*To Lose a Battle: France 1940*），以及《野蠻的戰爭與和平：阿爾及利亞，一九五四—一九六二》（*A Savage War of Peace: Algeria 1954-1962*）。霍恩是劍橋大學文學博士，他的歷史作品使他獲頒指揮官級大英帝國勳章（CBE）和法國榮譽勳章（Legion d'Honneur）。

在拿破崙長達約二十年的不凡生涯中，有許多歷史或許會走上另一條路的機會：他和他的敵人都可以有不同選擇，而拿破崙如果在某些時刻做了另外的選擇，他的地位將會維持下去。舉例而言，如果拿破崙贏得滑鐵盧會戰會如何？如果他真的贏了，今日的世界又會如何？

在歷史學家魯德（George Rudé）的筆下，拿破崙「是個勇於行動和立即下決定的人，同時又是個詩人和征服世界的夢想家。他在政治上是個最現實的人，同時又是個粗野的冒險家，樂於擲下重大賭注。」拿破崙的好運是他出現在一個對革命疲乏的時代，難怪他可以掌控歐洲和全世界的命運如此之久。

在一七九二至九四年的羅伯斯比爾（Robespierre）恐怖統治之後，接掌政權的督政府是個分裂的軟弱政府——或許有點像史達林主義結束後的戈巴契夫和葉爾辛政府。對於自法國大革命以來就陷於戰亂中的歐洲各國而言，一七九九年原本可望是個充滿希望與和解的一年，但是四年前，有位二十六歲的一星將軍在鎮壓巴黎暴民時贏得了「葡萄彈砲煙」的稱號。拿破崙還未滿三十歲時，就已經在一七九六至九七年間於義大利贏得第一次重大軍事勝利。在一七九九年十一月九日的「霧月政變」（譯註：霧月是法國共和曆的第二個月，約當十月底到十一月底）之後，拿破崙已成為法國真正的統治者，之後的全國公民投票確立他出任終身首席執政。拿破崙的掌權破壞了英法和解的希望，尤其是在他說服督政府同意發動不幸的埃及遠征之後。到一八〇三年為止，法國人還認為拿破崙會締造和平，之後則把他當成新帝國的征服者和奠定者。直到情況直轉而下以前，法國人都樂意跟隨拿破崙南征北討（事實上，大部分德國人在希特勒輕鬆獲勝的日子也是如此）。

一八〇一年，短暫的亞眠和平（引用邱吉爾的話：「真短的觀光季節！」）提供各國政治家一次及早談出協議的機會，但是英國政府不顧局勢不利，堅持不可失去馬爾他。另一方面，雖然拿破崙在陸地上所向披靡，皇家海軍卻讓他在海上到處碰壁。當時雙方都尚未準備好利用這個機會，只要拿破崙擁有陸上霸權，雙方就不可能妥協。

在這次和平期間，拿破崙忙於處理法國第一波社會和立法改革，但是他的心思已經放在國外征服之上。他剛剛在海外達成一筆漂亮交易，將路易斯安納賣給剛誕生的美國，此舉確保在未來對抗英國的全球衝突中，美國就算不是盟邦，也會維持親法中立。當然，他大可握著這片從西班牙皇室手上贏來的廣大土地不放，但是這樣很可能會導致法國和美國發生衝突——他和英國都招惹不起美國。

這點在爭奪加勒比海島嶼的長期衝突中得到明證（筆者應該指出：在十八世紀時，這些島嶼被認為是新世界最有價值的土地）。在二十二年的對法戰爭中，英國的死難者有將近一半喪命於西印度群島戰役中，頭號殺手則是可怕的黃熱病。拿破崙於一八〇二年派軍遠征，收復糖產豐富的聖多明哥島（Santo Domingo，今日的海地），部隊同樣遭到疾病摧殘，指揮官雷克勒（Leclerc）將軍（拿破崙之妹寶琳的丈夫）亦難逃一劫。在出征的三萬四千人中，只有三千人歸來；即使如此，拿破崙還是一再將目光放在法國失去的加勒比海島嶼上。不過，在出售路易斯安納和聖多明哥島遠征失敗之後，他只好黯然退出新世界，讓華盛頓方面大大鬆了一口氣。

此外，革命後的法國也無力在新世界維持海軍力量，這樣做會使得拿破崙的海軍成為英國海軍的獵物，所以從來都不是可行的選擇。事實上，在拿破崙功業的絕大部分轉折點上，我們都會發現劣勢海軍對他造成嚴重的影響。當時法國海軍久為叛變所苦，軍官大多來自遭整肅的上層階級，船艦老朽不堪，全軍尚未從革命帶來的打擊中恢復過來。一七九八年，拿破崙正在埃及陸地上旗開得勝，年輕的納爾遜（Horatio Nelson）卻在海上痛擊法國海軍；三年之後，同樣的事情又在哥本哈根上演。儘管如此，拿破崙仍在一八〇三年七月宣布成立國家艦隊，表明目的就是入侵英國。歷史學家至今仍在爭辯拿破崙是否真的有意侵英，但是證據指出拿破崙和希特勒一樣，只要認為辦得到就會動手。

和希特勒相同之處還有，只要拿破崙能將一支大軍送上陸地，數量居劣勢的守軍將不是對手。早在一七九七年，拿破崙就曾試圖入侵愛爾蘭，但是因為風暴而放棄。隔年在法國的鼓動之下，愛爾蘭爆發血腥叛亂，這次叛亂和兩個月後的法軍登陸都以失敗收場。愛爾蘭在紙面上看來或許很吸引人，但是對拿破崙而言，愛爾蘭證明還是條死胡同。只要皇家海軍還掌控著英國的海上航道，這種情況就不會改變。早在十三世紀初，造反的貴族曾將備受痛恨的約翰國王從法國迎來，讓他短暫統治英國，但是隔年愛國勢力起事，在加萊海戰中消滅了法國艦隊。自此之後，無論在陸地上享有多大的勢力，法國很少準備好在海上對抗英國。

無論如何，拿破崙仍然著手建造一支超過一千艘駁船的入侵船隊。這些沒有龍骨的平底船適於將部隊送到英國的海岸和河口，缺點是只能在最平靜的海面上航行，法國因此在演習中損失了眾多人命。英方對於此威脅非常認真，但是當時的「女王海軍統治者」聖文森（St. Vincent）將軍的話倒是正中要害：「我沒有說法國人過不來，只說他們不能從海上過來。」拿破崙自己在埃及戰役後承認：「要不是英國，我早已當上東方皇帝。但是只要有水浮起一艘船的地方，我們一定會發現英國人擋在路上。」雖然當時英國缺乏一支像樣的陸軍，但是他們對拿破崙歐陸敵人的金援再加上自身的強大艦隊，一再成功擋住拿破崙的野心。

到了戰爭於一八〇四年爆發之時，納爾遜擁有五十五艘戰艦，對抗法國的四十二艘戰艦，不過法方堪用的戰艦只有十三艘。但是在一八〇五年夏天，拿破崙打出最大膽的一張牌，派遣維耶紐夫（Villeneuve）將軍麾下搖搖欲墜的艦隊出海，進行一萬四千哩欺敵長征，將納爾遜誘至西印度群島。此舉目的是讓法國海峽艦隊獲取足夠時間的優勢，拿破崙以慣有的樂觀，估計只要二十四小時的優勢就夠了。「我們已經準備好上船。」他這樣告訴法國海軍將領。如同一九四〇年夏天邱吉爾遭遇的情況，英國在一八〇五年夏天緊張地等待敵人入侵。到了八月，拿破崙在布倫（Boulogne）的懸崖上咒罵「可惡的逆風」和他的海軍將領，他們全都讓他失望，一切條件配合的二十四小時從未到來。和希特勒一樣，拿破崙只好認輸，開始將部隊東調。到了八月底，多達二十萬人的大陸軍已向奧地利開拔，對抗正在浮現的奧地利和俄羅斯的威脅。

英國算是安全了，但是「一八〇五年入侵」有可能成功嗎？這對拿破崙是個認真的選擇嗎？對拿破崙這個不惜浪費士兵生命的大賭徒而言，這個風險還是值得一試。但是，即使在最好的情況下，考量到皇家海軍在人員素質、船艦和指揮官等方面的優勢，這次賭博的賠率還是對他非常不利——這是在陸地上所向無敵的拿破崙及其元帥永遠無法了解的事情。引用美國的馬漢（Alfred

Mahan）將軍對納爾遜在二個月後的特拉法加（Trafalgar）海戰大捷時的名言：「大陸軍從來沒有見過那些遙遠、飽經風雨的船艦，但是它們正好擋在大陸軍和主宰世界之間。」

這句話會一路跟隨拿破崙到聖赫勒拿島上。

經過一連串難以置信的迅速行軍和漂亮的部隊調動之後，拿破崙於一八〇五年十二月二日在奧斯特利茲贏得一生中最偉大的勝利。奧斯特利茲位於今日的捷克共和國境內，拿破崙以七萬三千名部隊和一百三十九門火砲，打垮了擁有八萬五千人和將近兩倍火砲的俄奧聯軍。在奧斯特利茲以及之前的烏姆（Ulm）會戰中，拿破崙擬出完美計畫，而且完全清楚自己在做什麼。然而，在這片敵方的土地中央，他也面臨著巨大的風險，到處都有「如果這樣會如何」的可能。

如果在拿破崙包圍烏姆之前，步履緩慢的俄軍已經與奧地利的馬克（Mack）將軍會師……

如果普魯士及時參戰，攻擊拿破崙漫長的側翼……

如果俄羅斯的庫都佐夫（Kutuzov）將軍能夠如願，拒絕在奧斯特利茲交戰（如同他在一八一二年於俄羅斯所作的一樣）……

最後，如果拿破崙在奧斯特利茲會戰的表現和隔年在耶拿會戰面對更差勁的普魯士軍時一樣不俐落……

在戰術上，最後這點在我看來最可能讓歷史走上另一條路。奧斯特利茲會戰進行到一半時，一度勝敗未卜，拿破崙的頭號將領達伕（Davout）正率軍從維也納趕來，一切都要看他能否及時趕抵戰場。但是，假如當時不是達伕，而是由自負、無能、反應緩慢的「美腿」伯納多特

（Bernadotte）領軍呢？在一八〇六年的耶拿會戰中，伯納多特的差勁表現差點毀掉法軍的勝利。在一八〇九年的華格蘭（Wagram）會戰中，拿破崙甚至命令他蒙羞離開戰場。

如果在歐洲中央戰敗，此時法軍距巴黎有一千公里遠，拿破崙自己也可能被俘，我們很難想見他如何能撐過奧斯特利茲的失敗。就在兩個月之前，納爾遜才在歐洲另一端讓拿破崙嘗到一次決定性的失敗。從特拉法加海戰之後，法國在海上的缺乏行動自由會對他的所有計策和選擇設限——這是一個非常重要的因素。

在奧斯特利茲失敗之後，還有另一個「如果這樣會如何」的問題；滑鐵盧之戰後持續達一世紀的和平將不是英國主宰的和平。這場由庫都佐夫將軍率領俄奧聯軍贏得的戰役，會讓沙皇亞歷山大主宰和平的條件。如果在一八〇五年發生這樣的結果，搖搖欲墜的哈布斯堡王朝地位將大幅提升，俄羅斯則會退回自己的邊界，並且可能向南邊的鄂圖曼帝國擴張。最大的不同會發生在普魯士：不受戰爭威脅之後，普魯士會失去統一日耳曼各邦的動機，只會繼續維持次要地位，不會在未來世代威脅歐洲的和平。歐洲在十八世紀的平和局面將得以恢復。

如同上文提到的，拿破崙隔年在耶拿—奧爾斯達特（Jena-Auerstädt）會戰（對抗普魯士）的表現沒有那麼俐落，接下來在伊勞（Eylau）和佛瑞蘭（Friedland，對抗俄軍）的表現亦復如此。不過，此時局勢對拿破崙非常有利，成功一再帶來下一次成功；但是就更全面的歷史而言，拿破崙在一八〇五年和一八〇七年實在過於成功，他的歐陸敵人奧地利、俄羅斯和普魯士受到的屈辱之重，不可能不思報復就乖乖屈服。如果拿破崙未在奧斯特利茲的普拉曾高地上贏得如此徹底，滑鐵盧會戰會在十年後發生嗎？到了一八〇七年，拿破崙的未來已不在戰場上，而是取決在外交上。主管外交的則是他的外交部長——自願還俗的前主教塔里蘭（Talleyrand）——此人的手腕可謂那個年代的季辛吉。

我們當然可以主張，要不是拿破崙被一連串勝利沖昏了頭，塔里蘭的任務會簡單許多；但是如同普魯士在一八七一年對法贏得的勝利，過分勝利的將軍都不是優秀的和平談判代表。穆哈（Murat）的騎兵於一八〇七年六月十九日進抵俄羅斯邊界上的尼門河（Niemen），在這個距巴黎一千哩遠的地方，法軍遇上沙皇亞歷山大的特使，要求談判停戰。

接下來一週內，雙方在河中央一艘趕忙搭建的浮筏上會商決定歐陸的未來。筏上的拿破崙不過三十七歲，已經是歐洲的主人，但是他的缺點或許正是自視為「宇宙的主人」。當時從直布羅陀到維斯托拉河，全部都是由他直接統治，或是由他扶立的諸侯統治的土地。邱吉爾這樣寫道：

> 奧地利是個順從和逢迎的衛星國。普魯士國王和他的美麗皇后淪為乞丐，幾乎是隨扈們的囚犯。拿破崙的兄弟在海牙、那不勒斯與西發利亞稱王……

在奧斯特利茲會戰之前，拿破崙是恐懼的對象；在提爾西特（Tilsit）會議之後，他將全歐洲置於恐怖之下。過去十年間，他的征服成就足以和亞歷山大大帝相提並論；但是亞歷山大大帝只橫越毫無抵抗的波斯和印度，殺戮幾無抵抗之力的平民，拿破崙卻是在敵對的歐洲橫越千哩之遙，征服偉大的國家和強大的軍隊。然而，兩人之間卻有不幸的相同之處：亞歷山大大帝的目標僅是到達「世界的盡頭」，他沒有辦法停下來。結果印度毀了他，波斯的沙漠則要了他的性命。

拿破崙能在這時候停下腳步嗎？在尼門河的筏子上，他曾有過這個選擇，這是他停下來鞏固領土的最好機會。或許在統一分裂的城邦之後，他可以滿足於成為義大利國王；畢竟身為科西嘉人，拿破崙的血緣更接近義大利人而非法國人，有眾多街道以拿破崙命名的米蘭則會讓遊客永遠記得他的威名。

此外，他可以將精力完全花在重建法國與榮耀巴黎之上。他在一七九八年宣稱：「如果我能成為法國的主人，我會讓巴黎不只成為世界上最美麗的城市，或是有史以來最美麗的城市，而是世界所能出現的最美麗城市。」

後來他悔恨地說道：「我希望巴黎擁有兩百萬、三百萬、甚至四百萬的居民，成為過去從未得見的美麗偉大城市……如果上天再給我二十年和多一些空閒，你們就見不到過去的巴黎了。」但是他的壯觀建築計畫只有少數得以完成。將巴黎建成一座紀念碑，見證拿破崙統治的富裕和偉大夢想，最後因為他的軍事野心未能成真。

所以，提爾西特會議是拿破崙在大局急轉直下之前的最後機會。當他在五年後再度來到尼門河時，將是他邁向第一次重大慘敗和最後倒台的開始。

狡猾但嚴肅的塔里蘭已預見此一危險，以及擺在拿破崙面前的選擇。對於拿破崙開給失敗敵人的嚴峻條件，塔里蘭完全不表贊同，加諸於自豪的普魯士人身上的條件——高額賠款和肢解易北河以西的領土——尤為苛刻。這種做法證明讓人無法接受，並且導致普魯士日後的復興運動，促成法國自一八一三年起的一連串失敗。更嚴重的是，逃過拿破崙一劫的普魯士將會統一日耳曼，毫無寬恕之心的普魯士後代將會在一八七〇年、一九一四年和一九四〇年為法國帶來大難。

關於奧地利，塔里蘭原本寄望在奧斯特利茲戰後開出的寬大條件可以讓奧地利成為抵擋俄羅斯的屏障，並且確保東歐的權力平衡（畢竟一八〇五年的俄奧同盟並非情投意合，亦無歷史淵源），但是她和普魯士一樣遭到苛刻對待，夢想有朝一日復仇。

提爾西特會議之後，俄羅斯成為拿破崙名義上的盟友，但是俄羅斯同樣遭到羞辱，而且更被拿破崙擁立華沙大公之舉激怒，因為位在邊界上的波蘭向來是俄羅斯的附庸——葉爾辛對一九九〇年代北約東進的反應與此相似。因此，雙方之間的新友誼只存在於表面而已，完全出自眼前的自私自利和對英國的敵意。拿破崙迫使不情不願的沙皇加入他的「大陸體系」，目的就是以反封鎖迫使英國屈服。

這些都不是塔里蘭努力的目標，他的首要目標是結束從革命以來拖累法國的十五年戰爭。他認為提爾西特會議徒然延長了戰爭，因為法國從此再也沒有真正的朋友。他是對的。深感挫折且氣憤的塔里蘭於是倒戈投向沙皇陣營，這是一種應受質疑的叛國行為，但是塔里蘭的意圖是在法國被整垮之前先整垮拿破崙。

如果拿破崙聽從塔里蘭的忠告，他在提爾西特會議可以成就什麼？如果當時多運用說服和外交手腕，而非軍事威脅，他或許可以將受人尊敬的拿破崙行政體系推展到全歐。經過一段時間之後，他或許會造就出一個比「大陸體系」對英國影響更大的經濟對手——事實上，僵硬、不受歡迎的「大陸體系」對成員國造成的傷害較對英國還大。

就戰略層面而言，他或許可以說服沙皇支持法國向土耳其和近東推進，威脅英國在印度的勢力基礎；畢竟，當時距離過去法國在印度佔有一席之地的日子還不太遠。從失敗的一七九八年埃及戰役之後，這是常在拿破崙心頭浮現的夢想，而且他會得到俄羅斯的同情，因為後者對中亞的野心一再受到英國阻撓。經由陸路推進，拿破崙可以避開無所不在的皇家海軍的威脅。他在近東不會遭遇任何重大抵抗，甚至很可能讓伊斯蘭教在法蘭西帝國中佔有一席之地——條件是和其他宗教一樣，在政治上安分守己。

然而，我們還是不免想起亞歷山大大帝麾下大軍的命運。波斯和印度的沙漠毀了他們，距離加上疾病或許會對拿破崙造成同樣的後果——如同荒涼的俄羅斯一樣。面對英國的海權，他的漫長補給線在許多點上都很脆弱：或許在博斯普魯斯海峽，或者是當遠征軍在地中海東岸登陸的時候。還有，鄂圖曼帝國的土耳其戰士是友是敵呢？

至於對巴勒斯坦的猶太人，這會有什麼影響呢？拿破崙曾一再表示解放法國猶太人的強烈（以當時的標準可謂進步）欲望。在一七九七年慘烈的阿克赫（Acre）圍城戰中，拿破崙曾發表宣言，嚴正宣示猶太人擁有「和其他民族同等的政治生存權」。如果拿破崙在中東旗開得勝，或許在以色列建國一世紀之前，猶太人對巴勒斯坦的願望就可以實現。另一方面，我們又不免想起拿破崙對波蘭人的承諾與結果之間的落差有多大；對於失去地緣政治重要性的地方，拿破崙從來沒有耐心留下來扮演貴人。

然而在提爾西特會議上，拿破崙拒絕了以上這些選擇——塔里蘭的背叛更象徵他事業上的一大轉折。就像他在聖赫勒拿島流亡時承認的，提爾西特會議或許是他的事業頂峰。

在提爾西特會議結束幾個月內，填補「大陸體系」破洞的企圖已導致拿破崙犯下一大策略錯誤。身為英國最古老的盟邦，葡萄牙是英國在歐陸上的最後據點。拿破崙決心消滅這個國家，但是法軍行經西班牙時，引起了一個不能忍受卻又無法解決的問題，這個問題就是幾乎不可能獲勝的游擊戰。西班牙游擊隊背後是一支兵力不過九千人的英國遠征軍，指揮官是魏勒斯利爵士（Sir Arthur Wellesley，後來的威靈頓公爵）。在這個拿破崙自己造成的傷口上，長出了一個「西班牙毒瘤」，成為英國的「第二前線」。到了一八〇九年底，拿破崙已在半島戰爭中投入二十七萬大軍，這是他手上兵力的五分之三，他和俄羅斯的關係立即受到重大影響。沙皇亞歷山大原本是提爾西特會議的輸家，沒想到一年內就輪到拿破崙上門求助，央請俄羅斯制止奧地利的蠢動。

在此同時，奧地利正在積極建軍，準備報奧斯特利茲的一箭之仇。

拿破崙可以在伊比利半島上有不同作為嗎？當然可以。他大可不介入西班牙，只需沿庇里牛斯山封鎖邊界，讓自豪和愛國的西班牙人對付進犯的英國人（畢竟他們仍對納爾遜在特拉法加一戰摧毀西班牙艦隊感到憤恨，因此很可能會像對付法國入侵者一樣，起而對抗英國入侵者）。麻煩的是，拿破崙從不知道何時該停手。在此同時，法國國內的不景氣、不滿和低沈士氣愈形嚴重，迫使他走上獨裁者的老路子，尋求另一場光榮戰爭來吸引民眾注意。

一八〇九年的夏天，法國和奧地利的戰爭再度爆發。在維也納郊區的華格蘭，拿破崙贏得最後一場大勝，但是這次勝利主要是仰賴薩克遜和義大利的徵兵，這些部隊在逆境中一點都不可靠。和奧斯特利茲會戰不同的是，華格蘭會戰並不是決定性的勝利，奧地利很快就會再度整軍經武。隨著敵方將領學到更多的教訓，拿破崙頭上的烏雲開始密布。

隨著皇家海軍對歐洲港口的封鎖日漸嚴密，拿破崙的壓力愈來愈大。在一八〇六、一八一〇和一八一一年間，法國接連發生經濟危機，至此拿破崙應該已經感覺到大事不妙。單在一八一〇年間，英國進口的小麥有八成以上從拿破崙的指掌間溜過，有些甚至來自法國；在此同時，為了讓法國陸軍得到大衣和靴子，他的後勤人員必須設法偷偷突破英國封鎖。就在這一年，漢堡的四百家糖廠只剩三家營業，但是受到封鎖損失最重和最憤怒的是俄羅斯；到了一八一一年夏天，俄羅斯港口內有一百五十艘懸掛美國旗的英國船。這種破壞「大陸體系」的行徑是拿破崙無法容忍的，危機於是開始升高，一八一二年一月的麵包危機更讓他多出一個向東進軍的動機。

然而，一八一一年對英國也是最危險的一年；就在這一年，英國接連遭逢穀物歉收和經濟危機。接著在一八一二年，拿破崙得到一個千載難逢的機會：美國國會在六月向英國宣戰。這場史上最愚昧（從英國的觀點來看是最不愚昧）、最不需要的戰爭，是英國獨斷獨行封鎖歐洲產生的直接後果。這對拿破崙是一個大好良機，但是等到他可以利用這個機會的時候，法軍已經兵敗俄羅斯，正在潰退返回法國的路上。

如果拿破崙在一八一二年將目光放在西方而非東方，會有什麼後果？如果他運用外交手腕而非全靠軍事手段呢?如果塔里蘭仍在他身邊呢?在法國大革命期間，塔里蘭曾在美國費城住過兩年，也許可以讓拿破崙對美國的想法略有所知。由於無法贏得制海權，拿破崙在軍事上無法支援美國，但是塔里蘭可以提供外交和道德上的支持，擴大美國國內對英國傲慢海上封鎖的憤恨。此舉當然值得一試，讓我們考量一個可能的結果：在一八一四年十一月，威靈頓公爵得到接掌北美洲英軍的機會。由於強烈反對這場戰爭，他並未接受，但如果拿破崙插手英美衝突，他或許會改變心意。他的決定是英國的運氣，這場對抗前殖民地的戰爭在數週後以平手收場。但是：如果威靈頓公爵當時的看法不同，或是美國更全力投入戰爭，威脅到加拿大（尤其是魁北克），當拿破崙在一八一五年六月向反法同盟開戰時，威靈頓公爵將會遠在三千哩外。

當然，威靈頓公爵或許會讓美國蒙受決定性的失敗。如果是這樣，英國會收回一大片前殖民地土地做為戰爭賠償嗎?或是扭轉一七七五年的結果?這種情況不太可能發生：英國早已無心捲入美洲問題，因此並未大力投入一八一二年的戰爭。英國的第一優先選擇還是對付拿破崙。

事實上，威靈頓公爵在滑鐵盧戰役亟需的部隊中，有幾個團在戰爭前夕才越過大西洋抵達比利時。威靈頓公爵本人缺席將帶來可以預見的後果——這對拿破崙會是多麼好的良機!

但是到了一八一四年十一月，拿破崙的時間已經耗盡了，他沒有做出一件會讓沙皇陷入困境的事，就是解放俄國農奴。此時拿破崙已經兵敗莫斯科，在一八一二年六月越過尼門河的六十萬大軍中，只有九萬三千人蹣跚歸來，他的帝國縮回提爾西特會議之前的疆界。同時在他的背後，威靈頓正毫不留情地越過西班牙，向法國邊界進軍。

選擇：拿破崙不該在後方留著西班牙戰爭，就像希特勒在一九四一年愚蠢地進攻蘇聯，把尚未屈服的英國留在背後。最好的情況是，他根本就不應該入侵西班牙；其次，他不該進攻俄羅斯。在一八一三年戰爭中，普魯士、奧地利和俄羅斯集結起拿破崙戰爭中規模最大的軍力，在決定性的萊比錫會戰包圍並擊敗法軍。

接著在一八一四年間，拿破崙繼續在法國土地上蒙受慘敗。即使到了這個地步，拿破崙要罷手都還不算太遲：以當時的標準而言，反法同盟提供的條件可謂寬大，至少可以保留法國的歷史疆域完整。然而，拿破崙選擇繼續奮戰，徒勞無功地等待奇蹟發生，但是奇蹟並沒有發生，他只好在一八一四年四月退位，被放逐到科西嘉附近的厄爾巴島（Elba）。十個月之後，他偷偷登陸法國南部，堂而皇之進入巴黎，開始「百日復辟」。他似乎終於等到了奇蹟。

我們現在來到一八一五年六月的滑鐵盧戰場。引用威靈頓公爵的名言，這一仗是「你見過最驚險的事情」。如果不是由他指揮，他的普魯士堅定盟友布盧舍（Blücher）不會做出著名的古怪之舉，出兵支援盟軍。可想而知，滑鐵盧會戰的結果必定會大不相同。

另一方面，滑鐵盧的勝利並不能確保拿破崙的最後勝利。來自俄羅斯、奧地利和日耳曼的援軍已經開往法國，滑鐵盧之後可能還有一仗接一仗要打。由於英國已退出戰局，拿破崙的失敗將是歐陸國家的勝利，而非英國的勝利；隨之而來的將是由梅特涅的中歐強權主宰的和平，主角則是俄羅斯、奧地利和普魯士，而非英國。影響所及，接下來一個世紀將是非常不同的世紀。這些勝利者會像過去一樣發生內鬨，造成一段不穩定時期，取代滑鐵盧會戰帶給世界的一世紀穩定，還是會造就一段不一樣的「歐洲協奏曲」呢？

美國在以上情況中的角色為何？這樣的情況會讓美國提早在世界事務上佔有一席之地嗎？如果英國在一八一五年六月或是在中東和印度遭受決定性挫敗，甚至在提爾西特會議之後被成功排除在「大陸體系」之外，對誕生不久的美國會產生什麼影響？可以肯定的是，出於需要、不利處境和共同利益，失去強權地位的英國會和美國愈走愈近，一如一九四〇年的情況。

這些選擇、假設與如果的關鍵是拿破崙的個性。一個更偉大的人或許會說出莎士比亞《凱撒大帝》劇中卡修斯（Cassius）對凱撒的評語：「親愛的布魯圖斯（Brutus），有錯的不是我們的星宿，而是我們自己……。」

然而，拿破崙從未承認他的厄運出於自己的錯誤。再次引用莎士比亞的話，哈姆雷特認為：「要不是惡夢，我是一個擁有無限空間的君王。」

讓拿破崙受害的「惡夢」是幻想無止境的軍事征服。如同之前和之後的大部分征服者，拿破崙從不知何時或如何停下來。威靈頓公爵非常清楚這一點，他曾經說過，一位征服者就像砲彈一樣必須前進。這點使得塔里蘭陷入失望，叛逃到沙皇陣營。如同我指出的，提爾西特會議是拿破崙獲得長久和平的最後良機，但是他的個性使他無法掌握這個機會；即使他這樣做了，他還能繼續擊敗和羞辱東歐各國——普魯士、奧地利和俄羅斯——多長的時間，維持不受挑戰的地位呢？這是個無人可以回答的問題。

九十多年前，一位名為屈維廉的年輕英國歷史學家（後來成為他那一代最有名的歷史學家）

以一篇名為〈如果拿破崙贏得滑鐵盧會戰〉的論文贏得倫敦《西敏寺公報》（*Westminster Gazette*）的競賽獎金。據屈維廉之見，在滑鐵盧勝利之後，這位因長期戰爭而筋疲力竭的皇帝會在軍隊要求和平的呼聲下，向英國提出「出人意料寬大」的條約。其結果將是：俄羅斯被摒除在歐洲之外，法國成為主宰，日耳曼人繼續是「拿破崙底下最安靜和最忠誠的子民」（這段話寫於一九一四年之前七年），英國則是遭到孤立。

這樣的歐洲，或許和戴高樂或今日某位布魯塞爾官僚的夢想相去不遠。

卡勒伯・卡爾

拿破崙在滑鐵盧獲勝

如果在一八一五年六月十七日那天，不幸的葛侯齊候爵（Marquis de Grouchy）能夠完成拿破崙交付的不可能任務，阻止布盧舍元帥的普魯士軍於隔天與威靈頓公爵的英軍會師；在最好的狀況下，拿破崙會贏得滑鐵盧會戰，聯軍只得與他談和。這會對歐洲和全世界帶來什麼影響？

如果我們想像拿破崙停止對權力的瘋狂追求，那麼在英國卡斯特里子爵（Viscount Castlereagh）和奧地利梅特涅親王設計的議會系統中，他或許會成為一位講理的成員。這種可能性有其吸引人之處：如果在十九世紀的歐洲列強的權力平衡中（帶來歐陸近代史上最長的和平——整整一百年），拿破崙願意成為成員之一，最後破壞和平的德意志帝國將不會興起；在這樣的情況下，和平將持續到一九一四年以後很久很久。

不幸的是，這種想像忽略了不斷驅策拿破崙的心理動機。儘管拿破崙是一位皇帝，他仍然是法國大革命之子；要說他會願意出現在會議桌前，和過去的反動派敵人平起平坐，實在是不太可能。最可能的情況是：他會耐心等待，重整軍力，早晚會再次試圖主宰歐陸。幾乎沒有證據顯示拿破崙曾經對於他帶給歐洲的多年苦難感到慚愧，所以拿破崙在滑鐵盧的勝利不但不會拖延一九一四年的大戰，反而會提前九十年，讓十九世紀成為另一個歐洲君王自相殘殺的世紀。

卡勒伯・卡爾（Caleb Carr）最新的著作為《精神病醫生》（*The Alienist*）和《黑暗天使》（*The Angel of Darkness*）。

13 分裂的美利堅

假如「遺失的命令」沒有遺失

詹姆士・麥佛森

美國內戰的關鍵時刻之一，就是羅伯・李（Robert E. Lee）將軍的第一九一號特別命令——傳奇的「遺失命令」——被北軍拾獲。一八六二年九月，李將軍麾下的北維吉尼亞軍團已進入馬里蘭州，正向賓夕法尼亞州推進。他剛在第二次曼納薩斯會戰痛擊北軍，再一次大勝就會讓邦聯獲得英法承認。在這道發給各級部隊長的特別命令中，李將軍詳述了秋季戰役的戰略。九月十三日早上，來自印地安納州的米契爾（Barton W. Mitchell）下士在草叢間撿到一個鼓起的信封，裡面是三枝雪茄與一份李將軍的命令。這份命令立刻呈交李將軍的對手麥克里蘭（George B. McClellan）將軍（在傳遞過程中，雪茄不見了）。麥克里蘭就這樣得到一個天賜良機，可以將分散的南軍各個擊破。但是他卻搞砸了，結果在安提坦會戰——這是美國內戰最慘烈的一天——中北軍勉強獲勝，但並不是可以結束戰爭的大勝。

以上是真實的歷史，現在讓我們想像一下。如同詹姆士・麥佛森設想的，「遺失的命令」並沒有遺失。李將軍很可能不受阻攔繼續北進，軍事常理告訴我們：一場大戰即將在賓夕法尼亞州的坎伯蘭河谷爆發。這一仗會在哪裡開打呢？麥佛森提供了一個同樣合理的答案——但是這對美利堅合眾國的統一絕不是件好事。

詹姆士·麥佛森（James M. McPherson）不但是美國內戰專家，也是當今最傑出的歷史作家之一。他是普林斯頓大學美國史教授，著有十本著作，其中《戰場的自由吶喊》（*Battle Cry of Freedom*）曾贏得普立茲獎。

一八六二年九月四日那天，當邦聯的北維吉尼亞軍團在距離華盛頓三十五哩的地方渡過波多馬克河時，前景可謂一片光明。自從三個月前接掌這支軍團以來，羅伯・李將軍已經讓北軍的一連串勝利畫下了休止符。當時聯邦的波多馬克軍團距離里奇蒙只有五哩之遙，隨時可能攻佔這座邦聯首都。北方剛在前四個月內獲得一連串重大勝利，於維吉尼亞西部、田納西、密西西比河谷和其他地方攻下十萬平方哩的邦聯領土。里奇蒙失陷很可能會導致邦聯崩潰，但是李將軍發動一次接一次的反攻，把情勢扭轉過來。在七日戰役（六月二十五日至七月一日）中，李將軍的部隊肅清了里奇蒙附近的北軍，然後轉移至維吉尼亞北部作戰，接連贏得杉山會戰（八月九日）、第二次曼納薩斯會戰（八月二十九日至三十日）與程提利會戰（九月一日）。灰頭土臉的北軍只好退回華盛頓的防線內重行整頓。

情勢的驚人轉變讓北方民心士氣跌落谷底。「絕望的感覺非常強烈。」一位知名的紐約民主黨員在七日戰役後寫道。另一位紐約共和黨員在日記中寫下：「這是我們自第一次奔牛溪戰役以來最黑暗的日子……局勢看來如同災難……我難以維持對國家與法律終將贏得勝利的信心。」對於北方民心士氣的下跌，林肯總統私下哀嘆：「半年的連續勝利與肅清十萬平方哩的領土對我們幫助如此之小，半場敗仗（七日戰役）卻對我們傷害如此之大，真是沒有道理。」

無論合理與否，事實就是如此。對於林肯以戰爭統一國家的政策，民主黨內的主和派開始升高攻擊。民主黨主和派堅稱北軍絕對無法征服南方，因此政府應該謀求停戰與和談。邦聯在一八六二年的軍事勝利讓以上說法更具說服力。對林肯當局而言，更糟的還在後面。在西線戰場上，邦聯軍在一八六二年一月至六月間每戰必敗；經過七月的重整之後，邦聯軍於八月和九月發動一連串騎兵襲擊與步兵攻勢，完全扭轉了西線局面。在北維吉尼亞軍團渡過波多馬克河的同時，田納西州的南軍發動兩路反攻，不但攻佔該州的東半部，更進入肯塔基州拿下首府法蘭克佛（Frankfort），準備在那裡成立邦聯州政府。

然而，林肯與共和黨控制的國會不但沒有打算求和，反而加緊投入戰爭。林肯要求募集三十萬名三年役期的志願兵，國會通過《民兵法案》，要求各州提供一定數目的九個月役期民兵，不足數目由徵兵補足。就在同一天（七月十七日），林肯簽訂《沒收法案》，解放叛國（即邦聯）主人擁有的奴隸。

南方各州脫離聯邦與開戰的原因，正是為了保衛奴隸制度。奴隸是構成南方經濟的主要勞動力，數以千計的奴隸為南軍構築工事、運送補給、擔任苦力。打從戰爭一爆發，共和黨激進派就要求實現廢奴政策，目的是直搗叛亂問題的核心，並且將邦聯的奴隸人力變成聯邦資產。

到了一八六二年夏天，林肯已經同意此一政策，但是他希望將廢奴議題保持在自己的控制之下。林肯於七月二十二日告訴內閣，他決定使用總司令沒收敵人財產的權力，發表廢奴宣言。林肯指出，廢奴已經成為「必要的軍事手段，對於維繫聯邦至為重要。我們必須解放奴隸，不然就要蒙受失敗……我們必須採取決定性的廣泛手段……對於使用的一方而言，奴隸是一項有力的工具。我們必須決定此一工具是否能為我們所用。」大部分內閣成員都同意他的看法，但是國務卿西華德（William H. Seward）建議延後宣布廢奴，「直到您能在軍事勝利的支持下向全國宣布」。

不然，全世界會認為「這是一個無計可施政府尋求援助的最後一著……敗退時的最後吶喊」。

西華德的建議說服林肯暫時擱下廢奴宣言，等待軍事情勢轉變。不幸的是，隨著南軍入侵肯塔基與馬里蘭，情勢變得每況愈下，這兩個邊界州似乎即將落入邦聯之手。北方的民心士氣繼續惡化，一位紐約市民在日記中寫下：「國家正在迅速沈淪。傑克森（Thomas Jackson）將軍（我國的妖魔）即將率領四萬人進攻馬里蘭。叛軍的推進威脅到密蘇里與肯塔基的我軍……對於當前政府的厭惡無所不在。」

民主黨希望在即將來臨的國會大選中好好利用民眾的厭戰心理，共和黨對此憂心忡忡。有人寫道：「經過一年半的試煉，投入這樣多的金錢和生命，帶來成千上萬人死傷，鎮壓叛亂還是沒有具體進展……人民急於有所改變。」共和黨在眾議院的多數地位已經岌岌可危，即使一如往常在期中選舉失去少數席位，也會讓共和黨失去多數優勢。此外，一八六二年更不是尋常的一年；在南軍已經入侵邊界州的情況下，民主黨肯定會贏得眾議院，促成雙方停火與談和。

李將軍很清楚這樣的可能性。儘管麾下軍隊經過十週連續戰鬥，傷亡三萬五千人，體力與後勤的狀況都很糟，他還是決定入侵馬里蘭。李將軍於九月八日自馬里蘭致函邦聯總統戴維斯（Jefferson Davis）：「目前的情勢讓我們可以……〔向聯邦政府〕提議承認我國的獨立。」李將軍指出，這樣「一個和平提議」，將會促使「美國人民在即將到來的選舉中決定，他們應該支持想要延長戰爭的人，還是想要結束戰爭的人。」

李將軍並未提到這次入侵的外交意義，但是他和戴維斯都心知肚明。等待已久的「棉花飢荒」

終於開始對英法的紡織業造成重大影響，結束戰爭會重啟貿易，讓來自南方的棉花繼續流通。英法兩國的政治領袖與眾多民眾都同情邦聯，法國皇帝拿破崙三世已準備給予邦聯外交承認，但是不願在沒有英國的合作下先採取行動。

一八六二年上半年，當戰爭進展似乎對北方有利時，外國政府紛紛拒絕與邦聯進行私下來往。但是七日戰役的消息傳到巴黎之後，拿破崙三世立即指示外交部長：「詢問英國政府是否認為承認南方的時候已經到了。」

英國的想法似乎正朝這個方向轉變。美國駐利物浦領事回報：「我們面對的介入危險要比過去任何時候更嚴重……他們全部反對我們，而且為我們的垮台高興。」邦聯駐倫敦代表馬森（James Mason）則認為，「某種形式的介入很快就會發生」。第二次曼納薩斯會戰與邦聯入侵馬里蘭和肯塔基的消息，大大增強邦聯在海外的地位。在十月間於新堡的演說上，英國財政大臣宣稱：「傑佛遜・戴維斯與其他南方領袖已經建成一支陸軍，他們似乎正在建立一支海軍；更重要的是，他們已經建立了一個國家。」

英國首相帕默斯東（Palmerston）子爵與外相羅素（John Russell）勳爵沒有這樣的衝動，不過他們還是討論了一項具體建議，由英法兩國共同調停結束戰爭，並且承認邦聯獨立——如果李將軍入侵馬里蘭帶來另一場勝利的話。帕默斯東於九月十四日致函羅素：北軍已在第二次曼納薩斯會戰「被徹底擊敗」，而且「更嚴重的慘敗或許還在等著北方，甚至華盛頓與巴爾的摩都有可能落入邦聯之手。如果這些情況發生，我國是否應考慮在這種情況下由英法兩國出面接觸相關各方，提議以分離為基礎達成協議。」三天之後，羅素回信表示同意「以承認邦聯獨立為前提」的調停建議；如果北方拒絕，「我們應該自行承認南方為獨立國家」。

對於李將軍入侵帶來的政治和外交危險，林肯當局非常清楚，但是軍事危機必須優先處理。在第二次曼納薩斯會戰（又稱第二次奔牛溪會戰）中，拼湊而成的北軍部隊包括波普（John Pope）少將的維吉尼亞軍團、本塞德（Ambrose Burnside）少將的第九軍（調自北卡羅萊納），以及麥克里蘭少將的波多馬克軍團一部（調自維吉尼亞半島）。波普與麥克里蘭之間不和已久，後者對於奉命撤出半島甚為不滿，認為自己遭到當局無理迫害。麥克里蘭慢吞吞地派軍支援波普，他麾下最強大的兩個軍已經聽到奔牛溪沿岸傳來的砲聲，卻始終沒有加入戰鬥。

林肯認為麥克里蘭的行為「不可原諒」，大部分內閣成員希望開革這位將軍，但是林肯知道麥克里蘭的傑出組織本領，以及他在手下官兵心目中的地位。總統於是授予麥克里蘭戰區全權指揮權，指示他將各路部隊併入波多馬克軍團，然後主動出擊。對於表示抗議的閣員，林肯承認麥克里蘭「在這件事情上表現很差」，但是「他擁有軍隊的支持……我們必須使用手上已有的工具。陸軍中沒有人能像他一樣迅速讓部隊進入狀況……如果他自己不能打仗，至少他讓其他人準備好打仗。」

麥克里蘭很快就證實林肯對他的信心，以及他自己的缺乏信心。知道麥克里蘭重掌部隊之後，一位下級軍官如此描寫官兵的反應：「我們從徹底絕望一下子變成興奮不已……士兵把帽子拋上天空，像學童一樣又跳又叫……這個人的出現對波多馬克軍團……有著立竿見影的效果。」

麥克里蘭在短短的時間之內讓整支軍團「進入狀況」，官兵「準備好打仗」。但是，接著他又表現出一貫的謹慎，估計的敵軍數目比李將軍的真正兵力多出二到三倍，而且北進的速度每天只有六哩，一副害怕碰到叛軍的樣子。

麥克里蘭急著要求援軍，尤其是哈波渡口的一萬兩千名守軍。但是陸軍總司令哈勒克（Henry W. Halleck）將軍拒絕讓出這支部隊，他的拒絕同時帶給李將軍問題與機會。哈波渡口的守軍威脅到南軍穿越仙南道峽谷的補給線，因此李將軍在九月九日起草第一九一號特別命令，派出三分之二的部隊在「石牆」傑克森將軍統領下，分成三路合攻哈波渡口。機會：當地有大量的火砲、步槍、子彈、給養、鞋子和衣物，可供缺乏鞋子、軍服和食物的南軍使用。問題：在完成作戰的三到六天之內，麥克里蘭或許會插入分散的各股南軍之間，將北維吉尼亞軍團各個擊破。

但是，李將軍身為統帥的兩個特質，就是看透對手的能力和願意接受重大風險。瓦克（John G. Walker）准將受命率領一支縱隊進攻哈波渡口，李將軍如此對他解釋這一戰的目的與計畫：俘獲當地的駐軍和補給之後，南軍會在哈格斯鎮重新集結。「休息數天對我軍弟兄非常有用，我希望為最需要的弟兄取得鞋子和衣服；最重要的是，短暫的延遲可讓脫隊的士兵趕上。」他們是因為疲倦、飢餓與沒有鞋子而掉隊，李將軍相信「在這裡與拉比丹車站之間有不下八千到一萬名脫隊士兵」——這是相當正確的估計。在他們歸隊與部隊重新整補之後，李將軍打算切斷俄亥俄至巴爾的摩鐵路，然後向哈里斯堡前進，摧毀蘇斯奎漢納河上的賓夕法尼亞鐵路大橋。以上兩條鐵路都是聯邦的重要東西交通動脈。李將軍結論道：「之後我會視情況需要，把目標轉向費城、巴爾的摩或華盛頓。」

如此大膽的計畫讓瓦克大感震驚，因為這樣會把北軍留在後面。李將軍對此的回答是：「你認識麥克里蘭將軍嗎？他是個能幹、但是非常小心的將領……他的部隊士氣不振、一團混亂，在三到四週內來不及準備好發動攻勢——至少他會這樣以為。在此之前，我希望抵達蘇斯奎漢納河。」

就在李將軍說出這些想法的同時，他的敵人卻突然交上好運。九月十三日那天在佛瑞德立克附近，兩名北軍士兵在數天前南軍紮營的草地上休息，其中一人找到一份包著三枝雪茄的第一九一號特別命令，顯然是某位粗心大意的南軍軍官遺失的。兩名北軍士兵看出這份命令的重要性，就交給連長，連長沿指揮管道上呈麥克里蘭。一名北軍參謀軍官立刻證實命令的真實性，因為他在戰前就認識李將軍的副官契爾頓（Robert H. Chilton），在文件上認出老友的筆跡。

這份命令讓麥克里蘭曉得李將軍決定兵分五路，每一路相距至少八到十哩，距離最遠的部隊相距達三十哩遠，中間隔著波多馬克河。在美國內戰中，沒有其他將領曾經得到各個擊破敵人的更好機會，麥克里蘭高興地告訴一名部下：「如果我不能憑這張紙痛擊李，我乾脆回家了。」

然而，麥克里蘭還是謹慎行動。他在九月十四日將邦聯守軍逐出南山的隘口，但是哈波渡口於十五日被傑克森攻佔。在麥克里蘭於十七日準備進攻之前，李將軍已將大部分部隊集結在沙普斯堡附近。兩軍沿著安提坦溪的山丘苦戰竟日，李將軍被迫在十八日夜晚渡過波多馬克河撤退。如果沒有發現李將軍的命令，北軍或許連這場有限勝利都無法贏得。

這份命令被遺失、發現和確認從而改變歷史的機會恐怕只有百萬分之一，更可能發生的情況如下：李將軍知道馬里蘭州西部居民大多支持聯邦，因此下令加強保防措施，以免在營地周圍晃蕩的當地居民打探到任何消息，因為這些人當中必有間諜。李將軍下令副官將第一九一號特別命令直接交給相關各軍長和師長，他們必須當著契爾頓的面熟記命令，然後燒毀所有的副本，只留下李將軍檔案中的一份，這樣可以避免消息走漏。

*　　*　　*

由於哈波渡口守軍指揮官麥爾斯（Dixon Miles）防守無方，加上麥克里蘭未能迅速進兵，該地一萬二千名守軍與堆積如山的補給在九月十五日落入傑克森之手。在此同時，斯圖亞特（Jeb Stuart）將軍的騎兵有著傑出表現，不但集合落伍士兵，還守住了南山隘口，讓試圖尋找南軍主力的北軍騎兵無法通過。麥克里蘭於九月十六日抵達佛瑞德立克，但是叛軍早在一週前就已離開。此時李將軍已將全軍集結在哈格斯鎮，數千名落伍士兵已重回行伍；利用在哈波渡口擄獲的戰利品，北維吉尼亞軍團兩個月來頭一次得到充足補給。

在南軍停下來休息的這段期間內，麥克里蘭對於李將軍的位置和意圖仍然如墜五里霧中。南軍接著向北進入賓夕法尼亞，地方民兵與小股北軍騎兵根本無力阻止南軍。李將軍的大軍——現在有五萬五千人之眾——像蝗蟲一樣通過富饒的坎伯蘭河谷，到手的糧食要比留在維吉尼亞時還多。南軍前鋒在十月一日抵達卡里斯勒，李將軍派出一支強大的騎兵加上傑克森手下部分快速步兵，在十月三日燒毀西邊二十哩處的哈里斯堡鐵路橋。李將軍把手下的馬里蘭州斥候派回故鄉，尋找波多馬克軍團的位置。他們在賓州邊界南邊的艾米茲堡發現敵人快速向北行進，顯示麥克里蘭終於決心要與南軍一戰。

這些斥候同時向李將軍回報，他們在一處名為蓋茲堡的城鎮周圍發現一連串山嶺。該鎮是多條道路的交會點，讓南軍可以快速集結，在高地上布防（譯註：事實上，蓋茲堡是一八六三年七月初的南北兩軍決戰地）。李將軍在十月四日下令全軍開往蓋茲堡，南軍趕在北軍之前數小時抵達。到了十月六日，北維吉尼亞軍團已在該鎮南邊的山嶺上完成部署。

麥克里蘭受到華盛頓方面的強大壓力，要他攻擊入侵的敵軍。「消滅叛軍。」林肯的電報這樣命令。不情不願的麥克里蘭從神學院嶺的北軍陣地中仔細觀察敵軍防線，南軍防線從南方的圓丘沿著墓園嶺，一直向北延伸到墓園山和庫普山。麥克里蘭於是擬出一個作戰計畫，要在十月八日早上對南軍右翼，由朗思齊（James Longstreet）將軍指揮的部隊發動佯攻。當李將軍調兵增援時，北軍主力會穿越梨園與麥田，對小圓丘北邊的邦聯軍左翼進攻，此地陣線是由傑克森的部隊固守。如果成功，此次攻勢會在南軍防線上打出一個大洞，讓等在後方的北軍騎兵有機會長驅直入擴大戰果。這個計畫帶有拿破崙的風格，不過卻有一個致命缺點：北軍兩翼上將會完全沒有騎兵支援。

天剛破曉，北軍的第一軍與第九軍向墓園山和庫普山發動佯攻，但是李將軍看穿敵人計謀，拒絕調動預備隊——希爾（A. P. Hills）將軍的輕步兵師——前往增援。朗思齊成功守住陣線，所以當北軍的第二軍、第六軍、第十二軍越過梨園與麥田時，傑克森已然恭候大駕。經過內戰中最慘烈的屠殺之後，雙方都沒有佔到便宜。

大約下午三點時，斯圖亞特向李將軍報告北軍右翼全無掩護，李將軍立即命令希爾率軍向南繞過圓丘，進攻懸在麥田中的北軍側翼。北軍騎兵此時全在北邊一哩之外，完全沒有發現希爾的動作，六千名南軍一邊發出吶喊，一邊從樹林與巨石間衝出。許多人穿著哈波渡口俘獲的藍制服，讓北軍第十二軍的官兵更加迷糊。傷亡慘重的北軍各旅像骨牌倒下般立時崩潰，在完美的配合之下，傑克森的部隊發動反攻，將集結起來對抗希爾的殘餘北軍擊潰。戰鬥一路向北推進，朗思齊的部隊也在下午四點三十分加入反攻。

麥克里蘭把鍾愛的第五軍留做預備隊，靠著希克斯（George Sykes）准將那個師的正規軍堅守陣地，該軍暫時擋住吶喊進攻的叛軍，但是第五軍在太陽下山時終告崩潰。為了鼓舞官兵，麥克里蘭騎馬衝上第一線。「弟兄們！」他高叫：「穩住！我會率領你們！」當他抽出軍刀時，一枚子彈正好打中他的頭顱。麥克里蘭身亡的消息像野火般傳遍仍在苦撐的北軍，最後的抵抗慢慢沈寂下來，數千名沮喪的北軍官兵舉手投降，其他人則在夜裡自顧自地試圖逃脫，波多馬克軍團已不再是一支有組織的部隊。

蓋茲堡戰役的消息立即傳遍海內外，林肯總統在白宮說道：「我的天！我的天！這個國家會怎麼說？」美國說的可多了，而且全是壞話。民主黨主和派大聲疾呼戰爭已經失敗：「這場該死的悲劇讓所有人感到疲累，每過一小時，我們就愈接近破產與毀滅一步。」甚至像《芝加哥論壇報》編輯麥迪爾（Joseph Medill）這樣的愛國者與林肯支持者也放棄贏得戰爭的希望：「停戰必然會在六三年到來，叛軍不可能被目前的機制打敗。」第二十麻薩諸塞團在蓋茲堡傷亡逾四分之三，該團的小奧利佛・霍米斯（Oliver Wendell Holmes Jr.）上尉在十一月寫道：「艱苦、可怕的經驗讓全軍毫無鬥志，我認為南方已經達成獨立的目標。」

在蓋茲堡戰役的同一天（十月八日），南軍與北軍在肯塔基州的佩利維爾戰役中打成平手。受到來自賓夕法尼亞的消息鼓舞，邦聯指揮官布拉格（Braxton Bragg）與柯比史密斯（Edmund Kirby-Smith）決定繼續肯塔基的攻勢，此時南軍已攻佔勒辛頓與法蘭克佛，開始向路易斯維爾推進。受到麥克里蘭戰敗身亡的消息影響，布爾（Don Carlos Buell）少將指揮的北軍開始潰退。在賓夕法尼亞，李將軍在停下來鞏固補給線之後，開始向巴爾的摩進軍。受到邦聯勝利的激勵，許多馬里蘭人公開表示效忠邦聯；雖然華盛頓周圍的堅強防務讓李將軍決定不進攻首都，但是聯邦已無野戰軍可阻擋南軍的行動。

為了避免陷身於市區內的決死巷戰，李將軍停下來等待十一月四日國會大選的結果。選民表明支持承認邦聯獨立與結束戰爭，民主黨成功贏得眾議院多數席次，主和派更是牢牢控制了該黨。

就在選舉結果剛揭曉時，英國駐美公使里昂勳爵（Lord Lyons）向國務卿西華德呈交一份由英國、法國、俄國與奧匈帝國政府簽署的文件，表明各國願意以邦聯獨立為基礎調停戰爭。西華德的回答是：「我們會不惜代價拒絕分割聯邦，任何妥協都是不可能的。」里昂勳爵面告國務卿：在這種情況之下，女王陛下的政府將承認美利堅邦聯的獨立，其他歐洲政府也會跟進。「這不是原則或偏好的問題，」里昂勳爵對西華德說道：「而是事實。」

西華德畢竟是一位實際的政客，他對歷史所知甚詳，知道美國於一七七七年在薩拉托加會戰的勝利為美國贏得法國的外交承認、援助與介入，從而奠定美國獨立。歷史會重演嗎？英法兩國對邦聯的承認會帶來武力援助與介入，比如對抗北方的封鎖嗎？除了這些問題之外，林肯和西華德還要面對國會選舉的結果，以及準備進攻巴爾的摩與路易斯維爾的邦聯軍，兩人的結論是他們別無選擇。

一八六三年陰沈的元旦，表情抑鬱的林肯總統在白宮召見共和黨國會領袖與各州州長。「這不是我今天希望放棄的責任。去年七月，我決定發布宣言解放叛亂各州的奴隸，並於今日生效。」他難過地說道：「現在已經沒有機會了。當我無法對叛亂各州實行憲法時，單憑我的話能讓奴隸得到解放嗎？我們正面對全世界都反對我們的情況。去年夏天，在麥克里蘭被逐離里奇蒙之後，我曾說過儘管遭受挫折，『除非我死去、被征服、任期屆滿、或是國會或國家放棄我，否則我會堅持奮戰到成功為止。』各位，人民已經在這次選舉中表達他們的意願，國家已經放棄我們，下一屆國會將反對我們。無論我們是否承認遭到征服，我們必須承認未能征服叛亂。今天我將發布聲明，接受叛黨提出的停戰，西華德國務卿將接受外國使節的調停。」最後，總統的聲音哽咽起來：「各位，合眾國已不再是個不可分割的國家了。」

14 美國南北內戰的可能變化

五個演變出不同結果的轉捩點

史帝芬・西爾斯

由於戰爭的時代與科技更為複雜，美國內戰的「如果」或許比美國革命的「如果」更難預料，但是機會仍然所在多有。戰爭的頭兩年中，這個國家會永久分裂的可能性一直存在，這點大大提升了南方的鬥志。如果像詹姆士・麥佛森在前一章猜測的「遺失命令」沒有遺失，李將軍首次入侵北方的結果將會確立南北分裂；或者如果像史帝芬・西爾斯在這一章描述的，在一八六二年六月的七日會戰第六天，李將軍對麥克里蘭將軍的北軍完成雙包圍，結果很可能結束戰爭，雙方協商「以分離為基礎達成協議」。然而，北方眼中的叛亂同樣可能提早結束。西爾斯提到，有時如果軍事行動照常理進行，結果會大不相同；有時小到一枚子彈的路徑或是目標及時躲開，也會帶來不同。如同我們之前讀到的，發生在幾百萬分之一秒內的事件可以影響未來數個世紀，但是在其他例子中，似乎可以改變歷史方向的事件——西爾斯提出的例子是麥克里蘭在一八六四年總統大選擊敗林肯——卻可能造成「回歸歷史」的有趣現象；換言之，這些重大改變最後仍會回到我們現在的方向。

史帝芬・西爾斯（Stephen W. Sears）是最精通美國內戰的歷史學家之一，他的著作包括《血紅的大地：安提坦戰役》（*Landscape Turned Red: The Battle of Antietam*）、《喬治・麥克里蘭：小拿破崙》（*George B. McClellan: The Young Napoleon*），以及最近出版的《爭議與指揮官：波多馬克軍團文電》（*Controversies & Commanders: Dispatches from the Army of the Potomac*）。

如同每一場戰爭，美國內戰也充滿了轉捩點，歷史在這些轉捩點上造成勝利者和失敗者的不同，並且改變了戰爭的方向。在這些時刻，軍人與政治人物的決定（以下有個例子則是選民的抉擇）造成了歷史上的後果，但是這些後果很容易變得完全不同。有些時候，只要軍事行動按照常理進行，結果就應該完全不同。

以下五個變化都很可能對戰爭造成深遠的影響（至少在當時），最後一個例子甚至會改變戰爭的結果。這些變化的發生不需太多想像力，不需隨便扭曲真實事件，也不需讓演員說出沒有說過的話。接下來，讓我們想像歷史在以下這幾個美國內戰的關鍵時刻有了轉變……

奔牛溪會戰，一八六一年叛亂

「你們很菜，這是真的，但是他們也一樣菜。你們全都一樣菜。」林肯總統在華盛頓這樣告訴麥道威（Irvin McDowell）將軍，後者負責指揮新徵集的聯邦軍。這句話非常貼切，一八六一年七月二十一日在華府西邊的奔牛溪沿岸，當麥道威的菜鳥部隊與美利堅邦聯的菜鳥部隊首次交戰時，結果將取決於哪一邊先潰散逃跑。

決定性的時刻在傍晚到來。經過六小時激烈混戰，雙方士兵都已經到達極限。在麥道威的迂迴行動之下，邦聯軍慢慢被迫後撤，準備在亨利屋山做最後一搏。南軍防線的核心是一個維吉尼亞旅，由傑克森准將坐鎮指揮。雙方在山頭上多次來回衝殺，但是維吉尼亞旅依然堅守防線。突然間，一排北軍排槍把傑克森准將打倒在地，他的身上有三處傷口，左臂血肉模糊。傑克森立即被抬離戰場，他的短暫光榮時刻將被人們遺忘。

失去傑克森的英勇指揮，這個維吉尼亞旅開始動搖，兩翼的團見狀開始後退。北軍再一次發動衝鋒，成功衝破南軍防線，南軍防線中央的部隊四散潰逃。突然間，每個人都奔向後方逃命，在瓦解的前線後方，位於十字路口的新市場鎮內擠滿了想要逃脫的補給篷車，北軍大砲立刻將他們炸得一團混亂，恐懼轉變成驚慌。「大部分士兵變成混亂的暴民，完全失去鬥志。」敗軍指揮官如此承認：「全體部隊長一致認為已無法繼續堅守。」

這場戰役具有關鍵性的結果。潰敗的南軍無險可守，沒有讓官兵鎮定下來、重行整編的天然屏障。如果潰敗逃跑的是北軍，他們可以利用波多馬克河與華盛頓的簡陋工事重行整編；但是對於逃離戰場的南軍而言，可以用來做為防線的最近地方是南方二十五哩遠的拉帕漢諾克河，能抵達河邊的官兵恐怕連一個班都湊不滿。

獲勝的北軍各旅與潰敗的南軍一樣混亂，但是麥道威將軍手上還有兩個師，他立即將這支預備隊投入追擊。隨著夜色漸深，筋疲力竭、鬥志全消的叛軍開始大批放下武器投降。最重要的俘虜是美利堅邦聯的總統，戴維斯剛從里奇蒙趕來視察戰況，結果在試圖阻止南軍潰逃時被俘。

到了戰鬥結束後兩天，南軍指揮官約翰斯頓（Joseph E. Johnston）與畢里嘉（P. G. T. Beauregard）率領殘兵敗將越過拉帕漢諾克河。他們在二十一日率領三萬多名部隊開上奔牛溪戰場，現在還能作戰的兵力只剩下四分之一；即使加上從佛烈德瑞克斯堡趕來的預備隊，邦聯的兵力仍然只有一萬人。此時麥道威的大軍已在河對岸完成部署，每個小時都有新的團從北方開到，南軍則完全沒有增援。

約翰斯頓與畢里嘉心知肚明，敵人會在數天、甚至數小時內以壓倒性的兵力渡過拉帕漢諾克河，摧毀邦聯僅剩的武裝力量。由於戴維斯總統已經被俘，兩位將領決定便宜行事；他們兩人都不是創造性人物，在軍事上都是傳統派。眼見所有的辦法都會帶來失敗，他們只剩一個可以保有尊嚴的選擇：南軍派出代表向麥道威要求停戰，在林肯總統的批准下，麥道威同意停戰，一八六一年叛亂的戰事就這樣告一段落。

交涉接著取代戰鬥，重新登上舞台的是肯塔基州參議員克里頓登（John J. Crittenden）和參議院的十三人委員會，他們在年初時曾徒勞無功地在分離派與聯邦派之間努力斡旋。這回王牌出盡的輪到南方，林肯總統在白宮定下和談條件：邦聯十一州必須廢除分離宣言，重新加入聯邦；各州武裝部隊必須解散，所有的聯邦財產必須歸還。雖然憲法賦予這十一州的蓄奴權不會廢止，奴隸制度卻在其他州受到嚴格限制。國會將通過相關立法，並由十三人委員會負責起草長遠的廢奴補償計畫。

隨著南軍殘部落入麥道威手裡和奔牛溪之戰的記憶猶新，里奇蒙當局除了接受和議條款之外別無選擇。北方有人疾呼將一八六一年叛亂的首腦處以絞刑，第一個被點名的就是戴維斯，但是林肯總統毫不考慮。在避免延長戰事之後，林肯任期內還要面對複雜的政治協商，找出一個和平解決美國奴隸制度的方法，讓邦聯各州滿懷恨意無法解決問題。「放過他們吧。」林肯這樣說。

當然，真正的歷史並不是這樣，傑克森將軍只被一顆子彈擦傷，在亨利屋山上堅守陣地——「傑克森像石牆一樣站在那裡」——最後崩潰逃跑的是麥道威的菜鳥部隊，獲勝的邦聯軍——日後被命名為北維吉尼亞軍團——對於在下一戰贏得南方獨立信心大增。

下一場戰役發生在維吉尼亞半島上，接替麥道威的麥克里蘭將軍由此向里奇蒙推進。半島戰役的高潮是一八六二年六月最後一週的七日會戰，南軍指揮官約翰斯頓剛在七橡會戰負傷，接替他的李將軍毫不留情地痛擊麥克里蘭，把他從里奇蒙的大門前趕回去。六月三十日在位於十字路口的小村落格倫戴爾，李將軍揮出了這一戰的決定性一擊。

李將軍成就另一場坎尼會戰

李將軍的傳記作者道佛瑞曼（Douglas Southall Freeman）寫道，李將軍「只有一次成就坎尼會戰的機會」。那是在七日會戰的第六天，當時麥克里蘭將軍的波多馬克軍團正迅速退向詹姆士河，通往河流的道路全部通過格倫戴爾，在麥克里蘭後面緊追不捨的是「石牆」傑克森的四個師，正在逼近北軍側翼的則是朗思齊將軍的三個師。雖然麥克里蘭的兵力比兩支南軍加起來還多，李將軍卻能守在格倫戴爾，利用優勢兵力吃掉延伸的敵人縱隊。如果朗思齊在這裡攻進敵人側翼，很可能會將北軍一分為二，重演漢尼拔於西元前二一六年經典的坎尼會戰——這一戰已成為慘敗的代名詞。嚴謹的邦聯史學家亞歷山大（Porter Alexander）寫道，美國內戰中只有少數幾次機會，「結束戰爭、達成獨立大業的大勝就在伸手可及之處……一八六二年六月三十日是其中最好的一次機會。」

結果李將軍僅以分毫之差錯過這個絕佳機會，使得北軍得到來日再戰的機會。眼見朗思齊的側翼攻勢未能克盡全功，李將軍失望地寫下：「如果其他部隊能在作戰中協調一致，將會對敵人造成災難性的結果。」犯下大錯的人是「石牆」傑克森，他在那天精神不振，未能直取北軍後衛，使得北軍能夠及時調兵擋住朗思齊的突破。

那一天原本可以完全不同。事實上，如果傑克森表現正常，一八六二年六月三十日的結果將會大相逕庭。

* * *

在仙南道峽谷苦戰三個月，然後奉命趕至半島加入七日會戰之後，「石牆」傑克森已經筋疲力竭。在會戰的第五天——六月二十九日星期日——傑克森的部隊奉李將軍之命不必參戰，此時他體認到自己的體能與心理狀態非常糟。於是，傑克森決定睡上半天，而且下令不能打擾他，因此在六月三十日面對格倫戴爾的關鍵性戰役中，傑克森已回復往常的警覺與積極。

當天早上，在格倫戴爾北邊白橡沼澤溪的一座斷橋附近，傑克森追上了由法蘭克林（William Franklin）指揮的北軍後衛。傑克森的偵察隊發現敵人陣線伸展甚遠，所以開始構思迂迴行動，積極的部下已在下游發現兩處步兵可以涉水過河的地點。傑克森立即掌握機會，他在橋頭布下強力砲兵彈幕掩護，然後下令三個旅渡河，從側面和後方進攻法蘭克林的後衛部隊。

當北軍後衛忙著對抗此一威脅的同時，李將軍下令朗思齊對格倫戴爾的守軍發動進攻；很快格倫戴爾的守軍就支撐不住，要求法蘭克林派兵支援。後者根本無力派兵，他甚至拒絕將格倫戴爾「出借」的兩個旅派回去。

朗思齊漂亮地突破北軍防線中央，接著將攻勢轉向北邊，進攻北軍後衛的背後。當法蘭克林掉頭面對這個新威脅時，傑克森以全軍指向白橡沼澤溪的橋樑，北軍兵力的一半就這樣被切斷，遭到來自四面八方的敵軍包圍。

上級之間的混亂使得北軍處境更為艱難。眼見數日來情勢每下愈況，麥克里蘭將軍在這一仗開打前已棄部隊而去，加入位於詹姆士河的先頭部隊。他沒有指派接替指揮的人選，所以「格倫戴爾口袋」內的每位將領只好各自奮戰求生。

防守陣線南邊的胡克（Joe Hooker）將軍成功率部隊脫逃，基爾尼（Phil Kearny）將軍大膽進攻，突破了南軍包圍圈；再加上之前已抵達詹姆士河的四個師，這六個師是波多馬克軍團僅餘的部隊。到了天黑時，另外五個師已被圍困在格倫戴爾與白橡沼澤附近，李將軍在夜裡縮緊包圍圈，無計可施的北軍只好在隔天投降。包括傷亡在內，北軍在格倫戴爾損失四萬六千人與無數裝備，李將軍成就了他的坎尼會戰——至少完成一半。

麥克里蘭帶著殘兵敗將逃到詹姆士河的哈里森碼頭。「小拿破崙」原本就以為李將軍有二十萬人之眾（超過真實數字兩倍以上），現在更被格倫戴爾傳來的報告嚇得意志全消，他的宏大作戰以另一場滑鐵盧收場。麥克里蘭要副手波特（Fitz John Porter）尋求最好的投降條件，然後登上一艘砲艇逃走。日後在軍法法庭上，胡克與基爾尼的證詞讓麥克里蘭被判定在格倫戴爾怠忽職守，應予撤職。

至於李將軍，他像羅馬大將一樣凱旋回到里奇蒙。李將軍利用俘獲自波多馬克軍團的戰利品重新整補部隊，現在他的對手只剩下「大嘴巴」波普將軍指揮的維吉尼亞軍團，這是一支由東線上剩餘北軍拼湊而成的軍團。李將軍於七月底再次北征，他對「石牆」傑克森的指示是：「打垮」愛說大話的波普。

兵力居於劣勢的波普並沒有等著被打垮，反而逃到華盛頓的防務內固守。李將軍緊跟在後，開始圍攻華盛頓與城內守軍，波多馬克河已無法通行，所有的鐵路都被切斷。接著，南軍開始辛苦地部署巨型圍城砲，這些火砲是在半島戰役中俘自麥克里蘭之手。眼見情勢至此，英國首相帕默斯東對外相下達指示，表示北軍已經蒙受「一場非常慘重的失敗」，所以，「我國是否應考慮在這種情況之下，由英法兩國出面接觸相關各方，提議以分離為基礎達成協議」？

英法兩國的提議用下一艘快船送到美國，林肯當局知道，在這項提議的背後，歐洲列強正威脅他承認邦聯。此外，如果聯邦試圖從西戰場調兵解圍——面對李將軍，這樣做的勝算並不高——叛軍會長驅直入俄亥俄州，以及聯邦的心臟地帶。當李將軍在九月宣布停火三天，讓平民在圍城砲開火之前撤離華盛頓，聯邦的回應是要求暫時停戰，雙方協商「以分離為基礎的安排」。李將軍的勝利帶來了他所希望的結果。

* * *

美國內戰期間最負盛名的奇襲，當屬「石牆」傑克森在昌斯洛維爾（Chancellorsville）會戰成功迂迴胡克，事後胡克對於自己的失敗毫不感到羞愧。他後來寫道，傑克森的行動「在當時的情況下毫無勝算。傑克森將軍的部隊有百分之九十九的機會被摧毀。」胡克並非毫無偏見，不過他說中了一點。一八六三年五月二日那天，胡克將軍原本已採取行動對抗這樣的奇襲；如果部下曾確實執行防禦右方的命令，這一仗的結果將大不相同。

昌斯洛維爾的勝利者

五月二日早晨，戰鬥進行到第六天的胡克將軍充滿了信心，他的一支遲滯部隊已經把李將軍釘在佛烈德瑞克斯堡，主力則偷偷渡過拉帕漢諾克河，這場戰役業已勝利在望。他已經把李將軍誘出堅固工事，現在正威脅著南軍的側翼和背後。接下來，胡克的計畫是迫使李將軍在他選定的地點——昌斯洛維爾十字路口——對北軍發動攻擊。

胡克的部署態勢是以防禦作戰為目的，他手下最弱的第十一軍部署在右翼，遠離可能的交戰地點。不過，為了安全起見，胡克還是下令雷諾斯（John Reynolds）將軍指揮的第一軍——這是全軍團最優秀的部隊之一——從佛烈德瑞克斯堡趕來，鞏固第十一軍的陣線。這場戰役最嚴重的問題之一，就是軍團兩翼之間的通信老是失靈，傳令兵常在樹林間迷路，通往佛列德瑞克斯堡的電報線故障；不過，讓人高興的是，這條電報線現在恢復了正常。雷諾斯立刻接到命令，五月二日中午過後不久，第一軍已經穩穩守住軍團右翼。

當天早上，北軍曾見到一支南軍縱隊越過南邊樹林的空曠地，消息立即傳到波多馬克軍團指揮部。胡克馬上警告第十一軍軍長霍華（Otis Howard）將軍：「我們有很好的理由認定敵軍正向貴部右方移動。」霍華奉令密切注意暴露的側翼，並且集中預備隊，以期「無論敵軍向那個方向推進，貴官都能有所準備」。

霍華甫獲擢升出掌第十一軍。在第一場戰役中，他似乎對於服從命令尤為在意。在防線末端，霍華迅速編成一條面向西邊的新防線，用木材築起胸牆，並且布置砲兵。在防線後方，他部署大批部隊與火砲做為預備隊。第一軍抵達現場後，霍華確認兩軍防線緊密相連，然後回電給胡克：「職已採取行動對抗來自西邊的攻擊。」他所說的字字真確。

「石牆」傑克森在下午五點三十分對迂迴部隊下令：「你們可以進攻了。」第一波南軍像山崩一樣排山倒海而來，霍華的防線有數處遭到突破，但是部隊毫不驚慌，待命的預備隊立即上前填補缺口。雷諾斯在擋住進攻之後，立即對南軍側翼發動反攻。等到天黑戰鬥結束時，傑克森只推進了約兩百碼，當晚他在敵軍的堅實防線上找尋缺口時，不幸被己方士兵的排槍射傷（譯註：在真實的昌斯洛維爾會戰中，傑克森即是在第一線上被己方誤傷而不治）。

五月三日是整場戰役的關鍵日，胡克將軍所向披靡。騎兵將領斯圖亞特接替負傷的傑克森，他發動一連串徒勞無功的攻勢，試圖堵住南軍兩翼之間的大缺口。胡克冷靜地面對南軍，擊退斯圖亞特的所有攻勢，然後投入兩個軍反攻，斯圖亞特只有倉皇敗退。

李將軍別無選擇，只好放棄戰鬥下令後撤，南軍至此已蒙受慘重損失。李將軍沿著鐵路補給線撤向里奇蒙，胡克在後窮追不捨。整個一八六三年春天，李將軍頑固地把守佛列德瑞克斯堡與里奇蒙之間的每條河流，胡克則耐心地迂迴每條南軍防線。到了七月，李將軍的北維吉尼亞軍團已被困在里奇蒙周圍的戰壕中，剛被擢升為中將的胡克信心滿滿地面對受困的敵軍。

一八六三年七月發生的另一件大事，是格蘭特將軍攻下維克斯堡，重開密西西比河。到了十一月，通往南方心臟地帶的查塔努加也已落入格蘭特帶領的聯邦軍手裡。面對東邊胡克與西邊格蘭特的節節勝利，邦聯的民心士氣每下愈況。格蘭特利用優勢直取亞特蘭大，然後殺出一條穿過喬治亞的道路抵達海岸；在格蘭特向北通過南北卡羅萊納的同時，胡克一條接一條切斷李將軍的補給線。一八六四年四月九日在阿波馬托克斯法院，李將軍的最後逃脫企圖功敗垂成，只好向胡克投降，接著約翰斯頓也在北卡羅萊納向格蘭特投降，邦聯的叛亂至此成為歷史。

格蘭特與胡克的支持者要求兩位英雄在秋天出馬角逐總統，但是格蘭特已向林肯保證不會挑戰總統連任，鄙視政治的胡克也不願意參選。「如果獲得提名，我不會接受；如果當選，我不會就任。」他大聲地宣布。

研究內戰的歷史學者認為格蘭特是最出色的北軍將領，但是他們一致同意：由於胡克指揮有方，昌斯洛維爾會戰是三年戰爭中最完美的一戰。

一八六三年八月二十四日，戴維斯總統電召李將軍前來里奇蒙共商大計。儘管七月初在蓋茲堡戰敗，北維吉尼亞軍團似乎還能在東線上擋住任何聯邦的新威脅；但是在西線上，邦聯的狀況非常危急，尤其在田納西更是如此。戴維斯總統希望李將軍同意派兵增援，而且他希望李將軍跟著前往西線，從無能的布拉格手上接掌田納西軍團。如同戴維斯所言，李將軍「出現在西線的價值超過增派一個軍」。

李將軍一方面保持對總統的尊敬，一方面表明他對接掌西線沒有興趣。他告訴戴維斯：「職不是拒絕為國效命，只是表達此一職責應由目前已在該戰區的軍官出任較為適當。」當時戴維斯似乎覺得，強迫這位不情不願（以及不可或缺）的將軍是不對的，所以未再提起這件事。最後率領部隊前往西線的是朗思齊，田納西軍團則繼續在布拉格將軍的指揮下邁向敗亡。

如果戴維斯決定命令李將軍前往西線呢？西線的戰爭或許會完全不同……

* * *

西線的新司令

做出如此重大的人事決定之後，戴維斯聰明地讓李將軍自己決定要率領哪支部隊前往西線，以及由誰接替指揮北維吉尼亞軍團。在該軍團的三位軍長——朗思齊、希爾與伊威（Dick Ewell）

——之中，只有朗思齊得到李將軍的完全信任，李將軍立刻決定由他接掌兵符。

長期以來，正是朗思齊一直要求派他的部隊前往田納西軍團，他的意圖是藉此得到西線的指揮權。突然接替李將軍之後，他堅持把自己最信任的這個部隊留在身邊。李將軍表示同意，因此奉派前往西線的反而是伊威的部隊。伊威擔任軍長的第一戰是在蓋茲堡，他在此役表現遲疑不決，李將軍認為帶著伊威前往西線，讓他在身邊跟著見習，或許會讓他大膽一些。過去在傑克森的督導下，伊威曾有不錯的表現，或許他需要的是更多的監督。

李將軍曾經擔心西線的司令部會把他當成「局外人」。他根本不必操心，布拉格早就眾叛親離，因此部下會張開雙臂歡迎李將軍到來。接掌田納西軍團之後，李將軍立即發現採取攻勢的機會。經過一路轉進，布拉格的部隊已經完全退出查塔努加與田納西州，但是在冒躁的羅斯克蘭（William Rosecrans）指揮下，北軍提供了反攻的大好機會。布拉格本已著手計畫這樣一次會戰，但是真正在奇卡毛加執行的人是李將軍。在這一仗的第二天（九月二十日），李將軍命令伊威率領由東線前來增援的部隊揮出致命一擊，羅斯克蘭的坎伯蘭軍團被一分為二，殘部向查塔努加倉皇後撤。

第二天一早，邦聯騎兵指揮官佛瑞斯特（Nathan Bedford Forrest）抵達俯瞰查塔努加的傳教士嶺，見到北軍撤退的混亂景象，立即發文報告司令部：「職認為敵軍正在盡速後撤……職認為我軍應盡快向前推進。」佛瑞斯特保證只要給他一個步兵旅，就可以拿下查塔努加。「每個小時價值一千人。」

布拉格將軍老是錯失這樣的良機。李將軍可不會，他發現佛瑞斯特擁有和斯圖亞特相同的特質。他立刻採納建議，將每個可以扛起步槍的人全都派上戰場。屬下警告說他們會耗盡補給，李將軍回答他們可以利用俘獲的北軍物資補給，就像他利用昌斯洛維爾的勝利補給北維吉尼亞軍團一樣。

接下來幾天內，備受痛擊的坎伯蘭軍團被消滅殆盡，這是內戰中少數幾次把戰場勝利演變成殲滅戰的例子之一。羅斯克蘭被俘之後，曾在奇卡毛加一戰頑強死守的湯馬士（George Thomas）繼續率領殘軍後撤。李將軍一舉收復查塔努加與東田納西，兵力居劣勢的本塞德將軍只好趕緊率部撤退。到了十月，通往南方心臟地帶的大門田納西州已經穩穩落在邦聯手裡。

穩定來春之前的西線情勢之後，李將軍要求戴維斯將田納西軍團交給約翰斯頓將軍，讓他回去指揮心愛的北維吉尼亞軍團。朗思齊成功擋住了北軍進兵維吉尼亞的企圖——波多馬克軍團也奉令派軍增援西線——但是李將軍認為朗思齊打仗過於保守，他依然相信只有東線的勝利才能確立邦聯獨立，因而希望親自指揮這場戰事。戴維斯總統無法拒絕手下最成功將領的要求。

對於邦聯而言，不幸的是李將軍只有一個——謹慎之至的約翰斯頓也只有一個。北軍在一八六四年春再度大舉進攻田納西，但是這回統領北軍的是格蘭特將軍。除了格蘭特與薛曼的部隊之外，湯馬士的殘部已被擴編為一個軍。格蘭特重演他在維克斯堡的迂迴本領。首先，他的佯攻讓緊張的約翰斯頓趕忙撤出查塔努加，然後毫不留情地逼迫他向亞特蘭大撤退。格蘭特在一八六四年九月二日致電林肯總統：「亞特蘭大已落入我軍之手，戰事大抵獲勝。」

李將軍在西線上的努力以及在奇卡毛加與查塔努加的勝利完全白費，最後他的成果只是把格蘭特推上最需要他的舞台，不受拘束地發揮。

*　*　*

一八六四年八月底，民主黨在芝加哥召開大會提名總統候選人。幾乎可以確定的是，麥克里蘭將軍將得到提名，甚至不少共和黨人也認為他會當選，其中一位就是林肯總統。在民主黨大會召開前幾天，林肯總統要求閣員簽下一份「盲目備忘錄」，內容只有他自己知道。在這份備忘錄中，林肯總統表示並不指望自己會連任，因此政府的責任是在當選人就任之前拯救聯邦，「因為他贏得選舉的政見是日後無法挽回的」。

然而，民主黨卻做出政治自殺舉動。在這次大會中，要求無條件議和的同情南方派使出迂迴計策，繞過麥克里蘭派控制政見委員會；他們通過的政見宣稱戰爭已告失敗，應該立即無條件議和。麥克里蘭將軍雖然贏得提名，卻發現自己成為主和政黨的好戰候選人。雖然麥克里蘭試圖與和平政見劃清界限，但是這點仍然成為他的致命傷；軍人的選票對他尤為不利，薛曼攻佔亞特蘭大的消息讓「戰爭已告失敗」的主張失去說服力。在十一月八日的投票中，麥克里蘭以一百八十萬票輸給對手的二百二十萬票，選舉人票則以二十一票輸給對手的二百一十二票。

然而，如果民主黨在芝加哥大會表現理智一些，會有什麼後果？如果多數派黨代表能夠控制情勢，通過強烈主戰的政綱呢？當然十一月八日的投票結果會大不相同。

麥克里蘭證明自己不像許多人認為的那樣政治天真，他知道應該採取什麼行動利用北方的悲觀情緒讓自己當選總統。最重要的是，他必須拿下紐約州與賓夕法尼亞；在當選需要的一百一十七張選舉人票當中，這兩個人口眾多的州就佔了一半多一張。民主黨向來在邊界州——馬里蘭、德拉瓦、肯塔基、密蘇里——勢力強大，他認為自己在兩個新英格蘭州——康乃迪克與新罕布夏——以及紐澤西擁有不錯的機會，擁有眾多南方支持者的印地安納與伊利諾則是選戰的大好目標。如果麥克里蘭將軍能夠拿下紐約州與賓夕法尼亞，就只需再贏得五十八張選舉人票，以上這些「焦點州」總共有七十九張。

麥克里蘭得到提名後，馬上傳來薛曼攻佔亞特蘭大的消息，民主黨主戰派立即抓住這個機會大肆慶祝。如同一位黨魁所說的，他們必須確定麥克里蘭的助選者「每次慶祝勝利時，用掉的煙火和共和黨一樣多」。麥克里蘭致函薛曼：「您的戰役將留名青史，成為全世界最值得記憶的戰役之一。」並將副本發送給媒體。民主黨的策略是宣稱安提坦大勝之後，現役軍官名單上最資深的麥克里蘭將軍無故遭激進的共和黨政府剝奪指揮權；和笨頭笨腦的平民林肯相比，麥克里蘭才是適合出任總司令的人選，他將會確實明快地打好戰爭。他的一位幕僚告訴記者：「將軍聲明他如果當選，在第一年會非常不受歡迎，因為他會盡力立即結束戰爭，嚴格執行和約條款，在叛亂徹底敉平前對所有抗議充耳不聞。」這些話在軍人選民之間相當受歡迎。

民主黨助選員對林肯總統的「暴政」大加撻伐，認為政府完全不顧諸如人身保護令等基本人權。他們痛責「激進廢奴者」、當前社會與經濟混亂、以及搜括軍費的各種昂貴手段。在麥克里蘭繼任者的統領下，波多馬克軍團已被困在壕溝戰之中，經過一個傷亡慘重的夏天，還是沒有比麥克里蘭在一八六二年更接近里奇蒙。麥克里蘭反對廢奴，但是從未公開立場，他和民主黨的政見都對廢奴問題避而不談。麥克里蘭對軍人選票深具信心，數以千計的退伍軍人或負傷退役士兵更在家鄉組成「麥克里蘭軍」為他助選。

俄亥俄、印地安納和賓夕法尼亞在十月首先投票。俄亥俄州選民對同情南方派的瓦蘭迪漢（Clement Vallandigham）記憶猶新，這位惡名昭彰的政客曾試圖破壞芝加哥黨大會，結果共和黨贏得這一州。但是民主黨在印地安納和賓夕法尼亞僥倖獲勝，在賓夕法尼亞，軍人選票壓倒性地支持這位廣受歡迎的前波多馬克軍團指揮官。

雙方都認為十一月八日的大選票數將會甚為接近，即使認為會以六票之差獲勝的林肯總統，也認定紐約與賓夕法尼亞會被麥克里蘭贏走。麥克里蘭在投票十天前寫下：「我聽到的消息都非常有利，我有一切充滿希望的理由。」

麥克里蘭是兩人之中預測較準確的一位。雖然他在投票日的得票較少，但是總共贏得九個州，以一百二十張選舉人票擊敗林肯的一百一十三張。他靠軍人選票贏得紐約與賓夕法尼亞，效忠他的波多馬克軍團官兵尤為重要。此外還拿下德拉瓦、肯塔基、紐澤西，並以些微差距贏得康乃迪克與新罕布夏，他的主戰立場讓他在印地安納和伊利諾勝出。選戰分析家指出，芝加哥會議提出的強烈主戰政見是民主黨獲勝的關鍵因素。

當選人麥克里蘭近四個月之後才會上任，但是他立刻拜訪或致函北軍部隊長，表明三月四日上任的新總統希望成為一位積極的最高統帥。事實上，他會再度成為全軍總司令，而且這次不會有任何上級阻撓他。當李將軍於一八六五年四月九日在阿波馬托克斯法院投降時，麥克里蘭總統就在格蘭特將軍身邊。此時，林肯已經回到伊利諾州春田市的老家，他只是自傑克森（Andrew Jackson）以來的多位單任總統之一。世人記得林肯是在一八六一年捍衛聯邦的總統，並且善於言詞，但是最後無法說服國民以他的方法結束戰爭。

諷刺的是，林肯在八月的備忘錄中預測繼任者無法拯救聯邦，但是麥克里蘭的表現卻和連任的林肯一樣好。當然，為了重建聯邦的過程，麥克里蘭還要與共和黨控制的第三十八屆國會奮戰數月；然而，麥克里蘭以語言和文字打仗的本領向來比在戰場上表現更好，最後的事實證明如此。

湯姆・威克

發生在一八六五年美國的越戰

一八六五年四月九日星期日破曉後不久，李將軍麾下又餓又累的北維吉尼亞軍團，被格蘭特將軍的優勢兵力包圍在維吉尼亞州阿波馬托克法院附近。李將軍和最受信任的副手亞歷山大將軍坐在一根樹幹上，承認除了投降別無它路可走。

震驚的亞歷山大要求想想別的辦法：李將軍可以下令全軍「分散遁入樹林……這些在您麾下奮戰四年的官兵可以免於……您向格蘭特要求投降條件，卻得到『無條件投降』回答的恥辱。」亞歷山大估計三分之二的部隊可以像「兔子一樣逃脫」，繼續作戰下去。

李將軍的回答是只有大約一萬人能逃脫，這個數目「少得不足以發生作用」。他表示，如果「我接受你的建議……官兵一無口糧，二無紀律……他們只好仰賴搶掠……鄉間盡是無法無天的匪幫……國家要花費數年才能從這樣的社會狀況中恢復過來。敵人的騎兵將發動追擊……他們所到之處會造成更多的劫掠與破壞」。

「不行。」這位老將軍說道：「我們必須承認邦聯已經失敗。」官兵應該「安靜而迅速地」返家，「開始種田和重建戰爭造成的破壞」。至於他自己，「你們年輕人或許可以放手一試，〔但是〕唯一讓我保有尊嚴的選擇是投降與接受後果」。

戰時廣受崇敬的李將軍在這裡做出他的最大貢獻，讓美國免於一場亞歷山大建議的游擊戰爭——這場殘酷的掙扎無疑會拖延全國和解長達數年之久。

湯姆．威克（Tom Wicker）曾是《紐約時報》專欄作家，著有多部歷史小說。

15 一九一四年的「如果」

不該如此的世界大戰

羅伯・考利

我們對第一次世界大戰長期以來的刻板印象，就是西線上僵持的壕溝戰。但是我們今日知道，當第一道壕溝在一九一四年秋天掘下時，這還是一場運動戰，戰壕只是反映了頭幾個月戰事的結果，同時將二十世紀指向另一個一九一四年初無法想像的方向。

第一次世界大戰的頭幾個月充滿各式各樣改變歷史的機會。如果英國沒有參戰，會有什麼後果？如果德國獲勝，這個世界會變得更好嗎？戰爭可以如同大部分歐洲人所想像，在秋天落葉之前結束嗎？如果美國沒有參戰會如何？如果第一次世界大戰沒有爆發，或是變成一場較小較短、只有歐洲國家捲入的戰爭，二十世紀會是什麼樣子？最重要的問題是：這場戰爭必須變成世界大戰嗎？

在上個世紀結束、下個世紀開始的時刻，我們仍然記得那些年頭的創傷。那場戰爭永遠改變了世界權力的平衡，對我們的生活造成永久影響。如果沒有那場戰爭，這個世界會是如何？引用愛爾蘭作家喬伊斯的話，歷史是我們試圖從中醒來的惡夢。

羅伯・考利是《軍事史季刊》的創刊編輯以及本書的編輯。他是第一次世界大戰的權威，與喬佛瑞・帕克共同編有《軍事史讀者指南》。

這是一場在最好的年代發生的最糟戰爭。約翰‧基根在關於第一次世界大戰的著作中開宗明義就寫道：「第一次世界大戰是一場毫無必要的悲劇衝突。」尼爾‧佛格森（Niall Ferguson）在《戰爭的憐憫》（*The Pity of War*）一書中寫道：「這堪稱是現代史上最大的錯誤。」經歷過暴力衝突無休無止的二十世紀之後，這段評語日顯真確。

第一次世界大戰可以避免嗎？這場戰爭和影響可以不擴及全世界嗎？戰爭可以少打幾年，讓數百萬人不至於喪生嗎？二十世紀最悲慘的故事能否有不同結局？

除了第一個問題之外，以上問題的答案都可以是肯定的。當時勢必會爆發的一場衝突是：人們並沒有長期冷戰的思維方式，多年高風險外交和軍備競賽的影響已經根深柢固。民族主義對抗、市場和殖民地競爭、戰略衝突、霸權野心的存在不容否認，早晚必須一戰的想法已被歐洲人民接受，這種論調遍及大眾文學之中。問題不是一場歐戰是否會爆發，因為戰爭早在醞釀之中；問題是何時會發生、進行的形式，以及誰會佔上風。一般都認為包括殖民地擴張在內，歐洲社會的基礎並不會有所改變，很少有人認為這場勝利值得舉國短暫全力以赴，更少有人想見其影響會如此重大、持續如此之久，並且帶來如此大的改變。這就是錯誤和誤判——經常是毫無必要和重複的——發生的原因。

如果現代史上有一個重大的分水嶺，必定就是第一次世界大戰，但是這場戰爭本來無需成為歷史的分水嶺。近年來以佛古森為首的歷史學家提出，這一仗或許會是一場大戰，但不一定要變成世界大戰。這種觀念轉變是以下設想的關鍵。如果英國沒有參戰，或是拖延參戰時間，交戰各國或許會在一九一四年底達成協議——此時樹葉才剛落下——終止歐陸的戰鬥。德國本來有機會「以積分取勝」，保持在歐陸的主宰地位，大英帝國的衰落則會拖延數十年，從美國參與第一次世界大戰開始的「美國世紀」將會更晚發生。共產主義會在俄國得勝嗎？或許不會。如果這場戰爭不是第一次世界大戰，以原子彈告終的第二次或許根本不會發生（考量到人類對於終極軍事解決方式的渴求，原子彈早晚會被投下）。

讓我們考慮以下的幾個情況，它們全都不會帶來日後的結局——不過，無疑會造成其他想像不到的後果。

英國不參戰

當歐陸上的風暴在一九一四年七月底吹起、列強開始準備動員時，大英帝國參戰的可能性依然很低。誠然，法國一直在對英國施壓，但是自從擊敗拿破崙以來，英國向來致力不捲入歐陸爭端，在這次危機中似乎也是一樣。參與歐洲的衝突只會破壞英國在世界上的影響力與經濟主宰權。

雖然奧地利的斐迪南大公夫婦早於六月二十八日在塞拉耶佛遇刺，但是由阿士奎斯（Herbert Asquith）領導的英國自由黨政府直到七月二十四日星期五，才召開首次討論國際事務的內閣會議。值得注意的是，那天的主題是愛爾蘭自治問題的持續騷動，因為這被認為是阿士奎斯政府面臨的最大威脅。當這場冗長的午後會議即將散會時，外相格雷爵士（Sir Edward Grey）要求內閣成員再留下幾分鐘，他以疲倦的聲音敘述了奧匈帝國剛遞交給塞爾維亞政府的最後通牒。這份通牒是對塞爾維亞主權的明顯侮辱，拒絕將會導致戰爭；但是進攻塞爾維亞會捲入奧地利的盟邦德國、塞爾維亞的盟邦俄羅斯，以及俄羅斯的盟邦法國。內閣成員聽完格雷的報告之後，分頭去度週末。

在當晚所寫的信函中，阿士奎斯提到歐陸即將發生的「大決戰」。「讓人高興的是，我們沒有理由扮演除了觀眾以外的其他角色。」到了下一個星期，當軍事動員已經凌駕政治談判之上時，英國仍在原地踏步。七月二十九日星期三，部署在多瑙河右岸的奧匈帝國火砲對塞爾維亞首都貝爾格勒開火，格雷卻仍舊不向德國透露他的意圖——這使得德方確信，如果他們按計畫通過比利時入侵法國，英國將不會參戰；各種證據都指出，英國可能會維持傳統的不介入政策。就在奧匈帝國將最後通牒遞交給塞爾維亞的那天，財政大臣勞合喬治（David Lloyd George）還告訴國會，由於英德關係大有改進，他可以預見「海軍預算將大幅減少」。阿士奎斯知道黨內大部分人都希望避開衝突——更重要的是，大部分內閣成員也是如此——此時放棄中立會帶來政府倒台的危險。即使到了七月三十一日星期五，奧匈帝國、法國、俄羅斯和土耳其已經動員，阿士奎斯仍計畫在隔天上午發表一篇演說之後，搭火車和好友雪菲爾勛爵（Lord Sheffield）共度週末。

簡述過當時的情況之後，我們幾乎要相信——即使是短暫的——英國只願意做壁上觀；這樣一來，九十四萬七千名來自大英帝國各地的年輕人不必喪生，他們的屍首不必堆在席普瓦（Thiepval）的鐵絲網上，或是埋入帕申戴爾（Passchendaele）的泥濘裡。這場戰爭只會限於歐陸，不需成為世界大戰，把印度、澳大利亞、南非和加拿大拖入戰局。美國也不會參戰：它和英國之間的愛恨情仇不會演變成二十世紀歷時最久的戰略聯盟。大英帝國根本不需要美國，沒有第一次世界大戰拖垮英國國力，英國的主宰地位會一直維持到二十世紀中葉之後，而且一九四五年將不會在歷史上具有特別意義。

但是，阿士奎斯並未赴雪菲爾動爵之約。僅僅在格雷頭一次報告奧匈帝國最後通牒的十一天之後，英國於八月四日晚上宣布參戰；那個週末，反戰勢力依然佔了上風。在八月一日星期六上午，格雷還必須告知法國大使：「我們無法在這個時候派遣遠征軍前往歐陸。」他相信任何對法國的保證都會導致內閣垮台。在此同時，德國已經開始動員。金融恐慌橫掃全倫敦，在緊急會議中，內閣傾向宣布中立，全靠格雷的辭職威脅才未發生，他覺得自己無法支持政府的中立立場。在撞球檯上，鷹派的海軍大臣邱吉爾說服阿士奎斯動員海軍以防萬一，因為他們才剛得知德國對俄國宣戰。在同一天晚上的混亂中，德軍入侵盧森堡，然後立即撤退，全面進攻要第二天才發生。（美國名歷史作家塔克曼〔Barbara Tuchman〕女士寫道：「從此歷史上有個揮之不去的問題：如果德國在一九一四年向東進攻，對法國採取守勢，後果會如何？」）

英國內閣在星期日召開了兩次會議，直到第二次會議於晚上八點半結束為止，阿士奎斯的政府都處於搖搖欲墜之中。這個可能性引起我們諸多聯想。當時已有四名閣員辭職，如果在未決定者之中，有一個領袖人物——勞合喬治是最可能的人選——站出來領導，更多人一定會跟進辭職。但是勞合喬治在這一刻心意動搖，反而要求辭職者先不要將決定公諸於世。

一夜的睡眠顯然對英方的鬥志大有幫助，而且德國也提供了一大助力。在八月三日星期一早上，阿士奎斯得知德國已向比利時提出通牒，要求不可阻擋克魯克（Alexander von Kluck）將軍指揮的第一軍團（三十四個師）通過。這份通牒是在最糟的時刻提出，想到四十萬名德軍不只通過比利時一角，而是整個國家，突然讓英國真正感受到威脅：加萊和布倫的法國港口都會陷入敵手，如此一來，德皇的大軍距英國將不到三十哩。突然之間，英國的民意開始傾向參戰，揮舞著國旗的群眾從特拉法加廣場一路擠到國會。對猶疑不決的阿士奎斯而言，德國的最後通牒反而讓他鬆了一口氣，因為他害怕在政府內部不介入會比參戰造成更大的分裂。當時讓保守黨接掌政府的大門已經打開，事實上，邱吉爾已經開始試探保守黨的意見。邱吉爾問道：如果阿士奎斯的內閣有太多閣員辭職，反對黨「準備好組成聯合政權……挺身拯救政府嗎？」（最後只有兩人辭職。）當時在英國和歐陸有太多官員對於不參戰的後果比參戰更害怕。那天下午在下議院中，格雷代表政府發言：「今日，顯然歐洲的和平已經無法維持下去……。」

到了第二天結束時，英國已經參戰了；但是，假如阿士奎斯的政府因為閣員集體辭職而垮台，會帶來什麼後果？

即使接著上台的是傾向參戰的聯合政府，一週以上的延遲也許會改變一切，英國遠征軍不需在蒙斯（Mons）或卡多（Le Cateau）進行慘烈的後衛作戰——這是自克里米亞戰爭以來，英軍第一次和歐陸敵人交手。對於將八萬名官兵和三萬匹馬送上歐陸，英國或許會有所遲疑，改採封鎖德國航道的策略。另一方面，如果必須舉行大選，參戰與否的決定會一直拖延到秋天。誰敢在大選之前宣戰呢？（還有，在發現德軍攻勢威脅並不如想像中可怕之後，參戰的呼聲會自動消失。）

即使沒有英軍協助，法軍或許可以自己擋住德軍，各位可以對這點無休無止地辯論下去。當時法軍的鬥志尚未受到折損（不像一九一五年經過阿突瓦和香檳戰役之後那樣），除了那些無能的「里蒙奇人」將領——亦即被解職送回里蒙奇營區的將領——法軍還是有些正在崛起、足以和德軍將領一較高下的優秀指揮官；儘管戰爭之初受到嚴重挫敗，法軍的素質還是比大部分人以為的更優秀。英國可以等到秋天德國真正威脅到海峽港口時才參戰，屆時達成協議的可能性也許已經浮現，我們現在就來考慮這點。

在那個星期二的晚上，戰爭的結果其實已經確定。德國或許會贏得歐陸戰爭，但是無法贏得世界大戰。不過，德國要到秋末才會感受到世界其他國家捲入戰爭帶來的壓力；就短期而言，時間仍是站在德國這邊的。

德國贏得馬恩河會戰……如果馬恩河會戰爆發

小說家貝萊（John Bayley）曾寫下：「本來是可以避免的事，但是我們心知肚明一定會發生。」大英帝國的參戰是如此，那年夏天西歐的下一件大事更是如此。對於包含在「馬恩河會戰」名下的一連串大小事件，我們很容易將它們視為非人性力量的對決（開始時力量均等）、強大力量的衝撞；但是事實上，史上少有幾次大事會像這樣，讓司令部的決定和決策者的弱點扮演如此重要的角色，而這些決策者的年紀大多都在六十五歲至七十歲之間。

除了少數例外，雙方大部分將領都缺乏衝勁。對不停歇的軍事對決（我們慣稱的戰役）而言，上級的衝勁是最重要的因素，因為戰爭頭幾天的結果通常是在戰線後方遠處決定的。然而，直到馬恩河會戰快要結束、部隊開始構成防線挖下戰壕以前，你還看不到陣線的存在；雙方都建立過陣線，但是很快就在慘烈戰鬥後崩潰。作戰是沿垂直線而非水平線進行，攻方不停地行軍，試圖找出可以席捲的側翼，或是可以穿透的缺口，守方則沿著同一條漫長的線撤退；有時，兩軍部隊甚至彼此平行行軍。在馬恩河會戰的那個月中，雙方部隊平均每日行軍十二點五哩，這可不像我們以為的第一次世界大戰；儘管當時已有各種與部隊保持聯絡的方法，卻沒有人比德法最高司令部的參謀對情況更陷於五里霧中。

如果攻勢依照預期進行，德國或許會贏得勝利，未來八十五年的諸多痛苦就不會發生了。

德軍在一九一四年八月贏得的一連串勝利，使我們聯想到後來德軍剛入侵俄國的日子：巴黎好比是莫斯科，此時德軍騎兵巡邏隊已出現在巴黎北郊。「希里芬計畫」——得名自創始人希利芬伯爵（Count Alfred von Schlieffen）——中的強大德軍右翼一路橫掃比利時和北法平原，在地圖上來看，德軍的攻勢有如龍蝦的腿，每條腿是一個軍團。法軍堅守著「十七號計畫」的既定攻勢，想要一頭衝往德國邊界，以及其後的萊茵河與工業區，但是德軍攻勢讓他們大吃一驚。等到法軍開始向西調兵時，差點就太遲了。

在克魯伯和斯科達兵工廠製造的榴砲猛轟下，環繞比利時邊界城市列日、被認為固若金湯的十二座要塞首先淪陷，布魯塞爾不戰而降。在此同時，法軍對於正在發生的災難視而不見，繼續從亞登向洛林進攻：這場在八月中打了十一天的「邊界之戰」，估計讓法軍折損三十萬人。法軍終於開入比利時之後，差點就在沙勒華（Charleroi）會戰（八月二十二日至二十三日）中遭擊潰。二十三日，另一個比利時的要塞城市納穆（Namur）也宣告投降。同一天在蒙斯的運河和山丘間，兵力不過五個師的英軍做了一次勇敢卻徒勞無功的後衛作戰，將面前的德軍擋住了一天。到了八月二十四日，德軍越界進入法國，距離「希里芬計畫」預定的時間只晚了幾個小時。

這是一個決定歷史的時刻，如同邱吉爾對馬恩河會戰所寫的：「可怕的『如果』開始累積。」接下來九天——八月二十四日到九月一日——成為決定戰爭結果的關鍵日子。德國至今的勝利是不是太容易了？西線七個軍團如鐮刀般的橫掃是否看來太強太了？

「希里芬計畫」原本要以右翼做為擊敗法國的工具，鐮刀的尖端一向砍掉最多稻草。據說希里芬在一九一三年過世之前，遺言就是：「讓右翼強大！」負責右翼最外側光榮任務的是第一軍團，指揮官是德國在西線上最優秀的將領克魯克將軍。當其他軍團向南推進之時，他的任務是以半圓形運動繞過巴黎，將法軍包圍起來。根據德軍多年來精心制訂的計畫，開戰後第三十九天將會大勢底定。

接替希里芬出任參謀總長的是赫爾姆斯・馮・毛奇（Helmuth von Moltke），他是策畫德國三次統一戰爭的老毛奇姪子。由於一直憂慮俄國的威脅，毛奇上任後立即改變計畫。早在戰爭開始之前，他已經將四個半軍的十八萬人調至東線，這些部隊全部來自右翼；即使如此，他仍然擔心東線兵力不足，以及法國對德國的攻勢——希里芬可是從未擔心過這問題。希里芬的想法是盡可能讓法軍長驅直入：他們會愈陷愈深，讓德軍更容易完成包圍。但是出於自尊心，毛奇認為淪入敵手的德國領土愈少愈好，即使為了戰略理由也是如此，所以從右翼繼續調兵至左翼。最後，「希里芬計畫」要求越過馬斯垂克附近的荷蘭領土尖端，這樣會解決開戰之初將兩個軍團擠入比利時的問題，同時製造一個更寬廣的右翼。最右翼的克魯克軍團會到達海峽，並且在繞過里耳（Lille）之後，才轉向南邊的巴黎前進。奇怪的是，小毛奇竟然對破壞荷蘭中立有道德顧忌。如果他堅持希里芬的不道德大膽計畫，馬恩河會戰後就不會發生「向海岸賽跑」的情況，當然也就不會發生慘烈的伊普黑（Ypres）會戰，敦克爾克、加萊和波隆等海峽港口都會落入征服者之手。雖然德軍相當擔心英國海軍封鎖的可能性，他們對英國陸軍可能造成的影響倒是不屑一顧。

這些決定削弱了德軍的力量，但不是決定性的。毛奇對於接受希里芬計畫的風險感到不安，事後證明，只有接受風險才能為他帶來勝利。他在八月二十二日接受了唯一的風險，結果證明是在錯誤的時間做出錯誤的選擇。但是，他這個選擇當時看來算不上風險——如果成功，這個決定會一舉結束法國，讓他因為這場短暫的光榮戰役而名垂史冊。

根據第十七號計畫，法軍將在八月十四日進攻洛林，這是一八七一年割讓給德國的省分之一。在《馬賽曲》的樂聲中，先頭的法軍拆毀了邊界的哨站。法軍一路推進，德軍只做出少許抵抗就撤退，至此一切都照希里芬的劇本演出。

十九日和二十日兩天，法軍在薩瑞堡和摩杭吉兩個城鎮周圍突然遇上防禦工事，這些戰壕、鐵絲網和隱藏的機關槍很快就會成為西線熟悉的景象。德軍射倒難以數計的法軍步兵，然後對潰退的敵人發動一波接一波攻勢。法軍大敗，一路退回南錫周圍山頭上的防禦工事，這正是他們一週前開始進攻的地方（法方一度想要放棄南錫，但是法軍最高司令霞飛〔Joseph Joffre〕將軍根本不接受）。在此同時，原本緩慢追擊的德軍發現了一個絕佳的機會。

接下來大部分的事件並不是發生在戰場上，而是在電話中。這或許是史上頭一次，電話成為改變歷史的主要工具。在柯布倫茲（Koblenz）的臨時德軍總部內，當法軍在洛林慘敗的消息蜂擁而至時，毛奇腦海中想到什麼呢？在他看來，西線的戰事是否事實上已經結束了？他應該掌握戰機痛擊已經瀕臨崩潰的法軍嗎？或者大可放棄這次機會？對南錫周圍的山嶺以及艾比納和圖爾的要塞系統發動攻擊，違反了「希里芬計畫」的想法，但是結果可能會是另一場坎尼會戰。他可以運用左右兩支巨鉗夾攻法軍，重演漢尼拔在西元前二一六年雙包圍羅馬人的傳奇戰役。坎尼會戰也是一場八月戰役。

當德軍總部在八月二十二日討論此一想法時，剛打贏摩杭吉之役的第六軍團參謀長德爾曼辛根（Krafft von Dellmensingen）將軍打來一通電話。他要求准許了結法軍，而且愈快愈好。「毛奇尚未做成決定。」總部作戰處長塔本（Tappen）上校這樣告訴德爾曼辛根：「如果您等待五分鐘不要掛斷，我或許可以得到貴官所需的命令。」

德爾曼辛根不必等那麼久，兩分鐘之後，塔本就拿起話筒，傳達毛奇的決定：「向艾比納方向追擊。」

希里芬的計畫就此泡湯。原本在右翼最需要時可派上用場的二或三個軍——多達十萬人——也隨之消失。當時洛林戰區的預備隊已經登上火車，幾天之內就可以抵達西邊。由於德軍上層故意隱瞞，我們無法得知德軍的確實傷亡數字，但是此地的戰鬥必定和法軍在摩杭吉一樣悲慘。在山丘上掘壕固守的法軍對著下方越過平地的整齊德軍隊伍猛烈射擊，這次輪到毛奇落入陷阱。在洛林的戰鬥於九月十日沈寂下來以前，充滿信心的喬佛赫已開始將部隊向西調動，改變馬恩河會戰的態勢。

即使在毛奇下達「向艾比納方向追擊」的命令之後，德國還是大有贏得勝利的可能，但是四天之後又出現了另一通改變歷史的電話。

俄國動員的速度著實出乎德軍總部意料，此時俄軍已攻入位於今日波蘭境內的東普魯士；隨著德國難民大批出現，恐慌開始擴散。列日之戰的英雄魯登道夫（Erich Ludendorff）將軍已被調往第八軍團，出任興登堡將軍的參謀長，一對著名的搭擋於是誕生。這兩人認為他們已擋住俄軍攻勢，而且即將贏得德國在第一次世界大戰最經典的勝利——坦能堡會戰。

八月二十六日晚上，魯登道夫將軍在東普魯士的司令部接到一通來自柯布倫茲的電話，另一端又是塔本上校。他告訴大吃一驚的魯登道夫，三個軍和一個騎兵師將前往增援。魯登道夫回答說根本沒有需要，而且他們不可能來得及影響目前這場會戰的結果。塔本表示毛奇心意已定，沒有爭辯的餘地。兩個晚上之後，塔本又打來另一通電話：增援部隊已經開拔，但是只有兩個軍和騎兵——總算有人明智地做出這個決定，但是被調走的八萬多人已經無法用來加強右翼（如同魯登道夫預料的，這兩個軍在俄軍敗北數日後才抵達。身敗名裂的毛奇在一九一六年去世之前，承認將這兩個軍調往東線是他在馬恩河會戰的最大錯誤）。在這場戰爭最關鍵的右翼上，已經有至少四個軍無法用來加強攻勢，而且這個數字還要再加二：克魯克軍團的一個軍被派去防守困在安特衛普的比利時軍，第二個軍則負責攻下比利時邊界上的法國要塞毛柏吉。這樣是多達二十五萬人的六個軍，相當於一整個軍團。

這三通電話改變了一切。頭兩通電話讓德軍失去勝利，第三通則導致僵局。在南錫之前做成的決定徹底改變了「希里芬計畫」，使得德國的勝利受到莫大損害。如果毛奇沒有試圖追求一場坎尼會戰，將兵力用來增強右翼，第一軍團的右鉤拳攻勢將繞至巴黎的西邊和南邊，然後向北旋轉擊潰法軍。除了一些要塞守軍以及在巴黎拼湊集結的部隊，法國鄉間完全沒有足以阻擋克魯克的部隊。法國政府已經準備遷往波爾多，而且顯然已經無法再接受更多壞消息。已經超過負荷的繩索即將斷裂，一八七〇年至一八七一年間的政府崩潰和革命會重演嗎？

對德軍而言，一切速度至上，不能讓敵人得到復原的機會。一支勝利的軍隊可以忘卻疲憊——克魯克的官兵確實已經非常疲憊。一向簡便的德軍指揮系統開始造成不必要的壓力。由於少數主官被迫長時間工作，各種細節於是開始出錯。軍事史學家修瓦特（Dennis E. Showalter）曾指出：「戰爭如同商場，累贅會有某些好處。」更糟的是，由於鐵路被撤退的法軍和比軍破壞，加上缺乏可靠的運輸車輛，為部隊供應食物和彈藥開始成為問題，而且問題隨著距離加長愈形嚴重，通訊也開始受到影響。進入法國領土之後，德軍不能倚靠電話進行指揮，遠在柯布倫茲的毛奇（八月二十九日起進駐盧森堡）主要使用無線電與西線各軍團聯絡。但是電訊擁擠、解碼需要的時間，以及法國利用艾菲爾鐵塔的無線電站進行干擾，使得每則訊息要花費數小時才能傳達。希里芬的第三十九天目標開始有了危險。

讓我們想像，如果毛奇在摩杭吉之役以後沒有一時衝動，而且在最後一刻決定不將兩個軍東調，接下來會發生什麼狀況？克魯克將軍的大軍會繼續前進，凡爾登要塞會投降——這件事在九月初差點就要發生。里姆則落入德軍之手——該城確實曾被短暫佔領。中路的德軍會轉過方向，和克魯克將軍的右鉤拳攻勢會師，毛奇會在這裡贏得他想要的坎尼會戰。這場戰爭真正決定性的戰役可能會發生在巴黎東南方的塞納河谷，或許就在楓丹白露附近的樹林中。楓丹白露是歷代法國畫家最喜愛的美景，不過這回出現在畫面上的會是德國人。

以上是德軍在西線最好的狀況，英軍參戰的短暫貢獻完全無關緊要，這場戰爭會成為歐陸事務，雖然這對英德關係一點幫助都沒有——尤其是德軍若將海峽港口要塞化。此外，包括南錫在內的部分法國和比利時領土會被併入德國。包括佛古森在內的歷史學者曾提出，勝利的德國會成立一個中歐經濟聯盟（由德國主宰，有點像下個世紀初德國主宰歐洲經濟共同體的情況），法國必須付出龐大賠款，多到足以讓法國的貧弱軍力與憤怒延續另一個世代。反猶主義向來是歐洲戰敗國的毒藥，但這會是法國而不是德國的問題。除了數百萬法國人（以及其他參戰國的軍民）不需在接下來四年內喪生之外，德國的勝利還有其他光明面：第一次世界大戰的勝利讓法國對自己的落後渾然不覺，或許法國不需經歷另一場世界大戰和德國的四年佔領才發現這點，第二次世界大戰後的經濟復甦也許會提早發生。

如果遺失的地圖沒有遺失，如果法蘭奇爵士拋棄法國人

到了這個時候，德國還可能贏得法國之戰嗎？也許可以——不過，德方的選擇愈來愈少，而且結果愈來愈仰賴對方的行動和選擇。法國會像普法戰爭時一樣崩潰嗎？在諸多例子中，法軍的撤退變成潰退，連揮舞手槍的軍官也無法阻擋。一批批逃兵在鄉間搶掠，巴黎三分之一的人口一百萬人已和政府一起逃走。如果德軍攻入，巴黎軍事總督加利安尼（Joseph Gallieni）將軍準備破壞全城。他會下令將塞納河上的橋樑全部炸毀，甚至連艾菲爾鐵塔也不放過。當時大難臨頭的恐慌已經遮蔽現實，這才是真正的危險，再一次慘敗就會帶來致命的後果。此刻的法國人以為他們正處於最糟的情況，但是最糟的其實已經過去。

克魯克將軍於八月三十日做成決定，命令部隊轉向東邊的巴黎前進，「希里芬計畫」至此已完全被拋棄。對於前方潰逃的法軍，克魯克希望以強行軍攻入他們的側翼。他也擔心與左方第二軍團之間的空隙，如果沿著既定方向行進，這個空隙就會愈來愈大。他對於另一個新威脅倒不太在意：毛諾希（Michel-Joseph Maunoury）的第六軍團正在巴黎集結，法軍仍然以為克魯克軍團並未改變方向；身為歷史上向來重要的變數，機會就在這個時候插手。

現在的時間是一九一四年九月一日，這是另一個歷史可能改變方向的日子。當天下午在考希

城堡（Coucy-le-Château，這是一座巨大的中古世紀城堡，為了破壞法國文化，德軍於一九一七年撤退時將之炸毀）附近的樹林中，一輛德軍聯絡車遇上一支法軍巡邏隊，巡邏隊開火打死了車上所有人。在一名死去的德軍騎兵軍官身上，法軍找到一個染滿鮮血、其中裝有食物、衣物和文件的袋子。當法國情報官翻出袋內所有東西時，發現了一張地圖；在血跡之下，他們可以見到數字和鉛筆線——數字是克魯克軍團各軍番號，線條則顯示德軍轉向東南方前進。

和李將軍在安提坦會戰之前遺失的第一九一號特別命令相比，這次事件的後果更為嚴重。法方不但清楚知道克魯克的前進方向，而且知道他的側翼何在。空中偵察和無線電截收很快就證實了情況。當第六軍團在九月五日衝入德軍側翼時，克魯克的勝利希望立即宣告破滅，他能做的只有打出一條生路。憑著傑出的調兵遣將本領，克魯克成功守住了側翼，但是這樣為他帶來更糟的問題，我們很快就會談到這點。如果地圖沒有遺失，克魯克或許會多出珍貴的數天調轉進攻方向，免得超前相鄰的第二軍團太多，這樣就不會處於如此危險的境地。在考希城堡遺失的地圖並未讓德國輸掉戰爭，就算這件事沒有發生，西線仍會形成僵局，只不過是對德國更為有利的僵局，二十多哩外的巴黎會比八十、一百哩外的巴黎更容易攻佔，後者就是西線在數日後穩定下來時的情況。這會改變德軍在接下來幾個月的態勢，甚至讓他們不必在西線上一直維持守勢。誰知道呢？在巴黎受到包圍之後，一八七〇年的情況甚至會重演。在這個歷史永遠可能調轉方向的世界中，人們永遠會犯下新的錯誤，讓未來朝不可預料的方向發展。

意外是一回事，意圖則是另一回事。九月一日發生了另一件可能改變歷史的事件，而且這回對聯軍的潛在傷害要比遺失地圖對德軍的傷害更大。英國遠征軍指揮官法蘭奇爵士（Sir John French）顯然已屈服在恐慌之下，打從一開始，只會說英文的法蘭奇元帥與友邦之間的關係就很差，而且他對法方的意圖深感懷疑。英軍會糊里糊塗地被新版十七號計畫浪費掉嗎？他是個非常害怕被利用的人，此時唯一想到的就是在最不傷害自己聲望的情況下將部隊撤出火線。八月二十九日那天，急著守住防線的喬佛赫終於和英軍指揮官見面，要求後者堅守陣地。法蘭奇當面拒絕，他表明經過一週的且戰且退，英軍已經損失一萬五千人，現在需要退出戰鬥十天，以便休息、整補和等待增援。喬佛赫壓抑住火氣，感謝法蘭奇，這不但代表法軍必須繼續撤退，而且防線上還可能出現一個缺口。即使是法國總統彭加勒（Raymond Poincaré）的請求，經由英國大使轉交給法蘭奇之後，還是不能改變他的決心。事實上，法蘭奇已經告知手下軍官，準備「向南方一路後撤，由東西兩側繞過巴黎」。他還準備更進一步撤退到英軍基地——當時是羅亞爾河口的聖納塞赫港——有人已在談論將部隊裝船送回英國，等到秋末再回到歐陸作戰，如果到時還有戰爭可打。

在倫敦那邊，英國戰爭大臣紀金納勳爵（Lord Kitchener）對法蘭奇的電報愈來愈驚慌。他在八月三十一日致電法蘭奇，要求知道計畫中的撤退會不會在聯軍防線上留下缺口，導致法國士氣崩潰，他的話中帶有反事實歷史的意味。接著他說服首相召開緊急內閣會議，像是對法軍事聯盟這樣的重大國策不應由法蘭奇一個人決定，這是看起來最可能輸掉整場戰爭的時刻。當天晚上，法蘭奇發出回電：「職不明瞭為何……要冒這個發生徹底災難的危險……。」

紀金納在這通電報解碼時就站在旁邊，法蘭奇的回電讓他下定決心。阿士奎斯匆忙召開另一次內閣會議，邱吉爾下令一艘巡洋艦在多佛生火待發。紀金納在半夜離開倫敦，九月一日中午就抵達巴黎。他身著藍色的元帥制服抵達英國大使館，極端敏感的法蘭奇立刻視之為侮辱。難道相同官階的紀金納要用階級來壓他嗎？法蘭奇抱怨「在如此關鍵的時刻」奉令離開司令部，這次會議還有別人在場，但是雙方語調愈來愈激烈，兩位元帥於是走進另一個房間，關起門來討論。最後他們達成了協議：法蘭奇的部隊會掉頭回到戰線上，繼續「配合法國陸軍的行動」。法蘭奇一肚子火地離開，但是紀金納總算是完成了任務。

如果法蘭奇爵士帶著部隊離開陣線，退到二百五十哩外的聖納塞赫港，會有什麼後果？以為英軍返國完成整補之後會回到歐陸作戰，是荒謬的想法，英軍根本不可能回來——無論是誰當政，都必須面對民眾已經消沈的作戰意志。當然，阿士奎斯政府撐不過這場敗仗（但是長遠來看，大英帝國會因此受益），未來幾十年這種不光采的行為會對英法關係造成什麼影響？法國可能會因此成為戰爭輸家。英軍的撤退正好發生在法國心理上最脆弱的時刻——九月一日——這樣一來，法國怎麼能忘記英國的背棄？換言之，法蘭奇的驚慌失措會讓德國得到贏得戰爭的最後機會，這比英國沒有參戰還糟糕。

這一幕還沒有結束。我們記得，克魯克高明地在歐克會戰中成功擋住毛諾希的第六軍團進攻。隨後在沿著兩百哩前線進行長達五天的馬恩河會戰中，克魯克確實佔了上風，但是為了這一仗，他必須從布婁（Karl von Bülow）將軍的第二軍團借來兩個軍。這兩個軍原本守住第一軍團和第二軍團之間的缺口，他以為自己通過了這一關——他差點如此。在馬恩河會戰的最後一天，兵力與調往東普魯士的兩個軍相當的英軍開入了這個三十哩寬的缺口，雖然英軍只穿透了數哩，卻如同邱吉爾所說的「一路穿入德軍的肝臟」。在側翼受到威脅之下，德軍驚慌失措，很快整個前線開始後撤。第一道戰壕在這個時候被挖下，原來的進攻計畫預計在九月六日到九日——動員後第三十六天到第三十九天——之間決定結果。結果是決定了，但並不是德方希望的那樣。邱吉爾援用一千九百年前羅馬皇帝奧古斯都得知羅馬軍團在條頓堡森林遭屠殺後所說的話：「德皇或許會大呼：『毛奇，毛奇，把我的軍團還給我！』」

准將與小兵

這個故事的兩位主角從未謀面，一位是英國將官，另一位是德國士兵，但是在一九一四年危機結尾的十月三十一日，他們的人生都捲入了戰爭。一個人差點改變歷史，另一個人真的改變了歷史。

在馬恩河會戰之後的數星期內，兩軍平行向北方且戰且走，雙方都徒勞無功地試圖繞過對方側翼，「向海岸賽跑」一路留下對峙僵局。到了十月底，戰線上唯一的開口是比利時城鎮伊普黑，此地距離敦克爾克和北海不過十哩多之遙，一九一四年的最後一場惡戰將在這處狹窄的突出部周圍爆發。

對德軍而言，在伊普黑突破是一九一四年最後一次贏得重大戰果——敦克爾克、加萊和波隆——的希望，攻佔這些港口不但會消除海峽對德軍的威脅，還可以讓英國到法國的交通線變得更為漫長與不便——如果打完伊普黑會戰之後英國陸軍還存在的話（法蘭奇爵士再次考慮撤退，但是遭到喬佛赫強力否決）。在兩個月之內，英國對戰爭的貢獻第二度陷入危機——不過，即使沒有盟友，這時的法軍已較能獨撐場面。除了以上考量之外，贏得海峽港口會大大振奮德國國內民心：原來代價高昂的西線戰事並非一無所獲。

經過十二天慘烈戰鬥，一波接一波德軍在防線漸薄的英法守軍面前崩潰，決定戰局的時刻終於到來。事情發生的地方名為葛呂維（Gheluvelt），此地位於伊普黑以東五哩的山丘上，村內是磚造屋舍。十月三十一日中午過後不久，葛呂維的英軍防線崩潰；在一比十的劣勢之下，守軍遭到訓練不佳但士氣高昂的德軍後備隊猛攻，被打開一個一哩寬的缺口。德軍只需調集附近的援軍就可以衝過缺口，擊潰任何有組織的英軍抵抗，但是德軍卻停下來等待命令，然而命令並未出現。到了下午，一千兩百名官兵正在一座鄰近城堡的草地上閒蕩，少數無事可做的德軍開始搶掠，這批德軍大部分來自第十六巴伐利亞後備團。不過，再過一會兒，必定會有參謀將他們集合起來，發布命令，讓他們繼續向前推進。

就在一哩外的樹林裡，一位英國准將做出一個很可能改變戰爭結果的決定，他的大名是費茲克拉倫斯（Charles Fitzclarence）。要不是幾天之後一枚子彈提早結束了他的生命，他的軍旅生涯必定會更上一層樓。從潰兵口中得知葛呂維的慘敗之後，費茲克拉倫斯准將立即把手邊唯一的預備隊——第二渥塞斯特營約三百七十名官兵——集合起來，派遣他們越過一哩的崎嶇草地前進。他們在開闊地上遭到德軍火砲轟擊，超過四分之一官兵傷亡，但是依然勇往直前。這群英軍一路衝進葛呂維城堡的草地，嚇得巴伐利亞團官兵四散奔逃，德軍的進攻就停止在這裡，敦克爾克的缺口終於堵住。由於這位准將的主動，大英帝國在那天守住了陣線，而且繼續在這場戰爭中打到民窮財盡。

似乎沒有歷史學者曾指出另一個後果。在數百名逃脫的巴伐利亞官兵當中，可能有一位出身奧地利、日後移居慕尼黑的士兵希特勒；就在兩天之前，他和第十六巴伐利亞後備團一起開上火線。該團折損慘重，這些城堡旁的官兵就是該團剩下的兵力。考量到希特勒急於參與戰鬥的欲望，很難想像他會不在場，但是德方的回憶錄和團史對這次事件並未多談，他們似乎不願承認城堡旁的那場敗仗還有德軍在那天距離突破多麼接近。這一點都不符合納粹提倡的歷史，尤其是牽涉到元首的歷史。如果希特勒在這一戰中彈倒地或是被俘呢？如此一來，真實的歷史就會少掉一位邪惡人物。對於這個例子，我們不需再談一枚子彈可以省去多少悲劇。

這是一九一四年最吸引人的「這樣會如何」。

後記：法根漢因的絕望

馬恩河會戰落幕之後，毛奇立刻被摘掉烏紗帽——不過，為了公關的理由，兼任普魯士戰爭部長的繼任人法根漢因（Erich von Falkenhayn）被迫讓毛奇掛著參謀總長的頭銜，在總部多待了羞辱的兩個月。但是新上任的法根漢因運氣並沒有比較好，在伊普黑的慘敗之後，法根漢因於十一月十八日在柏林和德國首相貝特曼（Theobald von Bethmann-Hollweg）會面。他直率地告訴貝斯曼，德國已不可能贏得戰爭，也不知道如何才能重創敵人，「讓我們得到有尊嚴的和平」。如果不能很快達成和議，德國將面對非常可怕的前景：「我們有慢慢虛脫的危險。」法根漢因建議先對俄國提出試探，表明不求併吞任何領土。他相信法國也會跟進。

首相當場予以回絕，他表示他仍然相信德國會贏得戰爭。此外，與俄國及法國和解代表必須與英國和解，但是戰爭進行到這個地步時，德國已經認定英國才是真正敵人。如同一八〇五年提爾西特會議的拿破崙，一九一四年的德國也被對英國的敵意蒙蔽。或許貝斯曼害怕的是面對德皇的怒氣，無論理由為何，他的拒絕為整個世代的人類簽下無法挽回的死刑。

大英帝國的部隊很快會從世界各地來到歐陸。遠在智利海岸外，英德海軍已經打了一仗，幾天後在福克蘭群島附近還會再打一仗。一月間，土耳其短暫威脅到大英帝國的交通要道蘇伊士運河，但是聯軍會在一九一六年春天入侵土耳其的加里波里。一艘德國潛艇的魚雷會擊沈露西坦尼亞號——這是一次真正的意外——造成一百二十八名美國人死亡，最後導致美國參戰。在法根漢因做出徒勞無功的要求時，戰爭已經開始席捲全世界，那一天或許是阻止戰爭擴散的最後機會。

卡東（Bruce Catton）曾寫道：「現代戰爭最特別的一點，就是戰爭會主宰自己。戰爭一旦開始，就要打到結束，而且會引起一連串人力無法控制的事件。為了不惜一切追求勝利，人類的行為會將社會基礎連根拔起。」

讓我們想像一場縮短的戰爭會對二十世紀造成什麼影響。假定德國對俄國的試探成功，俄國在一九一四年的損失雖然慘重，卻還未到崩潰的地步，和平會讓正在成長的俄國工業蓬勃發展；在此同時，有限的民主也會開始生根。列寧會在瑞士繼續過著困苦的流亡生活：德國不會安排他帶著「政治瘟疫」回到祖國。沒有列寧的話，就沒有史達林，沒有大整肅，沒有集中營，沒有冷戰。

我們已經討論過法國和英國，但是美國呢？如果各國在一九一四年底達成停戰，美國的地位會繼續維持多年：一個沒教養、愛喧嘩、不怎麼討人喜歡的鄉下表弟。美國子弟不需越過大西洋，當時一首流行歌曲提出的問題正中要害：「在他們見過巴黎之後，你怎能把他們留在農場上？」「美國世紀」會更晚才來到，決定因素將是市場而非戰爭，世界最強大的英國也不會在一九一八年欠下美國一堆債務。

十九世紀的世界會繼續數十年，不僅是在法國，其他地方亦是如此，歐洲會維持其領袖地位。就拿文學世界來說好了。有多少尚未展露頭角的才華被埋在第一次世界大戰的整齊墓園中？寫下《漫遊者》（*The Wanderer*）的亞蘭─佛尼耶（Alain-Fournier，譯註：一八八六─一九一四，為法國名小說家）和詩人威佛瑞‧歐文（Wilfred Owen，譯註：一八九三─一九一八，為英國名反戰詩人，他在戰場上負傷後，於大戰結束前一週不治）只是冰山一角。由於這些人的死去，歐洲只好把文學領袖地位拱手讓給美國。海明威還是會出現，但是他不會寫下《戰地春夢》的「部隊在房屋旁邊的道路上行軍，讓樹葉蒙上一層灰塵……」；或許他會找到另一種方式，寫下二十世紀最負盛名的開場白。

沒有一九一四年的事件，我們會跳過讓人永誌難忘的可怕景像：野蠻的壕溝戰。一整個世代的人都受到這次大屠殺的影響。如同約翰・基根所寫的，像希特勒這樣的人在第一次世界大戰學到的心得「二十年後會在歐陸各個角落重演，歐洲仍在努力從他們的死亡嗜好中恢復過來」。

有時，你可以藉由想像「如果沒有發生會如何」，衡量某些事件的長期影響有多大。

詹姆士・查斯

俾斯麥的帝國：尚未誕生

「一個皇朝正在離去。」這是一八七〇年九月一日，俾斯麥目睹拿破崙三世在兵敗色當後撤退的感想。不到兩個月之後，法國元帥巴贊（François Achille Bazaine）在梅茲向普魯士投降，同時放下武器的還有六千名軍官和十七萬三千名士兵。三個月之後的一八七一年一月十八日，德意志帝國正式在凡爾賽宮的鏡廳宣布建國。

法國的失敗並非無可避免。法軍兵多將廣，某些武器猶勝普魯士軍一籌，其新式步槍增加了步兵可以攜帶的子彈數目，而且射程較遠。法軍還擁有一種二十五管機關槍，可以轉動把手擊發。法國投降的原因很簡單，就是領導無方。

在色當和梅茲被圍困之後，法軍士氣一蹶不振，德軍兩個軍團隨即在毛奇的指揮下向巴黎進軍。法軍的首都衛戍司令擁有更多兵力，但是他已被當前局勢嚇住，坐視法軍遭到包圍。

由於拿破崙三世前進色當擔任名義上的總司令，整個法軍群龍無首。如果法軍及早發動攻勢，離開要塞與敵人作戰，普魯士軍或許會被擋在半路上，日後的德意志帝國根本不會出現。

沒有俾斯麥的德意志帝國，就不會有威廉二世的德國，法國不會為了亞爾薩斯和洛林雪恥復仇，第一次世界大戰也不會爆發。在這種情況下，就不會有一九一九年的凡爾賽條約，也不會有第二次世界大戰。如果沒有第一次世界大戰，就不會有布爾什維克革命，不會有蘇聯，也就不會有冷戰。過去一百五十年間充滿戰亂的歷史將會完全改寫。現代史上最偉大的軍事家竟有這樣一位無能、愛裝模作樣的姪子，在不自覺之間毀滅了歐洲的霸權。

詹姆士・查斯（James Chace）是《世界雜誌》（*World Journal*）的編輯和巴德學院（Bard College）的國際關係教授，著有傳記《艾契森》（*Acheson*）。

大衛・拉奇

謝謝，但是不要雪茄了

一八八九年十一月一個寒氣逼人的下午，一群穿著毛皮大衣的觀眾聚集在夏洛騰堡賽馬場，欣賞正在巡迴歐洲演出的「水牛比爾」西部秀。其中一位觀眾不是別人，正是剛即位一年、個性衝動的德國皇帝威廉二世。威廉最有興趣的是欣賞明星奧克莉（Annie Oakley）的演出，她使用柯特四五手槍射擊的本領聞名於世。

當天演出時，奧克莉如同往常向觀眾宣布，她要用手槍打掉某位女士或先生口中雪茄的煙灰。「誰願意咬住雪茄？」她問道。事實上，她並不期待會有人自願，而只是為了引起笑聲，站出來咬住雪茄的人向來是她的倒楣丈夫布特勒（Frand Butler）。

但是奧克莉才剛說完，威廉二世就跳出皇家包廂，大步走進賽馬場。奧克莉大吃一驚，但是她的話已經無法收回，只好站到慣常的距離之外。威廉則從一個金煙盒內取出一枝雪茄，瀟灑地點燃。幾名德國警察這才發現威廉不是開玩笑，急忙想要制止演出，但是被皇帝陛下揮手趕開。奧克莉此時已是冷汗直流，後悔前一晚多喝了威士忌。她舉起柯特手槍，瞄準，打掉威廉口中雪茄的煙灰。

如果這位來自辛辛那提的神射手打中的是德皇的腦袋而不是雪茄，歐洲最有野心和最暴躁的統治者會離開歷史舞台，德國或許不會採取侵略性的國策，帶來二十五年後的大戰。

後來，奧克莉似乎發現她所犯的錯誤。第一次世界大戰爆發之後，她致函德皇要求第二次機會，德皇沒有回信。

大衛・拉奇（David Clay Large）最近剛完成一部柏林的歷史。

不得已的停戰

丹尼斯・修瓦特

時至今日，第一次世界大戰逐漸被認為是二十世紀的分水嶺，舉凡總體戰、種族滅絕、大規模毀滅性武器都已出現在戰爭中。假如像當時絕大部分專家預測的，戰爭在數星期之內就告結束，會帶來什麼結果？

迅速結束戰爭的關鍵是在西線，這是一九一四年唯一進行大規模工業戰爭的戰區，最可能的情況是德法兩軍各級指揮官都要更加積極。到了一九一四年底，法國已傷亡近百萬人，德國傷亡約七十五萬人，這是整場戰爭傷亡比率最高的階段。假如在邊界之戰和馬恩河會戰中，將軍和上校更努力地驅使部隊前進呢？假如在伊普黑會戰中，德方更願意以生命換取土地呢？

以上的反應完全符合當時的攻勢教條，甚至會帶來某些戰術勝利，像是讓德軍在馬恩河會戰後更倉皇撤退，或是在最後一擊中奪下伊普黑；然而，倖存者恐怕無法擴張這些勝利的戰果，如此猛烈的攻勢會大幅消耗有限的彈藥儲備，最後只好仰賴人數來壓倒對方。以一九一四年的戰場環境而言，傷亡增加百分之二十到二十五是合理的立即後果，軍隊的行政系統——尤其是醫療體系——可能會在壓力下崩潰。如果無法規律地提供食物、醫療和郵件，士兵的信心會大受打擊；隨著傷亡一週接一週大幅增加，前線、後方和國內的士氣很可能會動搖。前線的僵局、國內的革命，這些都是戰前決策者害怕的後果；在這種情況下，交戰國可能會在不得已之下談判停戰。

「勝利者」的頭銜並不重要，歐洲強權發動第一次世界大戰是因為負面理由，而不是正面理由，德國在一九一四年的戰爭目標根本是一張拼湊而成的採購單。經過一連串大規模毀滅之後，迅速結束戰爭或許會在所有人心中重心燃起歐洲團結的認同感，並且體認到維持這種感受有多困難。國際秩序會穩定下來，區域強權不會像巴爾幹半島各國在一九一一至一四年間那樣得到放縱，德國和俄國是最可能在戰後清理門戶的國家。在德國，德皇和軍方聲望下跌會造就一個真正的代議政府；俄國將不必遭受一九一五年至一六年的兵戎之災，可以繼續經濟和政治的發展。

至於列寧，他會在瑞士流亡至死，希特勒會成為慕尼黑波希米亞人圈子內的一號人物，畢卡索不會畫出《格爾尼卡》（*Guernica*，譯註：此畫是描繪格爾尼卡在西班牙內戰遭德機轟炸後的慘狀），愛因斯坦一生將只是一位成功的物理學家和博愛主義者。這會是一個讓年輕人偶爾抱怨過於無趣的歐洲，但只要人們還記得一九一四年至一五年的「六月戰爭」，老一輩就會感謝上帝：他們沒有活在更刺激的年代。

丹尼斯．修瓦特（Dennis E. Showalter）是科羅拉多學院歷史教授以及軍事史學會主席。

16 納粹德國依然存在

假如希特勒在一九四一年向中東推進

約翰・基根

希特勒是個絕佳的例子，證明一個能夠掌握時機的天才如何改變歷史——憑藉的是幾近瘋狂的決心和非常好的運氣。有人主張，即使希特勒死在第一次世界大戰中，也會有別人帶領飽受失敗、通貨膨脹和世界經濟蕭條之苦的德國展開第二次世界大戰；根據這種觀點，希特勒不是原因，而是症狀。但是誰會取代他呢？他的身邊無人擁有同樣邪惡的領導能力，創造他的環境或許是無法避免的，但是他所創造和領導的納粹革命絕非如此。從來沒有一種現象如此集中在一個人身上，而且他的獨特想法沿著可預測的形式發展；對於「如果」這個問題，希特勒的心靈是個虛擬的潘朵拉盒子。今天我們幾乎已忘記，他曾距離將「意志的勝利」加諸於全世界是多麼接近。

以下約翰・基根敘述的是非常可能發生的情形：希特勒和拿破崙一樣，認真考慮過跟隨亞歷山大大帝的腳步，發動一場穿越近東的戰役。在現實世界中，希特勒和拿破崙都在蘇聯土地上遭逢厄運。如果在一九四一年間，希特勒將入侵蘇聯延後一年，追求另一個讓他可以在戰爭中居於上風的目標，會發生什麼情況？這個目標就是中東的石油。

約翰·基根（John Keegan）是當今最負盛名的軍事史學家之一，他的名作包括《戰爭的面孔》（*The Face of Battle*）、《海軍部的代價》（*The Price of Admiralty*），以及最近的《第一次世界大戰》（*The First World War*）。他是倫敦《每日電訊報》的國防記者，並且在一九九八年主持英國國家廣播公司的瑞斯講座。

如果在一九四一年夏天，希特勒決定下一個大攻勢的目標不是蘇聯，而是越過東地中海進入敘利亞和黎巴嫩，會有什麼後果？他會避免那年冬天在莫斯科城外遭受的失敗嗎？他所贏得的戰略地位會帶來最後勝利嗎？

此一策略的誘因非常強大。如果他能解決把部隊從希臘調動至維琪法國統治下的敘利亞所牽涉的後勤問題，就可以進攻伊拉克北部的主要產油地，以及油藏更豐富的伊朗。在伊朗北部站穩腳跟之後，希特勒的大軍已接近裏海附近的蘇聯產油中心，進軍伊朗南部則可攻佔英伊石油公司的油井，以及位於阿巴丹（Abadan）的龐大煉油廠。從伊朗東部通往印度最西端省分巴魯齊斯坦（Baluchistan）、乃至旁遮普和德里的道路都是敞開的。簡而言之，佔領敘利亞和黎巴嫩會讓希特勒掌控關鍵的戰略大道，不僅可以擁有中東的主要產油中心，還能進入最後一個歐洲敵人英國最重要的屬地，以及意識型態敵人蘇聯南部的領土。

到了一九四一年春天，蘇聯已經完全佔據希特勒的戰略思考。在一九四〇年擊敗法國之後，希特勒曾短暫以為可以跟英國談和，高枕無憂地主宰歐洲。解除英國威脅之後，他可以鞏固自己的軍事地位，慢慢決定未來的戰略選擇，其中最重要的就是擊敗蘇聯。然而，在法國於六月簽字停戰之後，希特勒並未立即動用他的軍事資源。他對局勢的評估是，講求實際的英國人會接受納粹德國無可挑戰的主宰地位，向他的軍事力量低頭。

到了七月間，希特勒已將德國空軍投入不列顛空戰，但是邱吉爾拒絕承認現狀、持續抵抗之舉，使得希特勒開始將地面部隊東調，部署在一九三九年九月瓜分波蘭後的新德蘇邊界上。在此同時，他也取消了將三十五個參與征法作戰的步兵師解編的決定，並將裝甲師的數目從十個加倍到二十個。在九月間，希特勒授命於東普魯士設立新的元首總部，三軍統帥部則在九月提出代號為「佛立茲」（Fritz）的征蘇計畫大綱。

然而，這些都只是未雨綢繆的準備而已。此時希特勒尚未決心進攻蘇聯，而且只要條件能夠談妥，他仍準備擴大一九三九年八月簽訂的李賓特洛普—莫洛托夫協定（Ribbentrop-Molotov Pact），安排雙方在東歐的勢力範圍。莫洛托夫已預定於十一月赴柏林談判，在此同時，希特勒開始運用外交而非軍事手段，鞏固他在蘇聯邊界以外的東歐勢力。

他的武器是「三國協約」，這是德國、義大利和日本於一九四〇年九月二十七日簽訂的同盟條約，規定其中任何一國遭到攻擊時另兩國必須提供援助，其他國家亦可參與條約。希特勒在一九四〇年秋天決定，心意未定的中歐和南歐國家都應該參與；在那一年內，強烈反蘇親德的匈牙利和羅馬尼亞，以及斯洛伐克的傀儡政權都宣布加入。在德國的壓力之下，保加利亞和南斯拉夫亦於翌年三月簽字。

希特勒的對蘇外交就沒有這樣順利。儘管德國在歐洲擁有軍事霸權，還有眾所周知史達林在一九三七年和三八年的大整肅中嚴重削弱了紅軍的戰鬥力，史達林在情勢詭譎的一九四〇年下半年還是堅持雙方要平起平坐。蘇聯外交部長莫洛托夫在十一月十二日抵達柏林之後，提出蘇聯既然已佔領波羅的海三小國，就應該併吞芬蘭；此外，儘管蘇聯已獲得一大片保加利亞領土，與保加利亞的邊界仍應予重畫。他主張蘇聯經由土耳其的博斯普魯斯海峽、從黑海通往地中海的權利應予擴大，並且給予蘇聯波羅的海新航行權，這些條件讓希特勒勃然大怒。莫洛托夫在返國之後送來一份詳載蘇聯要求的草約，但是希特勒命令李賓特洛普不做任何回覆；相反地，他在十二月十八日簽下第二十一號元首命令，亦即入侵蘇聯的「巴巴羅沙作戰」藍本。

從十一月拒絕莫洛托夫的提議到「巴巴羅沙作戰」於一九四一年六月二十二日展開之間，發生了許多煩人的事件。對希特勒而言，最讓人氣惱的莫過於墨索里尼捅出的大漏子。為了讓義大利在大戰略舞台上佔有和德國同等的地位，墨索里尼一直拖延到西線最困難的任務——擊敗法國與逐退英軍——完成後才接著發動輕鬆的作戰。一九四〇年九月，義大利從利比亞入侵埃及；十月二十八日那天，義大利從剛佔領的阿爾巴尼亞攻入英國在歐陸的最後一個盟邦希臘。兩場作戰都以慘敗收場。英軍在十二月發動反攻，將北非的義大利軍打得落花流水；兵力居於劣勢的希臘則在冬季戰役中反守為攻，從義大利入侵者手上贏得半個阿爾巴尼亞。

更糟的還在後面。德國迫使南斯拉夫保羅皇太子的政府於三月二十五日加入軸心國。不料兩天後愛國軍事政變爆發，新成立的南斯拉夫政府拒絕承認條約，轉而加入英國和希臘的陣營，南斯拉夫和希臘都反對讓南歐問題依照德國的方式解決。希特勒剛在二月被迫派軍前往利比亞，免得義大利蒙受更糟的慘敗，這支由隆美爾將軍指揮的部隊就是日後鼎鼎大名的非洲軍。現在希特勒決定不顧「巴巴羅沙作戰」的部署時程，先進行次要的「馬里塔作戰」，目的是將南斯拉夫和希臘完全置於他的羽翼之下。

「馬里塔作戰」部分是英方引起的。在一九四〇年十一月間，遭到義大利入侵的希臘政府接受英國空軍進駐伯羅奔尼撒。希臘在一九四一年三月更進一步，不顧激怒希特勒的危險，接受來自利比亞的四個英軍師進駐，這批部隊才剛參加魏菲爾（Wavell）將軍擊敗義大利的光輝勝利。英軍在三月四日抵達讓希特勒大為震怒，這個事件亦鼓勵了南斯拉夫愛國人士起事，勇敢卻不幸地推翻軸心協約。四月六日那天，南斯拉夫遭到敵人從五個方向同時入侵，包括阿爾巴尼亞的義大利軍、匈牙利軍、來自奧地利的德軍、羅馬尼亞軍和保加利亞軍。南斯拉夫軍立即崩潰，讓德軍和義軍毫無顧忌地繼續南進希臘。

希臘和盟邦英國的抵抗要比不幸的南斯拉夫來得持久，但是他們的防線從一開始就遭到迂迴，尤其來自保加利亞的德軍威脅最大。在一道接一道防線失守之後，殘餘的英軍於四月二十七日從希臘南部港口逃出，留下眾多俘虜和絕大部分重裝備。

「馬里塔作戰」是希特勒的另一次勝利，希特勒幾乎不費吹灰之力就完成了對歐洲大陸的征服，只有瑞典、瑞士和伊比利半島不受他控制或不是他的盟邦，剩下還能挑戰他的國家只有蘇聯。然而，入侵和擊敗蘇聯的計畫已經完成，德軍只待一聲令下即可向莫斯科前進。

不過，前往莫斯科的道路是正確方向嗎？摧毀蘇聯是希特勒心中最重要的戰略和意識型態目標，但是回顧起來，直接進攻蘇聯或許不是達成目標的最佳方法。當然就長期而言，德軍終究必須與紅軍一戰，但是軍事勝利只是「巴巴羅沙作戰」的目標之一。如果德國想要持續作戰並且讓英國臣服，另一個同樣重要的目標是獲取蘇聯的豐富天然資源，其中最重要的就是石油。除了不敷德國所需的羅馬尼亞油井之外，蘇聯在李賓特洛普—莫洛托夫協定下出口的石油已成為德國不可或缺的來源，因為希特勒沒有其他石油來源，他迫切需要石油。

然而，充足的石油就在不遠處，在攻佔希臘之後距離更近。伊拉克、伊朗和沙烏地阿拉伯是全球最大的石油供應者，前往那些油田和煉油廠的道路就是通過東地中海的敘利亞。如果德國願意侵犯土耳其的中立，甚至可以開闢陸路道路。駐守敘利亞和黎巴嫩的維琪法軍兵力只有三萬八千人，缺乏現代化裝備或空中支援；駐巴勒斯坦、埃及和利比亞的英軍只有七個師，他們正陷於對抗非洲軍和兵力更多的義大利軍。就軍事上而言，如果中東的德義聯軍兵力獲得加強，將會在此地贏得豐碩戰果，甚至軸心國有大好機會在當地扶植親德政權。就在四月三日，拉希德・阿里（Rasid Ali）在伊拉克推翻親英政府，向德國尋求協助，德軍飛機於五月十三日經敘利亞飛抵摩蘇爾（Mosul），駐敘利亞的維琪法軍根本無力阻止。雖然拉希德・阿里很快就被來自約旦的英軍推翻，駐敘利亞和黎巴嫩的維琪法軍也在三個星期的苦戰後被擊敗，敵人在中東的脆弱仍然讓希特勒大受鼓舞。他在五月二十三日發布第三十號元首命令，提出在德義聯軍攻下蘇伊士運河的同時支持「阿拉伯自由運動」的大綱。六月十一日的第三十二號元首命令則包括準備在保加利亞集結足夠兵力，「讓土耳其在政治上合作或擊敗其抵抗」。

然而，兩份命令的條件是「巴巴羅沙作戰」業已發動。如果德國選擇從保加利亞和希臘進軍中東，做為一九四一年的主要作戰，會帶來什麼樣的後果呢？情況可能會有兩種版本。

第一種是為了避免侵犯土耳其中立，使用軸心國掌控的領土做為進抵敘利亞的踏腳石，這些領土包括土耳其海岸外的義屬多德坎尼斯島（Dodecanese）、其他希臘島嶼，或是英屬塞浦路斯，義大利的羅德斯島（Rhodes）或許可以做為動用第七空降師對塞浦路斯發動空降作戰的基地；在真實世界中，這個師於五月二十日被浪費在入侵克里特島的行動中。在塞浦路斯站穩腳跟之後，德國空軍可以掩護當地徵用的船隻，對敘利亞和黎巴嫩發動大規模兩棲登陸。取得法屬中東的立足點之後，機械化部隊可以長驅直入伊拉克北部，建立起強大的根據地，後續部隊可以自此進攻伊拉克南部、伊朗和沙烏地阿拉伯，如此取得的油藏將會解決希特勒維持戰爭機器運轉的一切問題。到了一九四一年底，軸心國在此地的兵力可達約二十個師，這並不比希特勒在一九四二年向高加索推進的兵力更多，而且此地的德軍可以繞過蘇聯的天然防線，威脅史達林在裏海的產油中心，一九四二年的「巴巴羅沙作戰」將可在更有利的軍事情況下發動。

這種戰略的成功條件是要在東地中海集結足夠船艦，運輸所需的部隊。從皇家海軍在一九四三年秋天未能抵擋登陸多德坎尼斯島的例子看來，只要有足夠的空中保護，這些船艦將可免於遭到英國海軍攻擊，最大的問題是如何找到足夠船隻。希特勒在第三十二號元首命令中指示：「租用法國和中立國船隻。」現實情況是，英國早已控制了大部分船隻，迫使德軍在入侵克里特島時，必須仰賴一批完全不合用的小船運送地面部隊。因此，儘管利用「踏腳石」攻向法屬中東在紙面上看起來很吸引人，這個計畫卻很可能因缺乏船運能力而告吹。

另一方面，另一個從一開始侵犯土耳其中立的計畫卻可能會奏效。土耳其在第二次世界大戰的中立記錄無可非議，儘管軍力不強，土耳其一直拒絕向英國、德國和蘇聯的誘惑低頭。土耳其人是堅強的戰士，但是他們在第二次世界大戰缺乏各種現代化裝備。因此，如果希特勒在征服巴爾幹半島、但是在發動「巴巴羅沙作戰」之前，決定利用保加利亞和希臘為跳板入侵土耳其的歐洲領土，攻佔伊斯坦堡，然後越過博斯普魯斯海峽，佔領安納托利亞和土耳其全境，恐怕沒有任何事物可以阻止他，史達林的部隊根本無從對抗這樣的攻勢。日後的蘇境作戰中證明，德軍有辦法克服安納托利亞的地形。快速推進至土耳其和蘇聯的高加索邊界之後，德軍將可以威脅蘇聯的側翼，並且從安納托利亞輕易進軍伊拉克和伊朗，將觸角向南伸入阿拉伯，襲捲裏海地區和威脅俄屬中亞。

如果希特勒利用一九四一年春天的巴爾幹半島勝利，部署大軍攻佔安納托利亞和法屬中東，因而在阿拉伯佔領大片土地，並且在蘇聯南側獲取決定性地位，這種情況下的「巴巴羅沙作戰」將不是正面突破，而是分兵夾擊，自然沒有不成功的道理。此外，英國在中東的立足點會嚴重不穩，對印度的掌控更會受到重大威脅。

所幸，希特勒的戰略眼光受限於法條和意識型態的盲點。就法論法，他對土耳其的嚴守中立無錯可挑；意識型態上，他對共產主義的恐懼和憎恨使得他除了對蘇聯發動直接正面攻擊之外，無法做出其他選擇。希特勒在一九四一年夏天和秋天的大勝讓他歡喜不已，即使到了蘇軍砲彈在一九四五年落在柏林碉堡上，他也從未對發動「巴巴羅沙作戰」表示後悔。我們應該感謝希特勒在一九四一年春天時沒有選擇另一種更聰明的間接戰略。

威廉森．莫瑞

一位計程車司機差點改寫歷史

一九三一年某天晚上，紐約市有位計程車司機為了找尋夜歸乘客，正在四處打轉。那是一個又冷又暗的夜晚，當他向北轉上第五大道（當時還是雙向道）時，突然發現在杳無人跡的街上有人等著過馬路。為了攔下這位當天最後的乘客，他忘了減慢速度，反而直覺地踩下油門，結果他的車子撞上這位過馬路時看錯方向的矮胖路人。

在第二天的訃聞中，《紐約時報》談到邱吉爾在第一次世界大戰對英國的貢獻：他讓英國海軍完成戰爭準備，以及一九一八年在軍火部的成就，但是訃聞作者忍不住要將一九一五年的達達尼爾遠征失敗怪罪於邱吉爾。並不出人意料的是，《紐約時報》認為邱吉爾在政治和智慧上有著遠大前景——但是從來沒有實現。

美國的民主在二十世紀末陷入四面楚歌，對於納粹在一九三九年至一九四七年間贏得的偉大勝利，美國歷史學家從未歸咎於這件已經被人遺忘的事件。他們怎麼能將國家的問題怪罪在一場計程車車禍呢？再怎麼說，大家都同意歷史完全是重大社會運動和數百萬人行動的結果，而非少數幾位偉人造成的。不過，有些歷史學家仍然主張，英國首相哈里法克斯（Halifax）勳爵在一九四〇年投降的決定，並未對英國當時的戰略地位做出正確合理的評估，而將皇家海軍交給德國海軍更是說不過去，但是他們無法想像英國如何能找到一位擊敗納粹征服者的領袖。美國三軍目前正準備在南美洲和納粹黨作戰，這些生死之爭似乎沒有結束的一天。

那輛計程車撞傷但並未撞死邱吉爾——完全只是毫釐之差而已——但是我們已經知道接下來的故事了。

威廉森·莫瑞（Williamson Murray）是俄亥俄州立大學的終身歷史教授。

獨裁者的勝利

大衛·佛朗金

一九四一年春天，納粹德國已經有主宰世界的架勢。法國、西北歐三國、挪威、丹麥、奧地利、捷克斯洛伐克、南斯拉夫、希臘和大部分波蘭都已被德國佔領。除了中立的瑞士和瑞典之外，全歐洲都在希特勒和他的盟友手上：獨裁者和君王統治著義大利、維琪法國、佛朗哥的西班牙、葡萄牙、巴爾幹半島國家、芬蘭、還有最重要的蘇聯。

由隆美爾將軍指揮的一個師被派往利比亞，拯救陷入窮途末路的義大利人。他一舉將英國駐中東的部隊打得望風而逃，威脅到蘇伊士運河這條生命線；同時在伊拉克，拉希德·阿里的親德政變阻斷了通往印度的陸路。在亞洲，德國的盟邦日本正準備開戰，佔領東南亞和入侵印度。這場戰爭根本不需要把美國扯進來，只要佔領印度，日本可以突破美國的禁運，得到軸心國所需的全部石油。

希特勒應該把大軍置於隆美爾的麾下，後者可以辦到亞歷山大大帝辦到、但是拿破崙辦不到的事：他會拿下中東，領軍進入印度，在那裡和日軍會師。這樣歐、亞、非三洲將屬於獨裁者和軍國主義者的聯盟。

德蘇日同盟掌控的軍隊和資源會讓英國（加上整個王國）與美國的軍事資源相形見絀，英語系國家會被孤立在這個不友善的世界上。除了與敵人談判，取得一時的自治，此外別無選擇；但是他們最後難逃屈服的命運，聯盟的領袖德國將會主宰全世界。

全是因為希特勒犯下背叛和入侵盟邦蘇聯的大錯，以上狀況才沒有發生。

大衛・佛朗金（David Fromkin）是波士頓大學的國際關係和歷史教授。

17 美國的中途島慘敗

假如日本在一九四二年六月四日設下陷阱

小西奧多・庫克

這個故事無疑是虛構的，就是位於羅德島州新港的海軍戰院曾經多次在圖上重演一九四二年的中途島戰役，但是美軍從未獲勝。他們如何能重演當時的好運，讓美軍的俯衝轟炸機對日本航艦直撲而下，而日機正好全部停在艦上加油呢？提及戰爭的局面會如何在數分鐘內轉變，小西奧多・庫克寫道：「考量到航艦作戰可怕的突然性，一九四二年六月四日的結果很可能是美國海軍損失三艘航艦和艦上的英勇官兵，換取一、兩艘日本航艦。」

如果日軍贏得中途島海戰，會有什麼後果？在太平洋只剩一艘航艦的美軍要如何抵擋日軍推進？對美國而言，之後立即的景況是一片黯淡。日方會攻佔中途島，運用跳島攻勢孤立澳大利亞。日軍還可以發動所謂的「東方作戰」，入侵夏威夷。在這種情況下，美國會如何反應？美國的整體戰略會是什麼？美國不太可能容許日本就這樣贏得戰爭，庫克提出了一個適合全球最大工業國家的選擇方案。戰爭的時間表或許會有所改變，但是我們熟悉的形式將會出現——最後以原子彈結束戰爭。

小西奧多・庫克（Theodore F. Cook, Jr.）是紐澤西州威廉・派特森大學的歷史教授，他是美國的日本軍事史權威之一，與晴子・庫克（Haruko Taya Cook）合著有《戰時的日本：口述歷史》（*Japan at War: An Oral History*）。

「難以置信的勝利」、「轉捩點」、「中途島的奇蹟」、「決定日本敗亡的一戰」等，都是形容一九四二年六月那場神奇戰役的詞語。從截收無線電得知山本五十六大將進攻中太平洋中途島的計畫之後，尼米茲（Chester W. Nimitz）上將派出一支數量居劣勢的美國艦隊，迎戰曾經攻擊珍珠港的日本機動部隊。美軍在一天之內擊潰敵人。失去主要打擊武力之後，日本帝國海軍只得改採守勢；從錫蘭到舊金山，盟軍指揮官可以合理地認定日本的推進已經告一段落。美國在中途島戰役的勝利確立了優先擊敗德國的戰略，並且讓盟軍能在八月對瓜達康納爾的日軍展開反攻。

一個月前的一九四二年五月，聯合艦隊總司令山本五十六提議入侵中太平洋的中途島（ＭＩ作戰），同時在北邊阿留申群島的阿圖島和季斯卡島登陸（ＡＬ作戰），做為大東亞戰爭的下一步。就在四月間，美國陸軍的中程轟炸機在杜立德（James Doolittle）上校指揮下，由一艘航艦起飛空襲日本，這次行動讓山本五十六感到憤怒和顏面盡失。五月初，日本計畫在新幾內亞東南端的摩勒斯比港登陸，這次企圖在珊瑚海海戰中受挫——儘管日軍在此役中讓敵人蒙受更嚴重的損失。山本五十六推動中途島作戰計畫的目的，是為了堵住日本防線外側的缺口，並且吸引在珍珠港和珊瑚海躲過一劫的美國航艦出戰。他的計畫非常精細，參與的九支艦隊要在廣袤的北、中太平洋上一致行動。

對日本而言，不幸的是美國已經風聞即將到來的這一戰。在羅舍夫（Joseph J. Rochefort Jr.）中校指揮下，位於珍珠港的海軍作戰情報處（又稱「皮下注射站」）已經破解日本密碼。日軍的目標可能是任何地方，但是隨著資訊愈來愈多，山本五十六最可能下手的地方似乎是中途島；不過，美方需要證據。經過長時間努力分析日本海軍發自全太平洋各地、使用JN-25密碼——當時只有部分破譯——的電訊，羅舍夫終於在五月初從破譯訊息中發現目標代號為「AF」。在尼米茲上將身旁一小群知道密碼秘密的參謀之間，這個發現引起了一連串爭執和辯論。

發現「AF」確實地點的故事早已成為密碼破譯圈中的經典故事。美方動用一個非常簡單的詭計，誘使日本透露這個祕密。中途島奉命在五月二十一日發出一則明碼電訊，報告島上的蒸餾器故障，因此很快就會缺乏淡水。珍珠港隨即發出明碼電訊，通知一艘運水駁船已經上路。澳大利亞的監聽站在同一天就有斬獲，截收到一則日軍電文，報告「AF」缺乏淡水。這則電文被破解、翻譯並火速送到珍珠港，讓尼米茲根據先前截收的情報，在正確的時間（六月四日）於正確的地點（中途島）嚴陣以待。尼米茲準備了一次「側翼攻擊」，讓美軍艦隊在中途島北邊埋伏，對預料中的山本五十六的艦隊發動奇襲。

中途島戰役的故事早已廣為人知。為了執行中途島和佔領西阿留申群島的作戰，山本五十六麾下有十一艘戰艦、八艘航空母艦（赤城、加賀、蒼龍和飛龍四艘是主力航艦，曾經參與攻擊珍珠港。原本要參加的另兩艘航艦翔鶴與瑞鶴則留在日本，修理珊瑚海海戰所受的損害）、二十二艘巡洋艦、六十五艘驅逐艦、二十一艘潛艦，以及超過七百架飛機。尼米茲只能派出三艘航空母艦（包括在珊瑚海海戰受損，甫由珍珠港船塢搶修完成的約克鎮號）、八艘巡洋艦、十八艘驅逐艦，以及二十五艘潛艦。

得知山本五十六龐大計畫的目標和時間之後，尼米茲將他的艦隊分成兩支特遣艦隊——第十六特遣艦隊由史普魯恩斯（Raymond Spruance）少將指揮，下轄勇往號和大黃蜂號；第十七特遣艦隊由佛萊契（Frank Jack Fletcher）少將指揮，下轄約克鎮號。整支艦隊的指揮官一職，則由佛萊契暫代在這個緊要關頭生病的海爾塞（William F. Halsey）中將。他們將等待南雲忠一中將的機動部隊接近中途島，發動登陸前的空襲。

諷刺的是，雙方指揮官都對奇襲敵人深具信心。尼米茲增援中途島守軍，要讓登陸的日軍部隊大吃一驚，並且盡可能趕忙派出飛機前往島上機場——完全不管這些飛機是否太舊、太大或者未經測試。他接著命令航艦前往預定的埋伏位置，將這裡命名為「幸運點」。另一方面，在對中途島發動第一波空襲之前，南雲中將發布了下列的狀況判斷報告：

一、在中途島登陸作戰開始之後，敵方有為反擊而出動之可能。

二、敵方使用飛機偵察以中途島的西方、南方為主，對西北和北方則不甚徹底。

三、敵軍使用飛機的哨戒圈約為五百海浬。

四、敵軍未察覺我方攻略企圖，我方尚未被敵軍發現。

五、敵軍的特遣艦隊並未大舉出動於中途島附近的海域。

六、攻擊中途島、摧毀陸基飛機、並且支援登陸作戰之後，倘若敵方特遣艦隊反擊前來，將之擊滅乃屬可能之事。

七、我方戰鬥機和防空砲火應可擊退敵方陸基飛機攻擊。

南雲中將大錯特錯，這些假設嚴重妨礙了他應付截然不同情況的能力。

結果在六月三日，由西南方接近的登陸艦隊就已被發現，遭到來自中途島轟炸機的攻擊，不過沒有任何損失。隔天一早，日軍對該島發動轟炸，造成嚴重破壞，但是沒有任何美機停在地上被摧毀。日機遭遇猛烈防空砲火，使得指揮官要求對中途島發動另一次空襲。南雲忠一知道，他被批評在成功攻擊珍珠港之後，沒有發動後續空襲摧毀儲藏設施和庫房。此時南雲根本不知道美國航艦就埋伏在附近，於是在上午七點十五分下令，原本用來對付美國船艦的後備機改換炸彈，準備對中途島發動第二次攻擊。正當艦上人員忙著將魚雷和穿甲彈換成對地武器時，偵察機竟然出乎意料地發現史普魯恩斯的第十六特遣艦隊。某些部下要求立即對這個突然出現的危險目標動手，但是南雲還是再次下令改換武器。

雖然美艦仍處於艦載機航程極限，史普魯恩斯在確認日艦位置後，依然立即下令艦載機出擊。美機的攻擊毫無協調，又慢又脆弱的魚雷轟炸機首先發現敵蹤，結果幾乎全軍覆沒。但是它們吸引了南雲艦隊的戰鬥機，當日方指揮官以為他們已經躲過另一次徒勞無功的攻擊之時，史普魯恩斯的俯衝轟炸機也發現了敵人。九枚命中彈一舉擊垮日本艦隊，使得航艦赤城、加賀和蒼龍退出戰鬥，甲板上和機庫內的日軍轟炸機陷身在燃燒的汽油和彈藥爆炸之間，人員傷亡枕藉。這三艘航艦最後都告沈沒。

南雲忠一的第四艘航艦飛龍則躲過轟炸，稍後飛龍派出艦載機攻擊佛萊契的約克鎮號，造成嚴重損害，並迫使佛萊契轉移至巡洋艦上。他立即將指揮權移交給史普魯恩斯，後者馬上下令完成加油掛彈的俯衝轟炸機反擊。它們在傍晚時對飛龍發動攻擊，這艘重傷的航艦最後由日軍自行鑿沈。山本五十六的計畫至此宣告破滅，他的最後一線扳回希望也隨著史普魯恩斯下令退兵、遠離尋求夜戰的日本艦隊而泡湯。除了隔天有一艘撞船受損的日本巡洋艦遭美機擊沈之外，中途島海戰的戰鬥至此已告一段落。約克鎮號試圖返航，但是在六月七日遭日本潛艦I-168擊沈。山本五十六的偉大構想結果以災難收場，戰場的主動權從此落入美國之手。

* * *

關於這場戰役，「可能會怎麼樣」的問題一直吸引著太平洋戰爭的研究者，最常見的莫過於排除機械故障、稍微改變事件發生順序，以及根據當事人知道或不知道的事件猜測指揮官的決定。舉例來說，勞德（Walter Lord）在一九六七年出版的《難以置信的勝利》（*Incredible Victory*）書中列出了最受歡迎的推論：如果重巡洋艦利根的第四號水上偵察機準時起飛，「機員會在南雲忠一下令改換武器、準備第二次空襲中途島之前發現美國艦隊」。「如果美軍俯衝轟炸機晚一點攻擊，南雲忠一的攻擊機隊將得以升空」（這就是讓日本失敗的著名「五分鐘」論）。「如果日方在發現美國艦隊後立即發動攻擊，而非等到所有飛機完成準備」。除此之外，我們還可以加上：如果美軍俯衝轟炸機指揮官麥克勞斯基（Wade McClusky）沒有決定超越安全航程，最後終於發現日本艦隊呢？如果佛萊契少將在約克鎮重傷之後，沒有將指揮權移交給立即發動攻擊的史普魯恩斯少將呢？以上這些因素，加上其他大膽的決定、勇敢的抉擇、甚至重大錯誤，造就了美軍艦隊在中途島的歷史性勝利。但是在本文中，我只專注於討論戰鬥之前不久的階段，因為這是美方勝利最重要的部分，並且提出如果事情稍有變化，結果或許會大不相同。

另一種情況？日本在中途島海戰大勝

絕少有人會質疑此役對於美國最終擊敗日本的重要性。尼米茲上將是美國在太平洋戰區的海軍總司令，也是第二次世界大戰率領美國海軍擊敗日本的關鍵人物。他說：「中途島是太平洋戰爭的關鍵戰役，這一仗讓一切變成可能。」

回到一九四二年五月中旬，如果一名日軍士兵在記下一則發自中途島的電文之後轉頭向長官問道：「他們為何用明碼發送這條電文？他們不在乎我們知道中途島缺水嗎？」如果這名年輕的通信官將他的懷疑往上報告呢？如果東京的資深密碼專家不排除日軍密碼已遭破解的可能性呢？如果他們考量到美國可能正在進行情報賭博，或許會這樣想：「如果美國可以解讀我軍部分電文，而且正在試圖判明密碼代號，這則電訊難道不是欺騙我們洩露中途島代號的好辦法嗎？」

如果有所警覺，東京大本營在一九四二年五月十九日發出那則「ＡＦ」缺水的著名電訊，或許不是一則尋常的電文（在通信情報和密碼破譯歷史上，這則電文佔有神聖地位），而是日方一連串情報攻勢的開始，目的是引誘美軍在對日本有利的條件下出戰。

一個簡單問題所引起的警覺，足以讓歷史學家筆下美國在中途島的驚險勝利變成日方在中太平洋大勝，改變第二次世界大戰方向的關鍵。

改寫中途島海戰的歷史等於是撕毀美國最珍貴的戰爭故事之一，因為此役中的決斷、犧牲和成果已經成為美國的傳奇。然而，讓數量劣勢的美國航艦得到勝利的情報也可能帶來非常不同的結果。如果山本五十六知道、甚至只是強烈懷疑美軍已經知悉「MI作戰」的日軍計畫，因此準備在美國航艦從珍珠港趕來之前攻佔中途島，他大可運用航艦和飛機的優勢設下圈套，帶來決定性的戰果。

當然，如果山本五十六曉得敵人已經得知他的計畫，他也可放棄中途島作戰，改取其他目標——包括澳大利亞、錫蘭、阿拉斯加的荷蘭港、甚至斐濟和薩摩亞（代號為FS作戰計畫是海軍中反對山本的人所偏好的）。但是中途島作戰是個合理的計畫，至少在聯合艦隊總司令心目中是如此，放棄自己的計畫不符合這個人的本性。讓九支特遣艦隊根據事前計畫一致行動的想法，似乎深深吸引山本五十六。事實上，他將自己置於南雲艦隊後方數百浬的超級戰艦大和號上，準備參與這個計畫的關鍵部分；如果美國人根據他準備的劇本演出，山本五十六將可親自收拾他們。

事實上，山本五十六或許會覺得美國人得知日方計畫反而最好，因為他知道美軍絕不會坐視中途島落入日本之手。日本不可能和美國進行長期戰爭，山本五十六身為暫居優勢的艦隊司令，並不打算採取「存在艦隊」策略。跟隨曾在一九〇五年於對馬海峽擊敗俄軍的東鄉平八郎大將，以及名震日本海軍的英國納爾遜將軍的腳步，山本五十六不可能再找到更好的機會在他選擇的地方進行一場決戰。

山本五十六也許不會重寫聯合艦隊的計畫，為美軍在舞台上創造新角色；相反地，當他懷疑美軍正在等待他之後，可能只會對作戰計畫稍做調整。在山本五十六和參謀長宇垣纏的心目中，這次預料中的勝利只是另一個更大計畫的開始。在中途島之後是「東方作戰」的目標夏威夷群島和最大的獎品——歐胡島的珍珠港——山本五十六的賭注還包括美國的太平洋艦隊基地。

在中途島戰役之前，山本五十六對美方的部署和意圖確實知道多少？答案可能是「不多」，因為美軍對本身的位置與能力保密到家。山本五十六認為美方有兩艘航艦，即使加入第三艘航艦約克鎮號（日方宣稱在珊瑚海擊沈，但未證實）或行蹤不明的薩拉托加號（當時正從聖地牙哥向西航行），日方仍佔有數量上的優勢。山本五十六並不確定美國對他的計畫會如何反應，他本來可以得到確實情報，不幸日軍在五月底必須取消「K作戰」。這次作戰是戰時第二次對珍珠港的夜間偵察（盟軍代號為「艾蜜莉」），由來自瓜加林環礁的長程川西二式大艇擔任，參與的飛艇預定飛到歐胡島西方數百浬處的法國巡防艦環礁，由潛艦I-123加油。不過，到了五月三十日和三十一日晚上，I-123卻發現當地已有一艘美國的水上飛機母艦駐守；儘管如此，日方還是可以執行這次行動，只需把加油地點改為附近同樣無人居住的內克島，飛艇仍可飛往珍珠港。日機會在那裡發現美國航艦無一在港，這可能會讓山本五十六相信尼米茲正準備對抗逼近中途島的日本艦隊。

在我們的設想中，這場戰役或許會如此展開：山本五十六提早數天在夏威夷和中途島之間布下潛艦哨戒線。六月二日，日軍潛艦之一會發現史普魯恩斯的航空母艦正前往戰場。這樣南雲忠一或許不會像真實情況一樣，對以為不存在的敵人進行潦草搜索，反而會動用護航艦上的所有水上飛機在黎明前發動大規模搜索。他的艦載機會在甲板上完成準備，在第一時間出擊。第十六和第十七特遣艦隊會合的「幸運點」將會變成美國太平洋地圖上黑暗的一點，因為美國的全部打擊兵力就在這裡沈入大海。

如果事先預期美軍準備應戰，南雲在戰前的情勢判斷將大不相同。日本機動部隊不會像南雲參謀長草鹿龍之介所說的「同時追兩隻兔子」，亦即執行兩階段任務，先攻佔敵人島嶼，再對抗敵軍反攻；而是派出最佳的飛行員，尋找並摧毀敵人艦隊。六月四日黎明後不久，南雲已收到一則報告：兩艘美軍航艦和護航艦隊就在附近。南雲立即下令對勇往號與大黃蜂號發動攻擊。一支由九九式艦上爆擊機、九七式艦上攻擊機搭配組成搭載第一流飛行員的攻擊機群，在艦隊半數零式戰鬥機全程護航下，撲向史普魯恩斯的艦隊。同時日本航艦會準備好對付美軍反攻，將戰鬥機停在甲板上，艦上人員則為第二波攻擊的飛機加油掛彈。

運氣不會永遠屬於數量較多的一方，好運也不會完全背棄美國人。第十六特遣艦隊的雷達發現日本飛機來襲的同時，接到一架中途島的PBY飛艇發出的南雲艦隊位置報告。處在壓力下的史普魯恩斯當機立斷，對這個目標發動攻擊。雷達讓美方有機會在敵人抵達前派機升空，而不是在航艦甲板上被逮個正著，但是敵人艦隊的位置仍在大部分美國飛機的來回航程之外。史普魯恩斯告訴飛行員，他會在飛機起飛後試圖縮短雙方距離，但是心知許多飛機將無法返航。第十六特遣艦隊的戰鬥空巡機勇敢迎戰，結果損失慘重；兇狠的零式戰鬥機運用它們高超的靈活性能，使得美機無從接近較慢的轟炸機，只有少數轟炸機在接近美國航空母艦之前被驅離。儘管艦隊每位防空砲手竭力射擊，魚雷還是在十分鐘之內擊中大黃蜂號的兩舷，勇往號的甲板則遭數枚炸彈命中。第十六特遣艦隊只好退出戰場，日方僅蒙受不嚴重的損失。中途島戰役還沒有結束，但是這一仗已開始變成美國的慘敗。

正當史普魯恩斯離開勇往號以及艦長正在努力搶救該艦的同時，第十六特遣艦隊的攻擊機隊在南雲艦隊附近遭到一大群日機攔截。大部分美機都能勇往直前，但是緩慢的魚雷轟炸機馬上遭到屠戮，俯衝轟炸機則遭遇已在高空恭候多時的零式戰鬥機。日機不屈不撓地發動猛攻，南雲艦隊則發射出濃密的高射砲火，同時以高明的操艦技術閃避敵人。如同珊瑚海海戰一樣，美國飛機對日本航艦造成重大損害，就說是加賀吧，她是最大與最可能吸引倖存美機的航空母艦，但是美機並未將之擊沈。由於己方的航艦已負重傷，這些飛行員將不會有第二次出擊機會。

這一戰的第二幕很快登場。第十七特遣艦隊的佛萊契少將得知日本航艦已被發現，他想要加入戰鬥，但是距離過遠。他的艦隊正以全速西進，艦上飛機待命出擊。就在這個關頭，他接到史普魯恩斯發來的可怕消息，報告航艦嚴重受損。要說佛萊契在這個時刻陷於兩難是相當說得過去的，他收到的作戰命令對於這種情況只有模稜兩可的指示。

對於尼米茲在五月二十七日交給佛萊契和史普魯恩斯的命令，美方的戰後報告有所質疑。這份命令要求：「運用消耗戰術對敵人造成最大損害。」從預期日軍接近路線的東北方發動攻擊。艦隊離開珍珠港之前，尼米茲還要求他們「以計算過的風險為原則」，除非得到能夠造成更大損害的好機會，否則避免攻擊佔優勢的敵人。在遭受決定性失敗之後，這些命令看起來不是互相抵觸、綁住下級指揮官的雙手嗎？在撤退時哪裡有「消耗」可言？如果尼米茲的「迂迴行動」落空，他的選擇將所剩無幾，因為所有的美國航艦都在中途島東北方，他將無法對付來自西南方的日軍登陸艦隊。如果美國航艦被擊敗，中途島的守軍只有指望山本五十六的艦隊高抬貴手了。

佛萊契知道海爾塞在這時會勇往直前，但他不是「公牛」海爾塞，會在行動之前考慮所有因素；他也不能輕易放棄史普魯恩斯，留下後者的艦隊單獨面對南雲的第二波攻擊。這時早上才過了一半，或許佛萊契會想到自己還沒有被敵人找到，因此可以在蹤跡洩露之前發動一擊，將比數扯平。佛萊契於是繼續西行，希望能拉近與南雲艦隊間的距離。一架巡洋艦利根號的偵察機不巧在返航時發現美艦，佛萊契在接到「發現敵航空母艦」的報告後，下令約克鎮號上的飛機出擊，希望能在南雲艦隊回收飛機時逮個正著。身繫美方最後希望的編隊飛抵機動部隊先前的位置，但是他們只見到重傷的加賀在兩艘驅逐艦護航下西行。南雲忠一的艦隊此時已經北轉回收飛機，因此美機再怎麼搜索也找不到敵艦。約克鎮號的飛行大隊於是把怒氣出在加賀身上，擊沈這艘航艦和一艘驅逐艦。

當美國飛機正在痛擊加賀的同時，佛萊契的旗艦也成了猛烈空襲的目標。南雲忠一的另三艘航艦在北邊的會合點回收飛機之後，已經向約克鎮號派出第二波攻擊機隊，並由數架水上飛機指引目標。到了天黑時，約克鎮號已成為一艘冒煙的廢船，該艦的飛機在返航時已無法降落，只有少數飛到第十七特遣艦隊殘餘船艦附近的飛行員被救起。一天之內，大黃蜂號被擊沈，約克鎮號被炸成重傷，不久前曾英勇拯救這艘航艦的船員只好將之鑿沈。勇往號上的大火已被撲滅，但是她在蹣跚駛回美國的途中，如同珊瑚海海戰的勒辛頓號一樣成為日本潛艦的目標。被魚雷擊中的勇往號在隔天清晨沈沒，此時日本的水面艦隊正在東駛，準備擊沈受損的美國船艦，美國船艦和飛機上的生還者則在「幸運點」附近的海中載沈載浮，「中途島的奇蹟」至此已成為一場慘敗。接下來幾天之內，日本驅逐艦救起了許多美日雙方的生還者，但是被俘的美國人並沒有因此得救，因為日軍在訊問完中途島和夏威夷的防務之後就殺掉他們。這場失敗使得美國海軍航空隊損失眾多有經驗的飛行員和空勤人員，贏得「海洋戰場」的日軍卻得以救回許多落海的人員。

美國海軍失敗的第一個後果是丟掉中途島。該島遭到機動部隊飛機一再轟炸，島上機場很快就成為廢墟；飛機不是在地面燒毀，就是在徒勞無功地攻擊日艦行動中損失殆盡。支援部隊的巡洋艦接著前來砲轟，甚至山本五十六的主力部隊戰艦也隨後出現，以十六吋和十八吋艦砲轟擊這處珊瑚礁。一旦日軍部隊登陸之後，缺乏支援的美國守軍也支持不了多久。不過，這場對抗美國海軍陸戰隊的激戰對日本將是一次血腥的戰役和可怕的警告，守軍將把「中途島」加入「阿拉摩」、「威克島」、「巴丹」等美國歷史上奮戰到底的地名中。

尼米茲發現自己在太平洋只剩下一艘航空母艦：剛從聖地牙哥趕來的薩拉托加號。當然，海爾塞想要立即出海迎戰敵人，但是尼米茲知道自己策畫的戰略防禦已經毀在自己的計謀手上。他憑著直覺行事——不對，是基於情報預測的合理評估——但是他的基礎非常薄弱，似乎沒有人考慮到日本是否已經得知美方計畫。尼米茲冒險投入艦隊，結果卻損失慘重。專業的戰略情報怎麼會造成這樣一場慘敗？怎麼會猜對了還打敗仗？他要到戰後才會知道為什麼。

漫長的戰爭

在日本於中途島贏得大勝之後，戰略局勢將會如何變化？日方會有什麼選擇方案？讓我們考量以下的可能性。

首先，太平洋的海軍兵力平衡將倒向日本那邊，在一九四二年間將維持如此，而且可能一直持續到一九四三年上半年。一九四二年六月初，美國海軍只擁有六艘航空母艦，如果尼米茲在中途島海戰損失三艘，美國根本不可能在短期內彌補數量差距，要到一九四二年底第一艘新一代的艾塞克斯級航空母艦才會加入艦隊。但是艦隊航艦服役的時程為一九四三年六艘、一九四四年七艘，以及一九四五年三艘；換言之，美國海軍將領在一九四三年底擁有的第一線航艦將不超過十艘。由於航艦艦隊在中途島戰役折損慘重，美國海軍只好將剩下的幾艘航艦撤出大西洋——代價是美國船團失去空中保護，放棄訓練工作和計畫中的攻勢——否則只好在太平洋完全採取守勢。

日本的地位則大為增強。如同中途島海戰真正獲勝的美國海軍，南雲艦隊將會贏得主動權。在珊瑚海受損的翔鶴和瑞鶴很快完成整修，在中途島海戰後回到機動部隊，還有兩艘航艦會在一九四二年中服役。所以，即使計入改裝和整修的航艦，日方在未來戰役中的艦隊航艦兵力應該可以維持在四或五艘。對於海權的新標準——航空母艦——日方可以一時佔有數量優勢，同時山本五十六還保有戰艦的優勢，沒有人可以確定一年多之後美方開始服役的輕航艦和護航航艦（數目多達數十艘）是否可以改變此一平衡。

第二，澳大利亞會面臨被切斷的危險——至少在太平洋這邊是如此。美國的艦隊和陸軍航空隊完全無力阻止日本攻佔斐濟和薩摩亞，切斷美國和澳大利亞之間的交通。澳洲的七百萬人民會發現他們比過去更孤立，麥克阿瑟將軍的西南太平洋司令部在運作之前就有失去用處的危險。

第三，印度洋會是通往澳大利亞的唯一路徑，但是這條生命線通過印度和錫蘭，這兩地都易於受到日本攻擊。當時抵抗英國統治和要求獨立的浪潮正橫掃印度次大陸，英國陸軍則在緬甸被日軍打得節節敗退，這些都使得印度無法在一九四二年六月成為穩定的基地。

在太平洋北邊，假設登陸阿圖島和季斯卡島的行動成功執行，沿著阿留申群島推近至荷蘭港都是可能的；對於日後那些更大膽的計畫，這些行動將會非常重要。位於阿留申群島北端的荷蘭港和舊金山的距離（二千零三十四哩）與檀香山和舊金山的距離相當，荷蘭港對於這個戰區至為重要，如果遭到日軍攻佔或孤立，加上此地的寒冷天氣、差勁能見度、惡劣海象，將會構成一道可怕的障礙，阻止美國在中太平洋反攻之外另闢蹊徑。

在西南太平洋，美國將無從於一九四二年八月執行攻佔瓜達康納爾的「瞭望塔作戰」，日軍很可能會不受阻撓地在索羅門群島推進。他們可以威脅新卡勒多尼亞，甚至更遠的斐濟和薩摩亞盟軍前哨。雖然日方只有少許資源可用於這些行動，但日軍的每一步都能得到陸基航空兵力支援，完全居於主動地位。美軍必須找出方法將飛機和燃料放在正確的地方，才能應付日軍進攻。

珍珠港事變之後已被控制的恐慌是否會再度橫掃美國西岸，甚至擴及華府的權力核心？如果美國海軍在中途島遭到第二次大敗，「彩虹」作戰計畫的基礎——擊敗德國優先——或許會被重新考慮。如果盟軍無法在擊敗德國之前阻止日本擴張，會對同盟國全球戰略產生什麼影響？情勢對美國而言可能會變得更為糟糕。如果接下來夏威夷遭到入侵呢？日方不但考慮過此一行動，而且還將之列在中途島作戰之後的進一步計畫中；至少對山本五十六而言，在進攻阿留申群島和中途島之後，「東方作戰」是理所當然的下一步，目標正是攻擊太平洋上最重要的地方。

入侵夏威夷

打從戰爭一爆發，入侵夏威夷的計畫在就日本軍方最高層當中引起爭議。早在一九四二年一月十四日，聯合艦隊參謀長、山本五十六的左右手宇垣纏少將就在日記中寫下，日本必須試圖「在六月之後攻佔中途島、約翰斯頓島和派米拉島，派遣航空兵力進駐這些島嶼，完成這些步驟之後，全力進攻夏威夷，同時在決戰中摧毀敵人艦隊。」他知道有許多人會反對這項計畫，但是他列出的原因包括：「還有什麼比失去大部分艦隊和夏威夷對美國傷害更大？」「入侵夏威夷以及在附近決戰似乎是魯莽的計畫，但是成功機會不小。」「隨著時間過去，我方會逐漸失去至今戰果帶來的優勢。反觀敵人力量會愈來愈強，我軍卻只能坐等敵軍前來。」「摧毀美國艦隊也代表摧毀英國艦隊，如此我方即可為所欲為。這是結束戰爭最快的方法。」宇垣纏提到：「時間是戰爭的重要因素，戰爭應該簡短。雖然長期戰爭應為理所當然之事，但沒有人會愚蠢到想要這樣一場戰爭。」即使日軍贏得中途島海戰之後，以上理由看來仍然成立。

日本海軍在攻佔中途島之後，下個目標會轉向夏威夷是幾乎可以確定的。感謝夏威夷大學史帝芬（John Stephan）的仔細研究，我們從他的《旭日下的夏威夷：日本在珍珠港之後的征服計畫》一書中得知日本在一九四一年和四二年對入侵夏威夷作戰的想法。日軍的成功面對著可怕障礙：日本進攻珍珠港之舉當然是個重大賭博，但是戰果會是擊沈剩餘的美國航艦，以及日本航艦和潛艦能在東太平洋自由活動，因此這個賭注相當值得；只要能夠從日本陸軍那裡要到足夠的部隊、飛機和物資，山本五十六當然會放手一試。儘管風險不小，成功攻佔歐胡島帶來的可能影響卻不可忽視，甚至可以主張：日本能夠拖延時間，以談判結束戰爭的唯一方法，就是在大戰爆發時全力攻佔夏威夷群島。但這已經不在本文假想的範圍之內了。

「東方作戰」的入侵夏威夷行動要花上好幾個月，分成一系列階段進行，不過中途島的勝利會讓進行步伐加快。立刻進攻會讓美軍陷入混亂（更別提恐慌），卻也可能造成一場大敗。珍珠港所在的歐胡島無法憑突襲拿下，島上的工事、守軍和機場都必須在進攻前加以削弱。日本航艦需要足夠時間在港內整修，艦上飛機和飛行員需要休息和補充；就算能找到充足燃料，山本五十六也無法讓艦隊不停地在海上行動，打贏一場接一場的勝仗，直到登陸夏威夷為止。此外，日本海軍必須得到陸軍全力支援人力和飛機——不像中途島戰役那樣少數就好——這絕不是容易的事，因為陸軍向來反對山本五十六的每項計畫。不過，中途島大捷或許會讓陸軍變成支持者——

雖然似乎很少有日本人認同山本五十六的觀點，也就是美國在夏威夷落入日本手中後願意談判。

在擁有明確目標、時間表和聯合艦隊總司令的支持之後，這個計畫最可能的進行方式是從西方和西南方進襲，以兩隻利爪絞住夏威夷。日軍會先小心地佔領帕米拉島，藉以建立通往南太平洋的空中路線，並且完成攻佔薩摩亞的「FS作戰」，以及在九月間建立必須的日本海空基地。進攻夏威夷的行動或許會在一九四二年底全面展開，時間可能是十二月，這個時間可以讓更多航空母艦就役，以及將更多水上機母艦改建為航空母艦。夏威夷作戰需要規模龐大的準備工作，只有美軍在中途島受到重創，這些工作才有可能完成。如同一把掃過西南和中南太平洋的鐮刀，作戰第一階段將跟隨中途島戰役前提出的「FS作戰」藍本，切斷澳大利亞通往夏威夷和美國西岸的交通線。日軍會攻佔新卡勒多尼亞、斐濟、薩摩亞（甚至更遠的大溪地），每一步都會支持下一步推進。同時日軍會登陸太平洋中荒涼的約翰斯頓島和帕米拉島，使得夏威夷成為美國在中太平洋僅存的領土。

自一九四一年十二月以來，美國在夏威夷群島的防務已經大為增強，守軍從四萬人增加到一九四二年四月的六萬五千人以上。美方計畫在歐胡島和東南邊數百哩處的夏威夷島投入更多守軍，但是在接下來的作戰中，這些增援部隊同樣會對美軍指揮官帶來諸多問題。夏威夷並不是旅行手冊和戰前海軍徵兵海報上的島嶼天堂，假使沒有順暢的海上交通線，要為部隊和平民提供補給幾乎是不可能的任務，檀香山的集中人口造成的問題尤為嚴重。夏威夷群島是個窮困和未開發的地方，除了鳳梨園和糖廠之外，各島嶼都必須仰賴進口物品，才能支持民間經濟，至於守軍的龐大需求就更不用說了。當地大部分補給都來自兩千哩外的美國本土，就在戰爭前夕，島上的存糧只夠數週而非數月使用。

珍珠港和其他設施的運作必須仰賴當地人力。在當時夏威夷的十六萬居民中，超過四成是日僑。不過這裡必須強調，在戰前的島嶼防務計畫中，美國認為第二代日裔的忠誠度相當高，夏威夷軍區甚至提議徵召日裔士兵。雖然美國政府在西岸對日裔採取嚴峻的措施，在夏威夷卻很少有日裔美人或日籍人士引起保安當局的注意──在夏威夷的日裔人口中，只有不到百分之一於戰時遭到拘留。儘管如此，日方還是希望皇軍抵達時，當地日裔會大舉起事。日軍也計畫為天皇征服夏威夷之後，起用許多曾在此地居住的日本人。

美國要如何對抗入侵夏威夷的行動呢？從美國本土對夏威夷發動大規模空中行動是不可能的事──在B-29於一九四四年中服役之前，沒有轟炸機或運輸機能夠滿載飛到夏威夷──而且如同我們所知，日本在中途島的壓倒性勝利，會讓美國航艦無力對抗日軍的進攻及收復夏威夷。如果夏威夷陷入敵手，需要規模龐大的海上作戰才能將之光復，而且美國要到一九四三年底才有這樣的能力。如果「美國直布羅陀」珍珠港內沒有一支存在艦隊，夏威夷的首府檀香山和歐胡島都將毫無保護。評估一場曠日廢時的夏威夷戰役能為日本贏得什麼，必須相對考慮到居數量劣勢的美國艦隊投入戰場會讓美國付出什麼代價。除了保護港口的岸砲之外，其主要防禦只有歐胡島機場上的飛機；即使是在空權時代，要維持飛機執行長程海上打擊和偵察的能力，也要靠海上來的運補。

日本進攻夏威夷的最可能方式會是對歐胡島執行強大的佯攻，同時以航艦掩護主力在夏威夷島登陸，目的是攻佔希洛市的前進基地設施；在機場趕工修築完成之後，日本海軍會從南方派來戰鬥機和轟炸機，轟炸歐胡島的美國陸海軍設施。接下來會爆發一連串的空戰，雖然美軍會有不錯的表現，日本飛機和飛行員則必須在漫長的補給線末端作戰，但是在缺乏一支存在艦隊威脅日軍之下，美方不可能無限期持續作戰下去。零件、彈藥、補充飛行員，更別提燃料和新飛機，都必須從美國本土闖關運來，這些貨船在接近夏威夷時很可能遭到日本艦隊攔截。如果歐胡島上的日裔沒有起事，當地的民間目標很可能會遭到無情空襲，美方戰鬥機兵力會逐漸消耗殆盡。對珍珠港發動直接進攻無疑是自殺之舉，美國守軍很可能會將歐胡島的北邊海灘——最可能的登陸地點——建成銅牆鐵壁的防線。但是在美國飛機被消滅、防務遭到日本戰艦猛轟之後，日本陸軍的精銳單位便可出動，發動像是在印尼的空降突擊。日軍的登陸會在灘頭蒙受慘重損失，但是在艦隊的砲火支援下，日方或許會打垮守軍，迫使美國在太平洋蒙受一次顏面盡失的投降。

在日軍檔案中，我們找不到任何進一步向東方進攻的計畫，雖然日本的艦隊或飛機無法控制夏威夷以東的海域，偶爾發動奇襲行動或以巡洋艦攻擊增援夏威夷的貨船仍會打擊美方士氣。此外，日本潛艦可以對兩千哩長的西海岸發動襲擊，這樣會造成緊張，甚至有其軍事價值。在補給艦或補給潛艦的帶領下，日本潛艦組成的獵殺群可以威脅海岸船運，直到大西洋那樣的長程巡邏兵力籌建完成為止。只要在巴拿馬岸外部署數艘潛艦，就可以對船運造成嚴重打擊，甚至還可以對巴拿馬運河發動奇襲，運用大型潛艦上搭載的飛機，滿載炸藥進行單程任務；只要能破壞一座運河水閘，就會帶來一場災難，這樣的威脅會綁住更多美國兵力。

一九四二年：決定性的一年

中途島和夏威夷慘敗造成的混亂，會迫使參謀首長聯席會議考慮歐亞優先順序的困難抉擇。一九四二年夏天，盟軍在全球各地都陷於困境。在蘇聯境內，德軍正攻往伏爾加河畔的史達林格勒，進入石油蘊藏豐富的高加索。北非的德國非洲軍已兵臨埃及城下，大西洋上的德國潛艦威脅則愈來愈嚴重。在六月間，德國潛艦擊沈了七十萬噸同盟國船隻，十一月間更達到八十萬兩千噸的高峰。面對這麼多威脅，馬歇爾上將和羅斯福總統在分配資源時，還要考量到日本對美國西海岸的威脅。英美之間的脆弱協議讓歐洲享有優先權，因此擊敗希特勒或許仍是公開的戰略目標，但是太平洋戰區的現實情況會凌駕許多其他責任之上。例如，美國還會將什麼物資運交蘇俄，要如何運送過去？

在夏威夷慘敗之後，一九四一年十二月的恐慌很可能再度橫掃全美國。在夏威夷和加利福尼亞之間無險可守之下，要求增強西岸防務的呼聲將難以拒絕，造成部隊、火砲、飛機等重要裝備被調往美西。當時美國只有少數長程巡邏機，因此手上最重要的戰略武器——B-17空中堡壘——將無法派去轟炸德國，必須用來加強海岸防務。當然，B-17在菲律賓和中途島戰役中的表現，證明重轟炸機根本不適於用來對付水面船艦，但是除此之外還有什麼可用呢？當時反艦轟炸仍被認為是美國長程轟炸機的主要任務之一，當太平洋海岸尚暴露在日軍威脅之下時，要在英國籌建一支轟炸德國的戰略武力恐怕不易獲得支持。

工業生產的擴張一定會發生，但由於感受到更重大的威脅，軍方或許會徵召更多人力，造成資源和人員的浪費。當然，動員後的美國生產力超過世上其他國家，但是來得及嗎？如果開戰後蒙受這些慘敗，使得美國本土受到重要威脅，美國的經濟動員還會如此有條不紊嗎？美國很可能會在一九四二年間建立更強大的陸軍，規模擴張到一百個師以上，這樣會嚴重打亂生產時程，造成人力資源、訓練和生產瓶頸。如果美軍被迫撤守本土海岸，金恩（Ernest King）上將和馬歇爾上將會更難以決定各軍種間的優先順序。雖然較實際的人士以後或許會控制情勢，但是這些失去的時間無疑會減慢美國發揮真正實力，將機械能力和工業產能投入大量生產的步伐。

儘管山本五十六和一些日本統治菁英希望佔領夏威夷會提供和美國進行談判的機會，但是這種願望看來卻遙不可及。從歷史書上來看，美國並不會特別想和佔領檀香山的敵人合作。羅斯福總統於一九四一年十二月八日在國會的演講詞已經表明：「無論要花多久才能擊敗這次預謀的侵略，美國人民的正義力量終將得到最後勝利。」漫長的島嶼爭奪戰會嚴重削弱美軍力量，即使日本艦隊折損慘重，美國或許會認為就時間和金錢而言，重建光復夏威夷所需的艦隊並不值得。

在我來看，在日本贏得「MI作戰」、「AL作戰」、「東方作戰」然後成功佔領夏威夷之後，美國海軍戰略家所擬想的中太平洋攻勢——拿下特定島嶼和環礁，做為下一步向日本推進的基地——已不可行。美國應該不會對夏威夷發動諾曼第那樣的大規模登陸，取而代之的將是日本戰略家在戰前的惡夢——美軍不屈不撓地從阿拉斯加推進。

研究此一策略可以讓我們了解，山本五十六在中途島作戰時為何對阿留申群島這樣有興趣。在本文預測的情況中，通往日本的唯一直接路徑是寒冷、荒涼的阿拉斯加—阿留申戰略，這就是所謂的「大圓路線」（The Great Circle Route），從舊金山到馬尼拉，直接穿越東京。但是，要讓這個戰略贏得勝利所需的不只是建造阿拉斯加—加拿大公路（這條公路於一九四二年二月起造，提供通往阿拉斯加中部的直接道路），我們可以稱之為「阿拉斯加超級公路」，路上是一連串機場、海軍港口、運輸樞紐和庫房，從加拿大西部和西雅圖一路延伸至荷蘭港以及更多地方。如果確定此一需求夠重要，美國和加拿大就有足夠力量完成這個計畫。這條數千哩長的公路會提供驚人的運輸能量，支援阿留申群島的短程跳島作戰，盟軍攻勢將越過太平洋北緣，抵達阿留申群島西部的季斯卡島和阿圖島，然後在花了兩年重建完成的美國海軍支援下從日軍手上攻佔庫頁島北部。

無論後人如何研究第二次世界大戰和美國國力，有條定律一直會出現：無論美國想要建造什麼，只要動員其無限的工業能力就會完成。然而，這個主張也不是沒有缺陷，其中之一是，美國在戰前即展開的動員是在所有戰場贏得勝利絕無問題的情況下進行。六個月之內，接連在珍珠港失去戰艦以及在中途島失去航艦，會讓處於一九四二年黑暗日子中的美國人民士氣不振。從菲律賓投降、美國國旗被逐出西太平洋、荷屬東印度的豐富戰略資源落入敵手，一直到中途島海戰的慘敗和珍珠港淪陷，這一連串慘敗或許會撼動美國的決心。

結局

美國會輸掉戰爭嗎？考量到美國的經濟潛力，失敗應該不太可能，但是在中途島海戰慘敗之後，贏得對日戰爭會更加困難，彌補損失只是問題的一部分而已。由於日本在一九四二年六月之後仍掌握主動，美國將被迫視敵人的可能意圖來分配資源，這樣或許會使得歐洲戰事拖得更久，還有讓某些德國的超級武器提早服役；為了對抗德國噴射機和火箭的威脅，歐洲戰區的作戰會變得更為複雜。對於數百萬名被同盟國遺忘、正在集中營內掙扎求生的人而言，納粹德國的「最後解決」或許會更接近成功目標。

拖延戰爭會延長日本控制東亞的時間。在東亞和東南亞的日本佔領區內，難以言喻的苦難會持續更久，日本在中國和馬來亞徵用的勞工會有更多人喪生。當然，在盟軍終於接近日本之後，原子彈最後還是會落在日本本土，其破壞要比一九四五年的情況更難想像。不過，這是假定美國在一九四二年面對戰無不勝的日本時，像「曼哈頓計畫」這樣的「大科學計畫」還能繼續得到足夠的財力支持。

艾利胡・羅斯

失蹤的航空母艦

當日軍飛機在一九四一年十二月七日撲向珍珠港時，美國太平洋艦隊似乎只有坐以待斃的份。珍珠港內擠滿戰艦、驅逐艦、潛艦和多艘輔助船艦，但是太平洋艦隊的三艘航空母艦完全失去蹤影。在這場羞辱的慘敗中，戰神給了美國海軍一個小小的補償：薩拉托加號正在西岸整修，勒辛頓號正將飛機送往中途島，勇往號則為了同樣任務前往威克島。

這三艘航艦日後都在戰場上立下汗馬功勞。勒辛頓號在珊瑚海沈沒，薩拉托加號在戰時贏得七枚戰星（譯註：代表參與七次戰役）——重要但不是決定性的貢獻。然而，正是勇往號的艦載機和約克鎮號的艦載機聯手，在中途島擊沈了四艘日本航艦，一舉扭轉這場關鍵戰役的戰局，使得日本入侵中途島和夏威夷的希望破滅，並且讓日本放棄入侵澳大利亞和錫蘭的計畫。這是自從高麗鐵甲船在一五九二年痛擊日本艦隊以來，日本海軍蒙受的最慘重失敗。就像莫里森（Samuel Eliot Morison）將軍的看法：「中途島戰役改變了太平洋戰爭的走向。」我們不妨想像，如果勇往號於十二月七日留在珍珠港，中途島海戰的結果會變成如何？

艾利胡・羅斯（Elihu Rose）在紐約大學教授軍事史。

18 第一顆原子彈落在德國

假如諾曼第登陸失敗

史帝芬・安布羅斯

在軍事史上，決定勝敗的因素經常是風向。我們已經從一五二九年不可思議的雨季、打散西班牙無敵艦隊的微風，以及華盛頓在長島之戰後如何藉大霧逃脫等例子中，見識到氣候的影響力，但是氣候從未像在D日那天產生如此深遠的後果。一九四四年六月六日發生的不僅是決定性的軍事事件，在政治上更決定了西歐未來半世紀的意識型態。如果盟軍入侵諾曼第的行動被取消或順延呢？如果著名的氣候窗口——那段風暴短暫停歇的時間——沒有發生，使得艾森豪將軍暫停攻勢，或者照樣發動進攻呢？盟軍的欺敵行動使得希特勒和他的將領將部隊部署在其他地點，這場風暴是否會讓德軍扳回失去的優勢呢？在這篇文章中，史帝芬・安布羅斯敘述失敗將帶來不愉快、甚至可怕的抉擇。

史帝芬・安布羅斯（Stephen E. Ambrose）教授是讓歷史近年來再受歡迎的功臣之一。他的著作超過二十本，包括長達數冊的艾森豪和尼克森傳記，以及三本暢銷書：敘述路易士（Lewis）與克拉克（Clark）遠征的《無畏的勇氣》（*Undaunted Courage*），以及關於第二次世界大戰末期西歐戰事的《D日》（*Western Europe, D Day*）和《平民軍人》（*Citizen Soldiers*）。其最新著作是《同志們》（*Comrades*）。

如果要讓歷史運作，人力不可及的因素就要有改變結果的機會——在大部分情況下，這個因素就是氣象。某些氣象是可以長期準確預測的，例如潮汐和月亮。但是像風浪、雲層等狀況卻很難在二十四小時以前預測，尤其是在英倫海峽這樣天氣詭譎多變的地方。

「大君主作戰」——盟軍賦予入侵西歐的代號——是戰時計畫最詳盡的攻勢。打從一開始，同盟國遠征軍最高司令部就仰賴理想的天氣，包括平靜的海面、和緩的風、少量雲層等條件，大浪、強風和低雲都會讓突襲成為泡影。

這次入侵原本要在一九四四年六月五日發動。天氣在六月的頭三天一直不錯，但是接著開始變壞。在英倫海峽，毛毛雨開始變成寒冷的大雨。在六月四日上午四點舉行的氣象會議上，皇家空軍上校史塔格（J. M. Stagg）——艾森豪將軍形容他是個「陰鬱卻狡滑的蘇格蘭人」——如同過去一個月，花了至少半小時對盟軍統帥進行天氣預報。史塔格帶來了壞消息：一道低壓系統正在接近，六月五日將是颳風的陰天。艾森豪於是決定讓入侵延後至少一天。

六月五日清晨，狂風暴雨正吹打著同盟國遠征軍最高司令部的窗戶，史塔格做了軍事史上最著名的天氣預報。他認為這場風暴會在當天稍晚減緩，六月六日星期二將出現可以接受的天氣，雨勢會在天亮之前停止，好天氣將持續三十六小時左右。艾森豪要求他的保證，史塔格笑了出來，他回答說，將軍知道那是不可能的。艾森豪於是做出決定：「好，我們上。」

在史塔格的預測中，直覺和科學的成分一樣大。年方二十八歲的史塔格已經擁有數年氣象預測經歷，其他皇家海軍和美國海軍的氣象人員不同意他的預測，認為風暴會繼續下去。史塔格在回憶錄《預測大君主》（*Forecast Overlord*）之中寫道，即使他得到今日的衛星影像之助，猜測和預測的成分仍會同樣大。大君主作戰之後半個世紀，英國廣播公司已擁有史塔格無法想像的衛星和氣象站，但是他們在五、六月間發布的未來二十四小時天氣預報仍有一半大錯特錯。

如果風暴在六月六日仍不停歇，會有什麼後果？艾森豪可以召回登陸部隊，但這不是容易的事。如果他這樣做，不但會洩露登陸地點，而且在下一個月光和潮汐都適合的日子──六月十九日──那一年最惡劣的風暴將襲擊諾曼第。

另一方面，如果艾森豪繼續進行登陸，結果可能會是場災難。登陸艇會像浴缸中的玩具船一樣被拋來拋去，任何想要登陸的士兵都會蒙受暈船帶來的痛苦，根本無法戰鬥。登陸行動也不會有空軍和傘兵支援，因為空投的傘兵會分散得一蹋糊塗，雙引擎和四引擎轟炸機的轟炸也不會登場。海軍船艦也許能夠提供砲火支援，但是由於風浪搖晃，它們射擊的準確度會非常有限，受到掩體保護的德國守軍將對無助的盟軍步兵迎頭痛擊。

別無選擇的艾森豪會下令取消後續登陸，幾乎可以肯定的是，他將無法撤回第一波上岸的部隊。如同一九四二年突襲第厄普（Dieppe）──這是歐洲戰場首次大規模兩棲作戰──的部隊一樣，他們會非死即降。在六月六日天黑時，艾森豪會對媒體發表事先準備好的聲明：「登陸已經失敗……。」垂頭喪氣的盟軍艦隊只好狼狽撤回英國。

接下來呢？艾森豪想當然會丟掉差事，他對此早已心知肚明，所以才會事先寫好接受一切責任的聲明，讓整個高層司令部和他一起倒台一點意義也沒有。但是誰能接替他的位置呢？戰場上擔任主角的美方絕不會接受蒙哥馬利（Bernard Montgomery），布萊德雷（Omar Bradley）會和艾森豪一樣，因為失敗而成為眾矢之的。巴頓（George S. Patton）也許可以——他奉派在登陸成功之後出掌一支部隊，因此不會被失敗牽連——但是蒙哥馬利會試圖否決巴頓的任命。美國陸軍參謀長馬歇爾是個可能的選擇：他原本希望領導這次攻勢，但是羅斯福總統認為他留在華盛頓會更有用。

在此同時，盟軍的策畫人員將陷入失望。儘管遭受這場失敗，他們仍擁有規模驚人的陸海空兵力，但是策畫「大君主作戰」就花了一年以上，他們手頭上沒有備用計畫。回顧起來，諾曼第是個完美的選擇，但是策畫人員不可能在那裡做第二次嘗試。加萊半島灘頭的防禦要比諾曼第更嚴密。哈夫赫港一帶則布滿德軍火砲。加強八月中的南法登陸（龍騎兵作戰）規模是最吸引人的選擇，這或許是讓完成集結的部隊投入法國作戰的唯一方法。但是這樣的策略會造成龐大後勤問題，同時讓大部分盟軍部隊遠離萊茵河，更遑論柏林。解放南法不會結束戰爭，甚至不會嚴重威脅希特勒在西北歐的帝國，而且在確保海峽前線安全之後，希特勒可以派兵南下——真正的「龍騎兵作戰」可沒碰上這種情況——結果義大利的僵局會在侯恩河谷重演。不過，登陸南法還是最可能的選擇。

除了軍事問題之外，D日的失敗同樣會帶來政治問題。我猜想邱吉爾政府將無法倖存，畢竟他們已將國運賭在「大君主作戰」，下一屆政府將面臨下一步該怎麼辦的問題。更積極地投入戰爭？不太可能。和希特勒談判？無法想像。繼續打下去，希望發生最好的結果？這是最可能的。

在美國那邊，同樣把國運賭在「大君主作戰」的羅斯福不需面對不信任投票，但是他在五個月之內就要面對總統大選，如果不好好展示一下美國的軍事力量——可是要在哪裡呢——他會輸掉選舉。迪威（Tom Dewey）的政府將面臨下一步該怎麼辦的問題，結果是更積極地投入太平洋戰爭。

D日的勝利並沒有為希特勒解決兩面作戰的問題，駐英國的盟軍依然完整，威脅並不會解除，但是他可以將部分部隊從法國調往東線。或許更重要的是，他可以利用D日的失敗拆散不和的東西方聯盟。要戈貝爾（Goebbel）和納粹宣傳機器說服史達林，資本主義者不會為蘇聯戰到最後，會是很困難的事嗎？若說希特勒和史達林會回到一九三九年的夥伴狀態，並且恢復德蘇條約，也不是不可能的。史達林也可能佔領德國，接著攻佔法國，歐戰的結果將是共產黨完全控制歐陸，紅軍將會進抵英倫海峽。我們很難再想出更糟的結果了。

在蘇聯的威脅漸增以及龍騎兵作戰在南法陷入僵局之下，英國和美國將加緊對德國的空襲。最後的高潮會在一九四五年夏末來臨：美國將對德國城市投下原子彈，這將是最驚人的結局。

在此之後，情勢會變得非常混沌不明，猜想沒有發生的歷史總是這樣。遭到原子彈摧殘的中歐會湧入外來的大軍——東邊的俄軍和西邊的盟軍。他們會發生衝突嗎？如果會，美國會對蘇聯投下一、兩枚原子彈嗎？或者，他們會攜手合作（如同一九四五年的真實情況），在中歐畫下一條界線？

在一九四五年夏天的太平洋戰場，由於美國正以原子彈對付德國，史達林可以把大軍從德國調來對付日本，這樣紅軍將會入侵日本本土北部。在這種情況之下，日本可以免於原子彈轟炸，但是國土將陷入分裂，北部由共黨獨裁政權統治。如果日本沒有及時對美國投降，這就是史達林的如意算盤；如果紅軍登陸日本，天知道他們何時、或者到底會不會離開。

D日的失敗顯然會帶來災難性後果，每個人對後果如何的看法不同；對我而言，後果之一絕對不會是納粹的勝利，然而幾乎可以肯定的是，後果之一將是共產黨在歐洲的勝利。如果德、法、荷、比、盧、義等國都由共黨統治，北大西洋公約組織將不會出現，甚至英國也可能變成共黨當政，美蘇關係會變得極端困難與危險。這是一幅可怕的景象——但是，只有德軍在諾曼第擊敗盟軍，以上才有可能發生。

蘇聯入侵日本

羅伯・考利

今日我們知道，在一九四五年八月，蘇聯的大軍正飛快地越過滿州和庫頁島，準備入侵日本本土最北邊的北海道，這次入侵將在美國登陸九州的「奧林匹克作戰」之前兩個月展開。當裕仁天皇的降書於九月二日在東京灣等待簽字時，俄軍仍亟於佔領北海道，而且已經完成登陸準備。這次兩棲登陸會是一次匆忙上場的演出，但是沒有關係：在差點發生的冷戰對峙當中，沒有一次比這件事的可能後果更為嚴重。

這件事的關係不只是蘇聯會在兩週內以最小的代價佔領一大片日本土地，而盟軍卻花了四年時間和無數人命。如果紅軍登陸部隊在北海道建起根據地——美國突擊隊在那年夏天上岸時，根本未遭多少抵抗——蘇聯將可以合法宣稱擁有該島，在正式的投降過程中佔有重要（但是讓人畏懼）的地位，並且在東京擁有管轄區。我們可以想像在太平洋有個柏林的後果（在好的一面，當史達林在一九四八年封鎖柏林時，美國可以封鎖東京的蘇聯區，這樣或許可以結束危機——或是造成更大的危機），還有在重建日本的過程中，蘇聯佔領的北海道會帶來多麼可怕的後果；使用日本做為韓戰基地的決定，也會因為敵人的北海道佔領軍而受到影響。這些會大幅升高未來區域和國際衝突發生的機會。

我們很幸運太平洋戰爭是如此結束，如果戰爭再拖延一、兩個星期，整個東西地緣政治情勢將會有完全不同的轉變。回顧起來，當杜魯門警告蘇聯不要染指日本本土、促使蘇聯獨裁者在最後一刻取消北海道作戰時，這位意外上任的總統做出了任內最重要的決定之一，可以和投下原子彈的決定相提並論。

如果他沒有這樣做，今天我不會在這裡寫下這些話。

羅伯・考利是《軍事史季刊》的創刊編輯。

19 柏林的葬禮

假如冷戰轉為熱戰

大衛・拉奇

有四十五年的時間，柏林一直是一場名為「冷戰」的超現實遊戲的中心。有許多次機會，這場遊戲可以完全改變方向，拉奇在本章討論了最糟的情況。如果德國與蘇聯在一九四四年達成第二次密約呢？西方盟軍應該於一九四五年四月在紅軍之前進軍柏林嗎？一九四〇年代末期，蘇聯入侵西歐的危險性有多高？如果盟國在一九四八年的柏林危機動用武力會如何？或者，如果盟國決定放棄柏林呢？如果像史達林在一九五二年提議的一樣，讓德國成為擁有獨立軍隊的「中立國」，那會有什麼危險？如果艾森豪總統禁止鮑爾斯（Francis Gary Powers）執行那次U-2任務呢？或者，如果盟國以武力阻止東德建立柏林圍牆呢？拉奇的問題是，柏林是否會成為第三次世界大戰的塞拉耶佛？

大衛・拉奇（David Clay Large）是蒙大拿州立大學歷史教授，他的著作包括《在兩把火燄之間：一九三〇年代的歐洲之路》（*Between Two Fires: Europe's Path in the 1930s*）、《魔鬼行走的地方：慕尼黑通往第三帝國之路》（*Where Ghosts Walked: Munich's Road to the Third Reich*），以及《柏林：柏林市在現代德國成形中的地位》（*Berlin: The Metropolis in the Making of Modern Germany*）。

隨著冷戰年復一年拖延下去，世界陷入長期意識型態對立，許多雙方人民開始將這種情況視為「正常」。由於相信現況不會有重大改變，他們開始想像改變是永遠不可能的。當然，在這場四十多年的冷戰中，沒有什麼是不變的；有好幾次機會，世局的演變差點就大不相同，在冷戰初期尤其如此。

沒有別的地方像德國——尤其是柏林——一樣，充滿讓歷史轉向的機會。就在這個地方，戰時曾是盟友的敵人調轉砲口彼此對峙。

然而很有可能的情況是，這場名為「冷戰」的超現實遊戲根本不會發生——或者，至少德國不會變成主要戰場和最受垂涎的戰利品。如果德國沒有參加這場遊戲，冷戰的本質和參加者的相對實力都會大不相同。

盟軍佔領柏林

眾所皆知，德國於一九三九年八月與蘇聯締結互不侵犯協定，讓德國得以在隔月對波蘭發動侵略。少為人知的是，希特勒曾在一九四四年秋天考慮與蘇聯簽訂另一份協議，目的是單獨媾和。經過自史達林格勒以來的一連串慘敗之後，德軍在東線節節敗退，希特勒的盟友日本要求希特勒與蘇聯談和，然後集中全力對抗美國和英國。過去希特勒一直聽不進去這樣的建議，但是眼見德國在軍事上江河日下，他曾經短暫考慮過重回談判桌的可能性；如果他真的尋求談判，蘇聯或許會給他機會。雖然蘇聯曾保證遵守軸心國必須無條件投降的原則，不久前卻又向反希特勒軍官組織（亦即所謂的「自由德國國家委員會」，
譯註：這是由投降德軍軍官在蘇聯羽翼下成立的反希特勒組織）
保證，如果德國停止對蘇聯作戰，將可保有一九三七年的邊界。

當然，希特勒最後決定改變戰局的最好方法，是在西線發動野心勃勃的阿登攻勢。史達林知道德國崩潰在即，因此不再考慮和德國單獨談和。如果德蘇兩國真的在一九四四年達成第二次協定，讓德國集中全力在西線作戰呢？我們無從得知希特勒是否能讓西方盟國屈服（一九一八年的相似情況並未帶來這樣的結果），但是德國勢必會免於同時遭到來自東方與西方的入侵。另一方面，蘇聯將無從掏空德國，甚至無法在東歐取得立足點；如果沒有進佔東歐，蘇聯會不會在戰後挑戰西方是一件非常讓人懷疑的事。

另一個避免冷戰的機會發生於一九四五年春天，當時盟軍正從東西兩邊長驅直入德國。同盟國曾經同意由紅軍攻佔柏林，因為這似乎是最符合補給條件的選擇，另一個原因是柏林位於蘇聯佔領區內。但是西方盟軍於一九四五年三月渡過萊茵河之後進兵神速，在部分軍事首腦眼中看來，進攻柏林不但可能，更是應該採取的行動。眾所周知，蒙哥馬利元帥一直要求艾森豪准許，讓他「領軍對柏林全力發動單鋒進擊」。艾森豪拒絕此一請求，堅持繼續以廣正面推進，把柏林留給蘇聯對付。英方對這個決定深感憤怒，私底下輕蔑地將艾森豪向史達林低頭的舉動形容為「來上吧，喬」——這是倫敦妓女向美國大兵拉客的用語。柏林問題在四月中再度浮上枱面，當時美軍第九軍團已進抵易北河畔，距柏林只有五十哩之遙。軍團指揮官辛普森（William Simpson）

要求直取納粹首都，他估計只要一天就可兵臨柏林城下，但是艾森豪再度拒絕，因為他不想為了一個他認為在戰略上不重要的目標，讓美軍蒙受慘重傷亡的危險。巴頓將軍支持辛普森的要求，對於總司令的決定難以置信。「艾克，我不知道你怎麼會這樣想。我們最好拿下柏林，而且要趕快——然後開往奧得河。」艾森豪則反駁說，柏林已經殘破不堪，城內滿是流離失所的難民，帶來的問題會比好處還多。「誰會要柏林呢？」他問道。巴頓的回答是：「我想，歷史會為你回答這個問題的。」

接下來半個多世紀，世人對於盟軍能否比紅軍更早抵達柏林多所爭論，答案是：可能不行。事實上，喜歡自吹自擂的蒙哥馬利是一位非常謹慎、動作遲緩的將領，他不像是一位可以贏得這場賽跑、因而揚名立萬的人物。辛普森是一位富有衝勁的將領，但是他麾下開抵易北河的部隊只是先鋒而已；如果要攻抵柏林，必須克服汽油短缺的問題，獲得大量汽油補給，並且越過數條河流，這又要花上不少時間。另一方面，紅軍距柏林的距離比美國人少十五哩，而且擁有龐大的兵力，包括一百二十五萬名官兵與兩萬兩千門火砲。沒錯，紅軍從發動攻勢到征服柏林花了兩個星期，但是如果見到美軍從另一邊趕來，無疑會加快進攻步伐。

然而，由於這是一篇討論假想情況的文章，就讓我們假定西方盟軍真的趕在紅軍之前抵達柏林，或者至少大約同時抵達吧。這樣的後果會大有不同嗎？答案可能又是不會——除非在柏林軍事情勢改變的同時，西方盟國能採取完全不同的政治策略。如果要讓抵擋紅軍佔領柏林的行動產生意義，西方必須決心推翻過去讓蘇聯在德東與東歐建立勢力範圍的協議；包括邱吉爾在內，西方領袖在一九四五年時完全沒有這種打算。

然而，這正是巴頓與蒙哥馬利所想像、甚至公開主張的辦法。巴頓認為結束對納粹德國的戰爭之後，盟軍「必須往莫斯科推進」；如果需要，可以動用殘餘的德軍幫助。蒙哥馬利則要求立即建立「朝東的側翼防線」。根據巴頓的看法，美國來到歐洲的原因是讓當地人民得到自治的權利，納粹曾經奪走此一權利，現在蘇聯又在威脅這樣做，因此美國在歐洲的「工作」尚未完成。「我們必須趁人還在這裡、而且有所準備的時候做這項工作。」他在一九四五年五月這樣宣稱：「不然以後就要在更不利的情況下做。」

以當時的情況而言，巴頓與蒙哥馬利的計畫完全是政治幻想，但如果當時最高當局有意採取這種行動（必須強調當時並沒有），在軍事上絕對有成功的希望。歐戰結束時，歐洲大陸西半部完全由史上規模最大的一支聯軍佔領，單是駐德國西部的美軍就達一百六十萬人之譜。此時對日作戰已近尾聲，美國即將成為唯一擁有原子彈的國家（至少一時如此）。紅軍雖然人數眾多，但是在對德戰爭的最後階段損失慘重，而且給養不繼，必須靠就地徵收維生（因而嚴重傷害與德國人民的關係）。將紅軍逐出東歐的戰役代表歐洲的戰爭必須繼續下去，這對任何人都是殘酷的想法；但如果這一戰成功，將會使得「冷戰」不至於因為德國與歐洲而發生。

西方列強還有另一個較不激烈的選擇，可以破壞蘇聯在東歐的地位，卻又不必把他們「趕回亞洲草原上」（引用巴頓將軍的話）。美國、英國與法國可以堅持與蘇聯同時在柏林進佔各自的管轄區，因為這原本就是他們的權利，然後要求執行四強共管的權利。此舉會讓蘇聯無法在自己的管轄區內成立共產黨政府，非正式地分裂柏林。如果無法控制東柏林，蘇聯在德國東部的地位會被大幅削弱，從而影響蘇聯對東歐的掌握。

一九四八年：蘇聯向西推進，或是在柏林採取強硬姿態

到了一九四八年，避免冷戰的機會已經錯過，原因很簡單：冷戰已經開始，而且讓蘇聯無法在東歐和中歐立足的機會已經一去不返。事實上，這個地區的傳統武力平衡已經徹底倒向蘇聯那邊。根據美國情報單位估計（現在已知過於誇大），蘇聯陸軍擁有一百七十五個師，人數達二百五十萬人之眾。據稱其中八十四個師駐守在德國與東歐衛星國家。相較之下，西方國家在德國、奧地利、荷比盧與法國只有十六個師。由於迅速復員與預算削減，入侵歐洲的那支美國大軍已經不復存在。駐歐美軍兵力不足、裝備窳劣、缺乏訓練。美國的盟邦軍隊情況更糟，五角大廈認為荷蘭與比利時部隊完全無用，法國國內共黨勢力強大，還要照顧殖民地，情況很讓人擔心（出於這個理由，美國急於讓西德成立軍隊：至少他們知道如何打仗）。有些人相信紅軍憑藉著傳統武力的優勢，可以在五天內越過萊茵河，兩週內進抵英倫海峽。「俄國人只要穿上鞋子，就能走到萊茵河。」美國副國務卿羅維特（Robert Lovett）說道。

今日我們知道，蘇聯在戰爭剛結束時並無入侵西歐的計畫。史達林相信蘇聯還沒有準備好和西方作戰，也許有一天可以。如果蘇聯不是這樣有耐心或謹慎呢？如果紅軍在一九四八年真的穿

上鞋子跑向萊茵河甚至英倫海峽呢？他們會像某些西方分析家害怕的那樣輕易成功嗎？

除了耐用的鞋子之外，蘇聯還需要輻射防護衣。考量到傳統武力上的劣勢，如果蘇聯入侵中歐和西歐，西方列強已經準備好立即部署戰術與戰略核子武器。根據美國各軍種擬出的應變計畫，盟軍會先以攜帶原子彈的飛機對紅軍部隊與交通線發動空襲，然後從西西里和西班牙的橋頭堡發動地面反攻（陸軍的選擇），同時以長程戰略轟炸機對蘇聯發動原子彈攻擊（空軍的提議），艦載機則對紅軍地面部隊發動原子彈打擊（海軍的偏好）。美方策畫者之一的加勒瑞（D. V. Gallery）將軍希望對蘇聯地面部隊動用戰術原子彈，可以避免對蘇聯本土全力發動戰略轟炸。他寫道：「隨著紅軍在萊茵河之前停下來，他們的領袖和人民或許會發現最好還是談和，否則就要面對大規模原子彈轟炸。如果紅軍在萊茵河以東被阻止，轟炸的威脅或許會超過紅軍可能佔領歐洲的效果。」

即使美國不需對蘇聯本土發動原子大轟炸，對紅軍發動戰術核子作戰已足以在中歐和西歐造成可怕破壞，偏偏這正是華盛頓方面最想要挽救的地方，這在全歐各地造成了「寧願變紅也不要死掉」的爭論。西德的爭論尤其熱烈，因為許多人開始擔心華盛頓方面與盟邦想要一場「戰至最後一個德國人為止」的第三次世界大戰。

當然，紅軍並沒有穿上鞋子出發，反而是在西方最脆弱的柏林施加壓力。為了回應西方國家成立西德政府的動作（仍然希望控制全德國的莫斯科堅決反對），蘇聯從一九四八年春天開始阻撓西柏林與德國西半部之間的鐵公路交通。這也要怪當初西方國家忘記取得蘇聯保證，讓他們不受限制地經由蘇聯管轄區來往柏林。此時西方國家只能靠三條公路、兩條鐵路、一條運河和三條空中走廊維持交通。西德貨幣於柏林發行之後，蘇聯於一九四八年六月斷然宣布切斷西德與西柏林之間的一切陸上交通。與一般人認知不同的是，蘇聯並沒有完全孤立西柏林，他們容許東西柏林之間繼續貿易，以及人與貨從東柏林前往西柏林。蘇聯之所以准許這些通道開放，主因是他們的管轄區必須仰賴與西柏林貿易。莫斯科執行不完全「封鎖」的立即目的是破壞西德政府的成立，就長期目的而言，蘇聯希望西方認識到在西柏林駐軍是多麼愚蠢的事，進而決定撤走。

蘇聯的舉動在西方國家首都造成了危機，尤其是在必須領頭站出來決定適當對策的華盛頓。美國國務院首席政策幕僚肯南（George Kennan）回憶：「沒有人知道應該如何反制蘇聯的行動，或者到底該不該反制，情勢既黯淡無光又充滿危險。」事實上，國會已要求立即從柏林撤出美國眷屬，部分政治人物甚至要求撤出軍隊。讓人震驚的是，陸軍參謀長布萊德雷上將也是如此主張，甚至在蘇聯切斷西柏林的陸路交通之前，布萊德雷就曾向駐柏林美軍司令克萊（Lucius Clay）將軍問起，美國冒著開戰危險守在那裡是否有其價值。「蘇聯會不會一步接一步施加限制，最後讓我們除非準備提出恐嚇或真的開戰，否則無法再待下去？」他問道。然後他又說：「我們懷疑國人是否已準備開戰，藉以維持我們在柏林與維也納的地位。」相形之下，克萊相信蘇聯的戰術目的只是虛張聲勢，把西方趕出柏林；如果必須以戰爭「拯救」柏林，克萊已經準備好動手。他警告：「如果柏林淪陷，德國會是下一個；如果我們想要保衛歐洲對抗共產主義，就不應該讓步。」

結果西方並沒有在柏林讓步，但是我們還是應該要問，如果美國與盟國在一九四八年決定放棄柏林——當時有許多人認為這是最明智的抉擇——會有什麼後果？在逐漸成形的冷戰中，不論守住西柏林在軍事上的重要性如何，在政治上絕對非常重要。到了一九四八年，西方的聲望完全維繫在柏林，從那裡撤退會損及西方——尤其是美國——在歐洲和世界上的地位。美國正致力於協助西歐重建經濟與恢復政治信心，這兩個目標是美國維持其地位的先決條件。放棄柏林對美國聲望的打擊，會對美國在德國西部的政策帶來災難性的後果，尤其德國內部反對成立西德政府的勢力原本就相當龐大。沒有美國的強大支持，強烈支持成立親西方「波昂共和」的阿德諾（Konrad Adenauer）將無法如願。對許多德國人而言，德國在一九四九年正式分裂委實讓人傷心，但是若不這樣，全德國都會受到蘇聯與德國共產黨顛覆的威脅。無論分裂有多麼痛苦，成為俎上肉的德國要比分裂的德國更加危險。

正如我們所知，西方列強不但沒有放棄柏林，反而發動了大規模空運，為西柏林提供從食物、燃煤、以至兒童糖果的每樣東西（但是不像傳說中的包括柏林居民賴以為生的一切東西）。然而，空運並不是西方考慮「突破」蘇聯封鎖的唯一選擇，在決定開始空運之前，克萊將軍曾要求進行另一個更危險的賭博：從德國西部派出一支武裝車隊，越過蘇聯佔領區前往西柏林。他要求美國駐歐空軍指揮官李梅（Curtis LeMay）將軍在紅軍開火時提供空中支援——李梅並不認為這種情況會發生，但是相信這將是個絕佳機會，對德境的紅軍機場發動先發制人的攻擊。「我們當然知道它們在何處。」他後來表示：「我們到處都看到蘇聯戰鬥機整齊地排在停機坪上，如果戰爭發生，我認為我們可以輕易收拾它們，根本要不了多少時間。」

當然，「戰爭」並沒有發生，因為車隊的主意很快就被認為不可行。如同布萊德雷所說：「紅軍根本不需要開火就可以阻止武裝車隊。他們可以封閉修理或炸掉前面一條橋，然後對後面一條橋如法炮製，這樣你就有大麻煩了。」如果美國軍方採行克萊的辦法，屆時除了投降之外的唯一脫身辦法，就是派出一支強大的救援部隊，然而此舉勢必冒著升高衝突的風險。

盟國最後選擇的空運方式比克萊主張的運補車隊更有效，但是空運也不是沒有風險；盟國相當擔心蘇聯會試圖打下運輸機，或是以挑釁的方式阻撓空運。這些憂慮果然不是沒有道理，在空運完全步上正軌之前，一架蘇聯戰鬥機掠過另一架正要降落加陶機場（位於英國管轄區內）的英國運輸機，結果兩機撞在一起，蘇聯飛行員和運輸機上的十四人全部罹難。幸運的是，這種意外再也沒有發生，蘇聯也從未對任何運輸機開火。然而，蘇聯於一九四八年九月宣布在柏林上空舉行空軍演習，此舉立即在華盛頓造成另一波恐懼，因為美國認為這可能是發動戰爭的前奏。

如果蘇聯真的以武力阻撓空運（顯然他們從未認真考慮過這點），戰爭無疑將會爆發，因為美國（還有英國）已經準備以牙還牙。美國國防部長佛瑞斯塔（James Forrestal）擔心美國會屈服，但是杜魯門總統向他保證，如果蘇聯動手將盟國逐出柏林，他將下令動用原子彈。從命令對日本投下原子彈的人嘴中說出，這段話可不是說說而已，能夠投擲原子彈的B-29轟炸機已被派往英國。根據之前的應變計畫，國家安全會議指示美國軍方準備在戰爭爆發後部署核子武器。希特勒曾在柏林策畫第二次世界大戰，如果這回有人扣下扳機，柏林將變成第三次世界大戰的塞拉耶佛，使得這場戰爭成為「結束所有戰爭的戰爭」（這句話原本是用來形容第一次世界大戰，結果並沒有實現）。

蘇聯最後之所以解除封鎖柏林，原因除了盟國的空運之外，還有西方對蘇聯的反封鎖。到了一九四九年春天，西方的措施已經打亂了中歐僅存的東西貿易，使得蘇聯經濟大受影響。如果蘇聯在經濟上更強大——換句話說，如果他們在槍砲之外擁有足夠的奶油——大可對柏林實施更嚴密的封鎖，同時撐過西方的反封鎖。他們可以讓盟國陷入絕境，因為即使是在空運高峰，飛機還是無法滿足西柏林在食物、燃煤和工業產品等方面的全部需求。蘇聯不需花費一槍一彈，就可以迫使西方在放棄柏林或是派出飛機投下炸彈之間做一選擇。

危險的一九五二年統一德國

到了一九五〇年代初期，蘇聯被迫接受獨立西德政府存在的事實，但是沒有人知道他們能否接受武裝的西德加入西方聯盟體系，這是美方與波昂政府重要的外交目標。美國認為阻止蘇聯在歐洲擴張野心的最有效辦法，就是成立西德部隊，加強西方傳統武力。當這個想法提出的時候，許多西方陣營與西德人士都害怕西德再武裝的威脅會引起蘇聯先下手為強；再怎麼說，蘇聯不久前才受過德國侵略之苦，而且眾所周知蘇聯非常擔憂這位宿敵再發動一次「向東方前進」。因此，這些人擔心再武裝德國不但不會嚇阻戰爭，反而會引起戰爭。

就在德國再武裝辯論開始的時候，韓戰的爆發讓這些恐懼更有道理，因為大家都知道北韓是在莫斯科授意下開戰的。西方有許多人相信，身為另一個被冷戰分隔的國家，這正是德國命運的預兆。西德報紙報導亞洲危機只是為中歐「暖身」而已，害怕「韓國式德國」的西德人過著心驚膽戰的日子。國會議員準備好自殺用的氰化物膠囊，以免落入敵人之手；阿德諾本人要求兩百支自動手槍，以備在共黨入侵時保衛辦公室。民意調查顯示，超過一半的西德人相信共黨若是越界進攻，西方列強會馬上放棄剛誕生的聯邦共和國。

新成立的東德共黨政權的論調更讓西德人感到不安。德意志民主共和國的史達林式獨裁者烏布里希（Walter Ulbricht）宣稱，韓戰證明像阿德諾這樣的「傀儡政權」無法獨立生存下去。根據烏布里希所言，北韓領袖金日成已經指明應該如何統一德國，他還說：「如果美國人出於帝國主義者的自大，以為德國人的國家意識不如韓國人，就是在徹底欺騙自己。」

當然，烏布里希的威脅全是虛張聲勢，但他若是真的試圖成為德國的金日成，會帶來什麼後果？如果在他背後撐腰的蘇聯決定在德國進行另一次韓國式實驗呢？

首先，烏布里希沒有金日成的某些優勢。幾乎全由德軍退伍軍人組成的東德「國民警察」已被蘇聯擴編成軍隊，但是實力尚落後北韓人民軍一大截；此外，共黨在歐洲的敵人要比在韓國更可怕。與南韓不同的是，西德正被三大強權佔領，其中兩國國土就在佔領區附近；雖然聯邦共和國尚未成立自己的軍隊，但是其區域與邊防警察武力已足以和「國民警察」相提並論。

為了確保成功，蘇聯在這場戰爭中不能只提供支持與補給，必須像韓戰中面對麥克阿瑟向鴨綠江推進時的中共一樣，實際派兵參戰。如果蘇聯在一九五〇年代初期進攻西德，情況會比一九四〇年代晚期更加困難，因為此時西方各國——尤其是美國——已經大幅加強駐歐軍力。另一方面，蘇聯在這個時候已經擁有核子武器，而且在一九四九年首次試爆之後已經製造出一小批原子彈；雖然紅軍還沒有長程投擲原子彈頭的能力，紅軍飛機仍然可以在戰場上投擲戰術核武，並且對航程內的後方目標發動戰略攻擊。換言之，與韓戰不同的是，這場戰爭一開始無疑就會成為核子戰爭，雙方都會動用大量核子武器，最後大部分歐洲土地都會像一九四五年的柏林，唯一不同的是廢墟都帶有輻射性。

我們現在知道史達林在韓戰進行時並無意以武力統一德國，但是他在去世前一直想要以政治手段顛覆西德。出於此一動機，他在一九五二年三月提出一份備受爭議的外交照會，向西方國家提議建立一個統一與武裝的德國，德國土地上不再駐有外國軍隊，並且保證無條件中立。史達林從未指望此一提議被接受，因為他認為一個真正中立的德國過於危險。在這個問題上，他相信即使是一個與蘇聯同盟、但不受莫斯科控制的德國都過於危險；再怎麼說，一九四一年入侵蘇聯的德國還是蘇聯的友邦，而不是西方的友邦。史達林照會的真正目標不是西方國家，而是西德的民意。他希望阻撓西德軍隊的成立，並且在西德人民面前擺出以統一取代加入西方的誘餌，顛覆阿德諾的政府。如果再運用一點小小的外交手段，史達林或許可以讓阿德諾政府倒台，阻止西德軍隊成立，這對蘇聯將是一大勝利。

當史達林向西方提出這份照會時，一名蘇聯外交官向他保證西方各國將會拒絕，結果果然如此。但是有那麼一下子，西方似乎會認真討論這項提議，而且有些西方外交官認為史達林的意見有其優點。

讓我們想像史達林的提議若是真的實現會如何。讓我們想像德國不在一九九〇年、而是在一九五二年統一，統一時不是北約成員國而是擁有獨立軍隊的「中立」國。我們都知道，當德國在一九九〇年統一時，有些西方領袖——特別是柴契爾夫人與密特朗總統——並不非常熱心，他們害怕新德國可能會表現得「不負責任」，迅速脫離西方陣營，自行展開可怕的新冒險。這種恐懼無疑低估了過去四十年間已在德國根深柢固的民主與和平理想，但是在一九五〇年代初期，這樣的價值觀還沒有時間站穩腳步；如果沒有西方牽引，再武裝的德國可能會成為大海中一艘危險的船艦，就像出海尋仇的俾斯麥號。史達林擔心德國會再次向東擴張，但是擴張也可以朝向別的方向，或者同時向兩方面進行。自制從來都不是德國人的優點，此舉的風險不是冷戰會變成熱戰，而是過去的戰爭會再次爆發。如果這種情況發生，冷戰的敵人只好被迫再次聯手滅火。

赫魯雪夫在柏林

史達林的外交誘餌並沒有對西德民意發生作用，當然莫斯科最後也未能阻止波昂在一九五五年加入北約；甚至在此之前，蘇聯已經開始在政治與經濟上鞏固東德。然而，經濟吃緊的蘇聯實在無力讓東德與西德齊頭並進，在接下來的年頭裡，東德在經濟上愈來愈落在西德後面，在政治與文化方面更是被史達林主義束縛。

失去在自己國家發展的希望之後，東德人民開始大舉向西方出走。難民的普遍特點是年輕、受過良好教育、動機強烈——沒有任何國家能夠容忍失去這些人。

為了阻止人口流失，東德政府於一九五二年五月開始封鎖兩德邊界。然而，柏林依然對逃脫者開放，東德人可以輕易從蘇聯管轄區進入西柏林，由此前往西德；接下來幾年內，數以萬計的東德人就這樣投奔西方。

赫魯雪夫在一九五八年決定堵住西柏林這道缺口（以及西方國家的間諜基地），他在十一月下達最後通牒：如果西方國家不在六個月內同意離開柏林或是採行暫時解決方案，讓柏林脫離西方成為「自由城」，他將會與德意志民主共和國簽定協議，將進出柏林的所有通道交由東德管轄。赫魯雪夫相信此一威脅將會發生作用，因為西方在孤立的柏林地位還是一樣脆弱。赫魯雪夫喜歡說柏林是西方的「睪丸」，只要「捏一下」就會讓對方尖叫。而且，和首次柏林危機不同的是，蘇聯不但已經擁有核子武器，還擁有可將它們投在西方城市（包括美國）的飛彈與飛機，因此赫魯雪夫充滿信心地告訴顧問：「美國領袖不會笨到為柏林而戰。」

赫魯雪夫大錯特錯，美國與其他西方國家領袖無意為柏林而戰，但是他們笨到準備為留在城內的權利而戰。如果蘇聯笨到再次試圖運用封鎖，把西方趕出柏林，西方就準備以武力對抗。五角大廈拿出克萊在一九四八年的車隊計畫，準備派遣排級兵力越過東德前往柏林；如果東德（或蘇聯）阻止他們，一支師級兵力會隨後跟進。如果這支部隊遇上麻煩，將會造成一場全面戰爭，美國國務卿杜勒斯（John Foster Dulles）這樣告訴阿德諾：「我們顯然不會放棄使用核子武器。」事實上，五角大廈的策略要求美國首先使用核武，在蘇聯發射飛彈之前造成最大傷害。這項計畫要求對德國境內的敵人目標大舉使用戰術核武，此舉勢必造成嚴重的附帶傷害。杜勒斯向阿德諾承認，北約估計會有一百七十萬名德國人喪生，三百五十萬人重傷。即使像西德總理這樣勇往直前的冷戰戰士，也對如此慘重的犧牲大感震駭，尤其目的只是為了這座他從來沒有喜歡過的城市。「看在老天份上，不要為了柏林這樣做。」阿德諾回答。

為了和平解決德國危機，艾森豪在一九五九年九月邀請赫魯雪夫前來大衛營，雙方會談氣氛良好，但是沒有多少進展。赫魯雪夫同意放棄六個月的期限，艾森豪則同意來春在巴黎召開四強會議，商討德國問題。

結果巴黎高峰會因為另一件發生在蘇聯上空的重大事件而告吹：蘇聯於一九六〇年五月一日擊落一架美國的U-2間諜飛機。由於高峰會召開在即，艾森豪原本不願意執行這些偵察任務，但是中央情報局說服總統授權最後一次任務，偵察蘇聯的洲際彈道飛彈基地。中情局保證蘇聯沒有能力擊落U-2，基於這個理由，蘇聯不可能公開抗議美國的偵察行動。不幸的是，蘇聯不但成功擊落飛機，還生擒飛行員鮑爾斯。鮑爾斯奉令在遭遇麻煩時引爆炸藥，摧毀飛機與自己，但是他沒有這樣做。由於艾森豪不願對侵犯蘇聯領空公開道歉，赫魯雪夫斷然退出巴黎高峰會。

這些不幸的情勢發展不禁讓人想問，如果艾森豪根據直覺行事，禁止U-2任務，會有什麼後果？或者，就算任務照計畫進行，如果鮑爾斯在遭遇麻煩時遵令而行，不讓任何證據落入蘇聯手中呢？

這種最可能的情況並不會帶來重大改變。赫魯雪夫並不打算在巴黎達成任何進展，而且已在找尋藉口退出高峰會。如果他沒有找到另一個藉口，無疑會在會議中重複蘇聯的要求，或許還會用鞋子敲擊桌面（他生氣時就會這樣做），但是沒有證據顯示艾森豪打算做出任何重大讓步。

艾森豪不打算出賣柏林是因為他相信守住西方在柏林的地位有著重要象徵意義（雖然在軍事上有其困難），在他的想法中，如果西方自願放棄柏林或是被趕出去，都會帶來戲劇性後果。如果失去柏林，西德會是下一個；一旦西德倒台，全歐洲都會陷入不穩。如果歐洲落入蘇聯之手，美國將無法維持民主制度。如同艾森豪所說的：「如果柏林失守，美國將會失去歐洲；如果歐洲落入蘇聯之手，兩者的工業實力相結合之後，美國為了生存只好舉國備戰。」換言之，失去柏林代表法西斯美國的出現。

赫魯雪夫希望新任美國總統甘迺迪會讓他如願以償，甘迺迪對柏林的立場似乎沒有那樣堅定，在競選時幾乎未曾提到這件事。上任之後不久，甘迺迪承認在當前所有的外交挑戰當中，柏林是最可能讓他必須在「毀滅或羞辱」之間做出選擇的地方。蘇聯領袖知道，對於蘇聯在柏林報復的恐懼，是甘迺迪不願意伸手拯救豬玀灣入侵的主因。甘迺迪在這次事件中立即收手的表現讓赫魯雪夫相信，只要他對柏林開刀，這位年輕的美國領袖很快就會屈服。

在一九六一年六月的維也納高峰會中，兩國領袖首次面對面談判，赫魯雪夫在此得到第一次拿柏林問題壓迫甘迺迪的機會。會議才剛開始，赫魯雪夫就開始抱怨美國在柏林與德國「讓人無法忍受」的地位。他宣稱美國留在柏林、重新武裝西德和鼓動波昂統一夢想的舉動，根本就是為新世界大戰鋪路，為什麼美國不能接受德國已經分裂、柏林則是東德合法領土的事實？赫魯雪夫瞪著甘迺迪，說他希望「與你」達成協定，但是如果不成，他會和德意志民主共和國簽訂和約。如此一來，「所有關於德國投降的承諾都會作廢，以上包括所有政府單位、佔領權，以及包括走廊在內通往柏林的通道」。

在維也納高峰會召開之前，美國駐西柏林領事萊特納（Allan Lightner）曾建議甘迺迪面告赫魯雪夫：「蘇聯應該把手從柏林拿開。」這就是甘迺迪接下來說的話。感謝主席先生的「坦白」之後，他提醒赫魯雪夫「今日討論關係的不僅是法律問題，更包括與國家安全息息相關的實際情況」；美國「並不是由於某人的寬容」才來到柏林，而是「我們一路打過來的」。如果美國與盟國離開柏林，「歐洲將會被放棄。所以，當我們談到西柏林時，我們同時在談整個西歐」。

由於事前期待甘迺迪會做出某些讓步，所以赫魯雪夫變得愈來愈憤怒，像對學生訓話一樣教訓美國總統柏林的關係多麼重大。赫魯雪夫表示，納粹的首都「是全世界最危險的地方」，他決心「對這個痛處進行手術，消除這根刺，這個腫瘤。」等到與東德簽訂和約之後，莫斯科「不會讓想要發動新戰爭的西德復仇者得逞」。他的手往桌上重重一拍，高叫：「我想要和平，但是如果你們想要戰爭，那是你們的問題。」

患有艾迪森氏症的甘迺迪才剛服用安非他命，但是他仍然維持冷靜。「想要強行做出改變的人是你，不是我。」他回答美國不會放棄柏林，如果莫斯科因此在十二月與東德簽定和約，那將會是「一個寒冷的冬天」，甘迺迪嚴肅地說道。

事實上，那會是一個炎熱的冬天，因為東德人若是真的簽下和約，然後決定把西方趕出柏林做為慶祝，他們將會面臨一場大戰。雖然甘迺迪私底下對柏林問題態度模稜兩可，認為「為了一條高速公路的通行權冒著讓一百萬美國人喪命的危險，實在非常愚蠢」。他（如同艾森豪一樣）仍然決心不讓西柏林人犧牲在自己手上。他會派遣軍隊沿公路前進，不會把柏林奉送給共產黨，豬玀灣事件不能在柏林重演。

另一方面，如果能夠在不放棄柏林的情況下找出解決方案，甘迺迪會全力支持。他甚至同情蘇聯在德國的難處——挫折地看著最重要的附庸國人才穩定流失，到頭來反而必須伸出援手。「你不能怪赫魯雪夫對這件事生氣。」甘迺迪承認。

柏林危機的「解決方案」在一九六一年八月十三日出現。當天清晨，東德士兵與警察開始沿著東西柏林的界線拉起鐵絲網；很快地，鐵絲網就由水泥磚塊取代。在震驚與害怕的世界眼前，冷戰時代最有名的建築物開始成形；如果說這場漫長的政治對峙會演變成武裝衝突，這似乎就是最可能的時刻。

事實上，西方國家受到不少要求採取武力反制的壓力，包括充滿幹勁的年輕西柏林市長布蘭德（Willy Brandt）在內，許多西柏林市民都認為應該採取行動。他們主張駐柏林的盟軍應該立刻拆毀這座可怕的圍牆，必要時動用戰車也沒有關係。由於自己無法對柏林圍牆採取行動，西柏林市民轉而將怒氣出在布蘭登堡大門西側的蘇聯戰爭紀念碑（位在英國管轄區內）。如果英軍沒有及時趕到，守衛紀念碑的蘇聯士兵恐怕會性命不保——這是那個混亂和情緒激動時刻的諷刺之一。如果盟軍真的像西柏林市民要求的一樣，對建立圍牆的東德人動手，蘇聯已經準備好以武力對抗。他們的部隊已經包圍柏林，飛彈部隊進入高度警戒。蘇聯希望這些措施足以阻止西方採取軍事行動，像是攻擊圍牆，或是派兵越過東德邊界等等。但是，假如遏阻沒有奏效，紅軍奉令不但要保護建築中的圍牆，還要一舉打垮柏林的盟國駐軍與管轄區。這對紅軍一點都不是問題，因為柏林城內的盟軍兵力和紅軍根本不成比例。

然而，西方列強根本不打算阻止柏林圍牆的興建，畢竟圍牆並沒有把他們趕出柏林，只是關住東柏林人而已。我們必須記得，甘迺迪的承諾只包括西柏林，而非全柏林。（日後在柏林發表那篇著名演說時，他其實應該說：「我是個西柏林人。」）藉由穩定東德的情勢，這座圍牆使得非常緊張的局面緩和下來。此外，建立圍牆對西方造成的面子傷害遠低於對東德與蘇聯造成的羞辱，因為他們竟然必須在「工人天堂」周圍豎起圍牆，防止工人逃跑（共產黨從來不承認這點：他們將圍牆稱為「反法西斯保護壁壘」，堅稱其目的是保護德意志民主共和國的安全）。簡而言之，西方不可能指望更大的宣傳勝利，以及共產黨經濟與道德破產的更尖銳象徵。在圍牆出現的震驚過去之後，西方首都的反應逐漸轉成幸災樂禍且鬆了一口氣。

當然，沒有一位西方領袖會對柏林圍牆公開表示鬆一口氣，他們必須向柏林市民表達團結。西方各國紛紛對蘇聯提出正式抗議，甘迺迪命令副總統詹森飛往西柏林，向市民保證美國仍與他們同在（詹森最初拒絕前往，理由是過於危險）。克萊將軍曾在一九四八至四九年的柏林危機期間表現強硬，因而在西柏林深受愛戴；已經退休的他這時被召回，前往柏林擔任甘迺迪的特使。

將克萊派往柏林之舉差點就擦槍走火。儘管圍牆已經建立，克萊仍然決心展示美國能夠在柏林行使從前的權利。當東德方面要求美國人必須出示護照才能進入東柏林時，克萊的反應是派遣武裝吉普車前往查理檢查哨，強行通過邊界。接著他派出十輛M-48戰車跟進，不幸的是，蘇聯做出相同反應；接下來許多個鐘頭內，雙方戰車彼此砲口對峙，中間只有一條脆弱的欄杆隔開，每輛戰車砲彈都已上膛，隨時可以開火。在場的美軍指揮官後來承認，當時他最擔心的是「一名緊張的士兵會不小心走火」。在十七個鐘頭的對峙中，關於戰爭隨時都會爆發的謠言四起。戰爭並沒有爆發，一位向兩軍士兵賣烤餅的小販倒是做了不少生意。最後，美國終於下令後撤，紅軍也隨後撤走。

美國國務卿魯斯克（Dean Rusk）後來將這次事件稱為：「喜歡耍狠的克萊將軍在查理檢查哨造成的愚蠢對峙」。當時的姿態確實是在耍狠，而且風險甚高；無論是故意或意外，如果美國戰車開砲，紅軍一定會還擊，十六年前在易北河相互擁抱的友軍將會兵戎相向，而且很可能會引起規模更大的衝突。

今日我們知道，除了「相互保證毀滅」（此為核子大戰可能造成的結果）之外，沒有幾個其他原因能像柏林圍牆一樣維持冷戰現狀。圍牆建立之後，歐洲的東西對峙冷卻下來，圍牆日後轉變成政治版圖上的永久性建築物、帶來眾多遊客的觀光景點，以及全球最長的畫廊。身為意識型態對抗的主要地點以及最可能讓冷戰變成實戰的地方，柏林圍牆將與德國和歐洲的發展逆勢而行。

20 三民主義統一中國

假如蔣介石未在一九四六年豪賭

林蔚

本書的最後一章必須是個最震撼的故事。若不是一個人的頑固豪賭，以及另一個人——一位真正的美國英雄——的錯誤判斷，冷戰的最糟後果或許不至於發生，接下來的韓戰、中南半島戰爭、越戰、歷次台海危機以及美國的共黨恐懼都不會登場；超過十萬名美國人可以免於喪生，更別提無數亞洲人的生命。下這場豪賭的是國民政府領袖蔣介石，他在第二次世界大戰結束時，決心鏟除盤據在東北的中國共產黨。他不顧美方建議，派遣精兵參戰；到了一九四六年春天，他的大軍似乎已經勝利在望。就在此時，蔣介石突然在馬歇爾將軍的壓力下暫停攻勢，因為後者打算在國民黨和共產黨之間斡旋和平。蔣介石的國軍從此元氣大傷，三年後終於撤出大陸。但是，如果中國大陸上存在兩個中國，將會是什麼景況？

林蔚（Arthur Waldron）是中國現代史專家，目前擔任賓夕法尼亞大學國際關係教授和美國企業研究所的亞洲研究主任。

請各位想像沒有「赤色中國」的冷戰會是什麼樣子：冷戰的主要舞台將是蘇聯嚴密掌控下的中歐，因此冷戰或許不會讓人如此畏懼。沒有中共的支持，金日成絕對不敢入侵南韓；沒有中共的積極庇護，胡志明的共產黨不會在中南半島取得如此的成功；沒有中國大陸和台灣之間的對立，台灣海峽不會在一九五〇年代和九〇年代發生危機；如果沒有詭譎多變的亞洲做為導火線，大不相同的冷戰將會更為和緩。

但是真有這種可能性嗎？答案是有的——因為，如果國民政府領袖蔣介石未在一九四六年夏初犯下大錯，共產黨佔領中國這件大事或許永遠不會發生。

日本投降之後，蔣介石的精銳部隊在前一年底開始空運至共黨盤據的東北，共軍發動猛烈抵抗，但完全不是久經戰陣的國軍對手。國軍迅速北上，經過一個月作戰之後，於一九四六年五月在四平街擊破共軍抵抗。南滿至此宣告光復，共軍開始逃竄：共軍統帥林彪在六月六日收到命令，準備棄守屏障北滿的重鎮哈爾濱。就在國軍先頭部隊兵臨哈爾濱城下的此時，蔣介石突然停止攻勢，這是他永遠無法挽回的錯誤。國軍自此頓兵不前，共軍卻得到喘息和重組的時間，哈爾濱從未易手；國軍在三年後遭徹底擊敗，殘兵敗將撤守至台灣。蔣介石在勝利的當口犯下天大錯誤，為亞洲造成遺害至今的後果。

蔣介石的舉動應該如何解釋？答案很簡單：美國的壓力。蔣介石的錯誤其實是廣受尊崇的美國陸軍上將馬歇爾強加在他身上的。馬歇爾當時正在中國執行一項不可能的任務，要在國民黨和共產黨之間斡旋和平。馬歇爾是個什麼樣的人呢？他是一位傑出的軍人和政治家，但是在中國卻是個糟糕人選，表現差勁。這位勇往直前的正直軍人一頭栽進惡毒的中國政治當中，他想要造就和平，結果卻開啟了亞洲的冷戰。

當日本在蘇聯入侵東北和美國投下原子彈的雙重打擊下突然投降時，沒有人指望共產黨會贏得中國。戰爭突然結束時，大部分共軍還遠離戰場，躲在陝西北部的戰時基地延安，而且缺乏重裝備。當時所有的國家——包括蘇聯在內——都承認重慶的蔣介石政權是中國唯一的合法政府。史達林並未指望共軍會贏得勝利。他在雅爾達會議中已同意秘密條款，讓紅軍在東北擁有軍事和行政特權，條款對中國在當地的主權隻字未提。事實上，許多人都認為蘇聯會乾脆併吞東北，此地從十九世紀末以來就是日俄相爭之地；若是落入敵手，東北將對蘇聯的遠東省分及海參崴構成嚴重威脅。

當時列強已同意這樣重新分配領土，以便滿足蘇聯在歐洲的要求。為什麼不在亞洲依樣畫葫蘆呢？或許，最明白支持的意見出自美國記者白修德（Edgar Snow）的戰時暢銷書《友邦的人民》（*People on Our Side*）。他顯然握有內線消息，才會警告讀者預期蘇聯會在東北亞採取這樣的行動。

問題出在中國政府必定會大力抵抗這樣的解決方法。中國已經為了東北和日本開戰，如果蘇聯想要取代日本的地位，中國絕對不會坐視不管。於是，蔣介石和國民政府不顧中國本身的重重問題，將注意力轉向東北。

蔣介石身為軍人的名聲是在一九二五年至二八年間締造的，當時他在華北得到一個稍縱即逝的機會，孤注一擲揮軍北上，閃電般地發動北伐，推翻北京的軍閥政府，在南京建立中華民國政權。這是一次典型的「速戰速決」行動，長久以來即是中國戰略家的偏好；評估情勢的可能演變之後，準確地判斷時機，然後以謀略取勝——蔣介石就是這樣迅雷不及掩耳地出手，在武漢擊敗軍閥的主力，然後如滾雪球般贏得最後勝利。蔣介石是第二個從南方征服中國的人，這絕不是可以等閒視之的成就，他在一九四六年進軍東北的策略也是基於同樣的概念。

然而，蔣介石本人是個爭議人物，雖然華盛頓是他不可或缺的盟友，很多美國人卻不喜歡他。他不會說英文，在外國人面前表現得僵硬而保守，戰時的中緬印戰區參謀長史迪威對他毫無敬意，私下稱他為「花生米」。在蔣介石的領導下，中國在徒勞無功的對日抗戰中變得殘破不堪，蔣介石本人更被認為必須對泛濫成災的貪污、黑市交易與暴力負責。包括知識分子和外國人在內，許多人都認為共產黨似乎是較好的選擇。

對於遠在延安的中共而言，機會終於在一九四五年八月到來，當時蘇聯紅軍席捲了東北。就戰略地位而言，延安毫無價值，中共會來到這裡是為了躲避國民政府在一九三〇年代發動的剿匪戰役。延安的一大優點，是接近當時附庸蘇聯、完全由蘇聯秘密警察掌控的蒙古人民共和國；如果國軍再度進攻，中共可以逃往蒙古尋求庇護。

東北的情況完全不同。就戰略地位而言，此地一直是掌握中國的鎖鑰以及歷朝入侵中原的跳板。最近一次是在一六四四年，滿族大軍穿過山海關攻佔北京和全中國，建立了延續至一九一二年的清朝。

所以，讓中共的行政單位和軍隊開入東北是個相當容易的決定，事實上蘇聯對中共提供了不少協助，尤其是在蘇聯控制的鐵路沿線。但是還有一個問題：對於東北是中國領土合法的一部分，蘇聯只是說說而已——而且他們當時根本不承認中共政權。

不過，中共和蘇共到底都是共產黨，所以雙方還是找出了和平共處的方法。共軍駐紮在首府郊區，易名為「地方自衛隊」，同時只能和紅軍保持良好的「非正式」關係（譯註：這是因為蘇聯剛與國民政府簽訂獲利甚豐的《中蘇友好同盟條約》，因此並不樂於協助中共）；另一方面，紅軍根本不讓國軍開進東北接受日軍投降。

在蘇聯的軍事統治下，中共在東北安頓下來，集中全力發展民政管理系統。一開始，中共並不急於建立軍力，反而是在各城鎮設立黨部，或許他們認為紅軍的保護會無限期持續下去。

在此同時，國民政府已因蘇聯佔領東北而心急如焚，於是展開外交折衝，最後成功讓紅軍撤走，蔣介石的致命決定即將登場。

如果蔣介石不與蘇聯和中共爭奪東北，會發生什麼情況？亞洲局勢會如何變化呢？答案是東德的情況或許會在東亞上演，除了紅軍在平壤扶植的朝鮮人民民主共和國之外，東北也會出現一個「中華民主人民共和國」。但是和毛澤東於一九四九年建立的「中華人民共和國」不同的是，這個東北的赤色中國將會由莫斯科牢牢掌控。

大部分中共領導人都曾在蘇聯接受教育，許多人仍然認為蘇聯是中國的模範，例如周恩來就說過：「現在的蘇聯是未來的中國。」在冷戰初期，即使是未受多少教育、未經世面、沒有蘇聯關係的毛澤東也曾向蘇聯「靠攏」；由此可見，中共領導人很可能會像烏布里希的德國共產黨一樣，歡迎在蘇聯羽翼之下建立中國蘇維埃的機會，我們由中共對民政管理的重視可見一斑。

如果毛澤東像南斯拉夫的狄托一樣桀驁不馴，會有什麼後果？東歐共產黨人不聽話時，下場通常是就此失蹤或「自殺」，不然就是乾脆被趕下台。同樣的事情也會發生在蘇聯掌控下的中國。毛澤東對共產黨的掌握並不徹底，許多共產黨人都痛恨他。在一九五〇年代初期，蘇聯顯然曾支持由東北向北京發動的政變，雖然政變並未成功，但莫斯科不是沒有在東北實現其意志的可能。畢竟南斯拉夫是個地勢險要的國家，擁有不受蘇聯控制的軍隊，但是東北幾乎被蘇聯領土環繞，而且紅軍的駐紮甚至得到國民政府同意。

位於東北的「赤色中國」非常可能會蓬勃發展——至少剛建國時會如此。和大部分中國土地不同的是，東北非常富庶：這片富饒的土地尚未過度墾殖，包括煤鐵在內的各種資源豐富；當地擁有日本人建造的多家工廠，大連這處良港可以和全世界接軌，而中東鐵路可以聯接蘇聯的鐵路網。總而言之，東北擁有已開發的經濟。

隨著中國內戰逐漸升高，蔣介石的美國顧問建議他不要試圖奪回東北，他們認為此舉風險過大，而且可能會危及他對中國本身的控制。莫斯科可能原本就期望美國在這一點控制蔣介石，也接受在中國本土存在一個非共產黨政權，這樣的局面會把中共推入莫斯科的懷抱。

理想的疆界可以讓大家和平共存，這點在歐戰結束時尤為明顯，當時盟軍和紅軍進兵至事先同意的界線，然後就不再推進，地區性的亂源——無論是不是共產黨——都未能將列強捲入衝突。僅有的危險地帶是柏林和南斯拉夫，不過它們有各自的原因；除此之外，東西勢力可能對峙的地方倒是相當平靜。

如果亞洲問題事先就已私下仔細安排，同樣的情形也許會發生。列強可以同意將中國分割為較小的共黨政權和較大的非共黨政權，這樣會讓毛澤東失去把蘇聯捲入地方爭端的籌碼，後來的金日成與胡志明也會步上後塵，其結果會是一個更為和平的亞洲。

對於中國內戰會在一九四五年至四九年間升高為大戰，共黨的指控之一是：「你們先開打的！」這句話倒也不是全錯，因為蔣介石揮軍進入東北之舉點燃了席捲全國的烽火。

大戰結束時，蔣介石麾下最佳的部隊還在中緬印邊境，這些沙場老將曾在東南亞叢林中與日軍打了一場先敗後勝的戰役。他們是由美國在印度裝備和訓練的，擁有一些最傑出和勇敢的中國軍官，其中最有名的是維吉尼亞軍校畢業的孫立人將軍。新一軍和新六軍在戰後開入東北，這兩個軍是能征慣戰的部隊，遠比共軍遭遇過的任何對手厲害許多；而且，國軍擁有強大砲兵，輕裝的共軍游擊隊根本不是對手。

蔣介石同時擁有一支強大的空軍，他對最先進軍事科技深為著迷；打從對日戰爭一開始，他就偏好陳納德將軍的空權理想，而非史迪威的地面戰略。

所以，在蔣介石的腦海中，一個類似二〇年代北伐的計畫開始成形。滿州的共軍並未準備開戰，如果蘇聯同意撤出東北，國軍的重裝部隊將會如入無人之境，擊破東北的共軍勢力。在此同時，空權將會克服亞洲地面戰爭的大敵——後勤；如果能夠善用運輸機，蔣介石應該能讓部隊在敵後進行蛙跳作戰，同時在廣大的土地上為守軍提供補給。

這種策略和美國二十年後在越南採取的辦法很像，而且一開始似乎也很有效。在蘇聯同意撤軍之後，國軍隨即開入東北，先頭部隊於一九四五年秋天空運抵達。他們的進展勢如破竹，受到奇襲的共軍對這種作戰完全沒有準備。國軍沿著鐵路線北上，兩軍在半路上的要衝四平街苦戰達一個月之久，共軍才告崩潰。共軍統帥林彪投入一波接一波的人海衝入國軍火網中，情急時還投入了十萬名來自長春的工人。到了五月十八日，共軍已折損全軍兵力一半——四萬人——林彪則北逃。

接下來發生的事情和希特勒在即將擊敗英軍之際、卻勒令德軍在敦克爾克頓兵的「停止命令」有異曲同工之妙，當時希特勒的決定讓德國的決定性勝利變成戰略上的失敗。

此時馬歇爾將軍正在嘗試一項不可能的任務，要在共產黨和國民黨之間組成聯合政府。在磋商過程中，中美雙方都沒有同意蔣介石不應進入東北，但是參與談判的共方代表提出嚴重抗議，堅稱蔣介石的突襲破壞了和平解決所需的信任與合作。馬歇爾在一月間安排了一次停火，但是立即宣告破裂；共產黨要求馬歇爾趕快採取行動，因為他們知道馬歇爾是唯一阻止蔣介石的力量。

馬歇爾聽進了共方的意見。身為蔣介石唯一的盟友，富有的美國在這個飽經戰亂的角落擁有無可抵擋的權力，馬歇爾（他本人亦有一些不切實際的想法）於是要求蔣介石停止進軍——蔣介石也同意了。

難以置信的國軍將領要求蔣介石重新考慮，他們指出一旦哈爾濱落入國軍之手，在東北擊敗共軍的勝利將會唾手可得。但是，蔣介石的反應非常憤怒，他對麾下指揮官表示：「你們說拿下城市很容易，但若是知道我們為何不拿下城市，就會曉得不拿下城市為何一點都不容易。」日後，蔣介石自承這是他對共產黨犯下的最大錯誤。

如果蔣介石拒絕馬歇爾的要求，我們猜想他可能會徹底擊敗共軍；不僅是華盛頓，就連莫斯科都會因此站到蔣介石這邊來。我們猜想共軍也可能再行整編，攻擊國軍延伸的補給線，逆轉蔣介石的最初勝利。不過，有一件事是確定的：這個頓兵的決定使得蔣介石失去一舉贏得軍事勝利的機會。

國軍進兵的動力就此一去不復返，就和神話中的薛西佛斯一樣，國軍已經快爬上山頂，但是功虧一簣——結果落下山來。我們來想像如果蔣介石沒有進軍東北的情況：集結在中原的國軍將會更加強大，而且蔣介石與美國或蘇聯的關係將會大為改善。如果戰鬥在中國本土持續進行，馬歇爾的憤怒會轉向中共。蘇聯在眼見蔣介石願意讓他們控制東北之後，可能會和蔣介石合作，限制共軍在東北境內活動。

若是這樣，毛澤東的軍隊將會任憑蘇聯駐軍處置，最後中共的行政和經濟組織則會併入西伯利亞和遠東的蘇聯當局。

長久以來，毛澤東一直夢想統治全中國，這種情況當然不會為毛澤東或大部分中共領導人所喜歡，在中國各地爆發革命的可能性不能被排除——但是它們會被延遲，直到蘇聯經濟學家預測的資本主義垮台之日，此時剩下的非共產國家將會像熟透的果實一樣，落入共產集團之手。

當法國共產黨在納粹戰敗後意圖奪取權力時，史達林就是這樣答覆：多等幾年，他的經濟學天才預言世界危機即將爆發；在此之前，切勿毫無必要地挑撥英國和美國。

但是他的經濟學天才當然是錯的，包括許多美國經濟學家在內，他和其他人期待的全球戰後大蕭條並未發生；相反地，自由市場經濟開始復甦，起先步伐相當緩慢，接著卻神奇地一飛衝天。德國發生了「經濟奇蹟」，日本則從美軍佔領時代的裝配工業轉變成高品質的高科技工業。香港原本是華南一處人煙稀少、安靜的殖民地港口，到了二十世紀末，香港的個人平均所得已超過殖民母國英國。

讓我們想像蔣介石未曾進攻東北，反而接受穩定分治的狀態：東亞最大的經濟中心上海會從五〇年代開始投入自由貿易，不會被排外的共黨政權和冷戰封鎖，長江流域的廣大市場和資源將會加入亞洲經濟奇蹟。當中共在八〇年代揚棄過時的經濟政策、開放對外貿易之後，驚人成果隨即出現：兩位數的經濟成長、大量出口、破記錄的經濟繁榮。如果國民黨繼續統治中國，這些事情可能會提早二十年發生。

如同德國和韓國的情形，經濟繁榮將會改變中國的戰略均勢。在韓國，北方向來工業發達，南方則以農業為主，所以分割最初對平壤有利。但是南韓最後完全壓過北韓，到了一九九〇年代，共黨統治下的北韓已是民生凋敝，南韓則成為富足的民主國家。東德經濟的失敗和西德的成功，也為兩德在一九八九年以後的統一鋪下道路。

東北一向是中國的重工業、採煤和煉鋼中心，中國本土根本無法相提並論；然而，如果分割實現，南中國在一九六〇或七〇年代無疑會突飛猛進。和共產黨在世界各地繼承的工業區一樣，東北在社會主義管理下很快就會變成一處生鏽的垃圾場，南中國則會加入東亞繁榮國家的行列。

蔣介石和國民黨最初的犧牲會換來更大的成果，待蔣介石在一九七五年過世時，他的中國將會讓東北的「赤色中國」相形失色。

此外，目前台灣與北京之間的關係模式將被倒轉過來，所有的籌碼將會落在自由中國的手上，「赤色中國」必須仰賴南方的市場、投資與科技，而且南方的廣播和電視節目以及更大程度的自由將會帶來更多的影響。和面對西德的「德意志民主共和國」一樣，「中華民主人民共和國」到一九七〇年代會落得山窮水盡的下場。

但是分裂並未發生，蔣介石把他的大軍投入東北，他的夢想很快隨著進軍行動開始破滅。

這道「停止命令」是最大的挫敗，但是國軍還面臨其他潛伏的危險；最重要的是，期待共軍束手就範是不切實際之事。東北是共黨選擇的落腳處，他們除了挺身一戰別無選擇，而他們也確實這樣做了。在一九四六年至四八年的消耗戰中，有數以萬計的共軍喪生；為了阻止國軍推進，共軍統帥林彪不惜血流成河。

在此同時，林彪和共軍也竭盡所能地改良部隊，使其能對抗國軍的優勢。共軍中編有蘇聯和日軍留下的火砲，並且成立一所砲兵學校；隨著共軍裝備愈加升級，國軍作戰傷亡也變得更為慘重，國軍再也不能指望佔有質的優勢。共軍以防空砲火射擊國軍的運輸機，切斷了國軍在東北各大城的補給線，蔣介石麾下數萬名精兵因而喪失戰鬥力。為了防守過分延伸的陣地，他們陷身於徒勞無功的消耗戰中，無法集結起來參加決定性的戰役。

共軍在東北佔有兩項優勢：第一，這裡是他們的主戰區，共軍可以將全軍集結在此，蔣介石卻必須在全國各地布兵，對抗共黨的攻擊。第二，蘇聯在東北北部提供了庇護所，共軍可以輕易得到補給，必要時可以避難；相較之下，國軍的脆弱海空交通線卻易於遭到切斷。

共軍善用了以上的優勢。他們在山東發起游擊戰，迫使國軍從開往東北的部隊中抽兵對抗。在中國各地，共軍把國軍釘死在點防禦作戰中，同時加強自己的傳統兵力，逐漸壓倒國軍。

情況就像一棟堅固房屋遭到白蟻侵襲。從一九四五年到四七年，國民政府在表面上看來相當不錯，不但贏得數次重大勝利，還對大部分中國領土實施名義上的統治，但是國民政府在軍事上漸漸失去優勢，反是共產黨愈見增強。到了一九四八年，國民政府已經失掉東北，在數十處城池遭到包圍的守軍只有投降；如果用在中原，這些部隊可能足以反敗為勝，但是潮流的方向已經轉過頭來。在一九四九年間，佔盡優勢的共軍發動一連串大型攻勢，讓國軍完全崩潰。

共產黨在中國的勝利導致了「麥卡錫時期」，這是美國在冷戰時代最惡劣的一段日子。更糟的是，北韓隨即在不久後的一九五〇年六月入侵南韓，這場危機較歐洲的任何危機更為嚴重，並且讓美蘇關係降到最低點。

今日我們知道共產黨在中國的驚人勝利促使金日成對南韓發動閃擊戰，也知道金日成的行動得到史達林和毛澤東的同意，因為他們都認為北韓會成功；畢竟，美國連中國的淪陷都坐視不管，小小的南韓遭到入侵怎會採取行動呢？然而，如果中國能成功分治，金日成或許根本不會發動入侵。韓戰使得冷戰加劇——但是沒有蔣介石在東北的賭博，這樣的戰爭根本不會爆發。保衛台灣在華盛頓和莫斯科之間設下另一道鴻溝，假如共產黨未在中國贏得勝利，這個問題也不會存在。

最後，如果邊界有個反共的中國，越南絕不會成為共產國家；對於越盟在奠邊府贏得的勝利，中共提供的顧問、補給和庇護扮演關鍵角色。如果越南沒有分裂，美國不需進入越南，造成冷戰升高。事實上，冷戰的「戰爭」幾乎都發生在亞洲，它們全部源於共產黨在中國的勝利。一場較和緩的冷戰、一個更大和更堅強的非共世界、更早和更迅速的亞洲經濟起飛、在蘇聯東邊和中國境內會發生巨大的東歐式破產，在我們的歷史推想中，這些將會讓共產主義的崩潰和冷戰結束提早發生。

讓羽翼下的赤色中國苟延殘喘會耗盡莫斯科的財庫，蘇聯會因此變得更加羸弱。如果毛澤東被蘇聯翦除，可能會出現領導能力更遜一等、由蘇聯扶持的繼任人。

到了一九七〇年代，「自由中國」已經擁有足夠條件在政治、經濟和社會各方面吞併「赤色中國」，其戲劇性程度可能會像西德吞併東德一樣，而且會更早發生。那樣的情況將會成為莫大的諷刺：蔣介石和他的政權將會達成長久以來的國家統一目標，因為他們決定不收復東北——他們一度認為此舉會造成國家的永遠分裂。

可以避免陷入泥淖嗎？

泰德・摩根

如果艾森豪總統批准了「兀鷹作戰」，出兵拯救在奠邊府陷入重圍的法國守軍，法國或許會贏得這場戰役和中南半島戰爭，讓美國陷身十多年的第二次越戰將不至於發生。奠邊府是越南北部的一個小營區，地點在中國和寮國邊境附近。法軍在一九五三年底進佔此地，目的是切斷越盟的補給線，以及維持一座對抗敵人襲擊的基地。越盟統帥武元甲將軍發現這處孤立的基地根本是坐以待斃，他運用經典的包圍戰術，以四萬名部隊圍住法軍，切斷所有通往基地的道路，使得法軍只能仰賴空中補給，然後以重砲兵轟擊法軍防線。根據兀鷹作戰計畫，美軍將從沖繩和菲律賓派出B-29轟炸機，對奠邊府周圍的越盟陣地進行地毯式轟炸。一九五四年一月間，法方曾向艾森豪要求二十架B-26轟炸機和四百名技術人員，艾森豪提供了一半的飛機和人員。三月間，美國總統同意提供一些C-119飛行車廂式運輸機，用來投下汽油彈摧毀武元甲的砲兵陣地；但是，當法方要求兩、三枚原子彈時，艾森豪的回答是不。當時美國國會的想法是「不要再有另一個韓國」，五角大廈的官員已在打賭奠邊府何時會陷落。法軍最後在五月七日投降，如同史上其他決定性失敗，奠邊府使得一個國家失去抵抗意志，促成戰爭結束，其影響遠超過軍事上的意義。兩個月後，越南停火和分割正式生效，十年後輪到美國在越南陷入戰場。

泰德・摩根（Ted Morgan）曾服役於法國陸軍，他的著作包括《隱密的人生》（*A Covert Life*），這是共黨領袖（後來的中情局特工）洛夫史東（Jay Lovestone）的傳記。

羅柏・奧康奈爾

結尾

我們遺忘得真快。我們大部分的人生歲月都處於核子對峙的陰影下，直到最近才脫離冷戰進入陽光下，但是大家很快就忘了這些事。今天還有誰會認真問道：「如果有人真的動武怎麼辦？」當古巴飛彈危機被提起時，有人就會向我們擔保：那次危機的真正教訓是嚇阻與戰略對話如何發揮作用。也許吧，但是他們沒有提到另一次同樣重大的危機——在這次事件中，雙方不但全無對話，有一方甚至完全不知道發生了什麼事。

在一九八三年十一月初的北約「優秀射手演習」中，英美兩國的監聽人員震驚地發現華約國家的通信量和緊急程度突然急遽升高，跡象顯示核子攻擊即將來臨的警報已經發布。這不是幻想，克里姆林宮的領導人認定西方即將先下手發動核子攻擊。

這次誤會必須回溯至一九八〇年代初期，當時的KGB頭子克呂奇柯夫（Vladimir Kryuchkov）——後來反戈巴契夫政變的領袖——認定北約正在計畫奇襲，尤其是配備鑽地彈頭、速度極快的新式潘興二型飛彈，似乎非常適合這種精確打擊任務。在他的建議下，蘇聯領導人下令動員情報資源，進行找尋北約備戰跡象的滑稽任務。

蘇聯的恐懼完全沒有根據。潘興二型飛彈尚未就役，而且試射射程不及莫斯科，但是對於克里姆林宮內統治著一個搖搖欲墜帝國的老頭子而言，這些都不重要——對於出身KGB、疾病纏身的俄共總書記安德洛波夫（Yuri Andropov）尤其如此。面對共黨統治下愈來愈嚴重的困境，他們的憤怒和疑心日益加重。

美蘇關係持續惡化，到了一九八三年六月，安德洛波夫形容蘇聯「正面對戰後最嚴重的對峙局面」。不到兩個月之後，一架蘇聯戰鬥機擊落了一架被懷疑執行間諜任務的韓國客機。到了十一月，安德洛波夫已經病入膏肓，無人知道蘇聯將由誰掌權；不過，克里姆林宮的當權者顯然將「優秀射手演習」視為開戰前的最後一著。

幾天過去了，什麼事都沒發生。「優秀射手演習」宣告結束，還是什麼事都沒發生，華約部隊一個接一個解除戰備。蘇聯領袖開始相信他們會見到一九八四年來到，美國要到許多年之後才知道華約為何會有這樣古怪的反應。這回雙方再度對峙，只不過一方處於幻想狀態，另一方則在打瞌睡。我們又過了一關，否則一九八三年的危機就是歷史的結尾。

羅柏・奧康奈爾（Robert O'Connell）是《第二騎士之旅》（*Ride Of the Second Horseman*）的作者，這是一部關於戰爭起源的歷史。

ReNew 001

What If?：史上20起重要事件的另一種可能

編　　者　羅伯・考利
譯　　者　王鼎鈞
主　　編　郭顯煒
發 行 人　涂玉雲

出　　版　麥田出版
城邦文化事業股份有限公司
台北市信義路二段213號11樓
電話：02-2351-7776　傳真：02-2351-9179
發　　行　英屬蓋曼群島商家庭傳媒股份有限公司城邦分公司
台北市民生東路二段141號2樓
讀者服務專線：0800-020-299
服務時間：週一至週五9：30~12：00；13：30~17：30
24小時傳真服務：02-2517-0999
讀者服務信箱E-mail: cs@cite.com.tw
郵撥帳號：19833503
戶名：英屬蓋曼群島商家庭傳媒股份有限公司城邦分公司
香港發行所　城邦（香港）出版集團
香港灣仔軒尼詩道235號3F
電話：25086231　傳真：25789337
馬新發行所　城邦（馬新）出版集團
Cite(M) Sdn. Bhd. (458372 U)
11, Jalan 30D/146, Desa Tasik, Sungai Besi,
57000 Kuala Lumpur, Malaysia
電話：603-9056 3833　傳真：603-9056 2833
E-mail: citekl@cite.com.tw.
印　　刷　禾堅有限公司
初版一刷　2003年8月
二版一刷　2005年8月

ISBN : 986-7252-53-5
Printed in Taiwan

售價：380元

國家圖書館出版品預行編目資料

What If?：史上20起重要事件的另一種可能／羅伯・考利（Robert Cowley）編；王鼎鈞譯.--二版.--臺北市：麥田出版：家庭傳媒城邦分公司發行，2005 [民94]
面； 公分.--（ReNew : 1）
譯自：What If? The World's Foremost Military Historians Imagine What Might Have Been
ISBN 986-7252-53-5（平裝）

1. 軍事－歷史 2. 戰爭－歷史

590.9 94011824

ReNew

新視野·新觀點·新活力

ReNew

新視野・新觀點・新活力